心理学新视野丛书

丛书主编 / 郭本禹

上海文化发展基金会图书出版专项基金资助项目
内蒙古高校重点研究基地心理教育研究中心项目成果

姜永志 著

理论心理学：
历史与反思

Theoretical Psychology:
History and Reflection

上海教育出版社
SHANGHAI EDUCATIONAL
PUBLISHING HOUSE

丛 书 总 序

80多年前,美国心理学家伍德沃斯(Robert Sessions Woodworth,1869—1962)在其力作《现代心理学派别》的结尾处,大胆地预测了心理学的生命力:"你曾欣赏过法国沙漠尼山谷之雄壮的美丽吗?它之所以具有这种迷人心魄的美丽,是由于它在地质的变化上是个年少的山谷。它的花纹是新近退出的冰川雕刻的,故绝壁悬崖,锋芒毕露,瀑布也异常猛烈……我们美丽的心理学之所以引人入胜,也是由于年少力壮。哲学的冰川最近始退出,将崭新的绝壑和澎湃的瀑布交给我们。"[1]不过,此后心理学的迅速发展还是让伍德沃斯始料未及。80多年后的今天,心理学已经从一门最初研究人类初级心理过程的实验科学,发展成为当代科学系统中与数学、物理学、化学、地球科学、医学、社会科学并驾齐驱的七大学科之一。作为一门开放的枢纽学科(hub science),心理学在吸收融合其他学科知识的同时也将知识输送给别的学科。[2] 在一些综合性的交叉学科中,心理学的地位也日益提高。例如,认知科学(cognitive science)是一门由哲学、心理学、语言学、人类学、人工智能和神经科学这六个重要学科组成的综合性交叉学科。如果将心理学与神经科学结合而产生的认知神经科学(cognitive neuroscience)纳入心理学范畴,那么心理学在整个认知科学中所占的份额正在不断增大(见图1)。心理学之所以会产生如此强大的辐射效应,首先应该归功于它的"两面神"(Janus-faced)形象,即兼具自然科学和社会科学的双重属性。国际心理科学联合会(the International Union

---

[1] Woodworth, R.S. (1935). 现代心理学派别. 谢循初, 译. 上海: 商务印书馆, pp.219-220.
[2] 杨玉芳, 孙健敏(2011). 心理学的学科体系和方法论及其发展趋势. 中国科学院院刊, 26(6): 611-619.

of Psychological Science,IUPsyS)是所有学科中唯一身兼国际科学理事会(the International Council for Science,ICSU)和国际社会科学理事会(the International Social Science Council,ICSS)的成员。目前,全世界近50万人正在从事与心理学有关的职业。这些专业人员今天所致力的工作领域已经与当年冯特(Wilhelm Wundt,1832—1920)、艾宾浩斯(Hermann Ebbinghaus,1850—1909)的实验室工作大相径庭,而且在人类社会发展中扮演着愈来愈重要的地位。

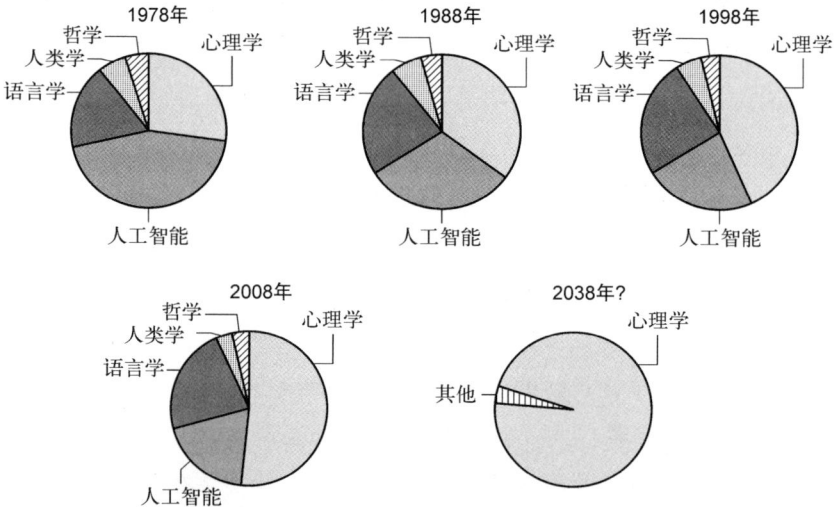

图1 心理学在认知科学中所占的份额走势预测(1978—2038年)①

注:该预测的统计依据是在《认知科学》(Cognitive Science)杂志上发表论文的作者所归属的学科。

然而,在心理学如火如荼的发展趋势背后,一个多世纪前美国心理学家詹姆斯(William James,1842—1910)的警告依旧回荡在心理学人的耳畔:"心理学只不过是一连串纯粹的事实;一点闲言碎语和各种观点之间的争论;仅仅在描述水平上的些许分类和概括;一种强烈的偏见认为,我们有各种心理状态,但还没有一条物理学意义上的规律,也没有一

---

① Gentner, D. (2010). Psychology in cognitive science: 1978 - 2038. *Topics in Cognitive Science*, 2, 328 - 344.

个可以作出因果推论的命题。如果我们掌握了一些基本术语,可能还会得到几条基本原理,但我们甚至都不了解这些术语……这绝不是科学,而只是科学的希望(hope of a science)。"① 可以说,心理学从"蹒跚学步"到"健步如飞"所留下的每一个足迹会飞溅起一连串的"泥淖":学派之争、伦理冲突②、伪科学入侵③、分裂与整合④、统计伎俩⑤、可重复性危机⑥,等等。

因此,对于心理学在今天是否已经成为一门成熟的科学仍然充满争议。⑦ 这也提醒我们必须实时反思:在经历百年的风雨磨砺之后,什么才是未来心理学的时代精神?心理学家阿迪拉(Rubén Ardila)将未来心理学的时代精神概括为六个方面:(1) 更强调科学。未来的心理学将比今天更科学,将使用更为严格的方法,对其研究发现的断言和结论将更为小心。(2) 更强调社会相关性。心理学将致力于解决与社会有关的微观与宏观问题,例如人类发展与家庭和社会的关系、正常人与变态者、攻击性与破坏性、公平、爱与恨、意识形态冲突,等等。(3) 更重视理论化和数学模型的应用。未来的心理学将更为关注研究发现的整合、理论和宏观理论的形式化,对研究发现的理解,以及所有大体上与科学哲学有关的问题。积极使用数学为心理事件的多变量关系构建模型。(4) 致力于复杂问题。未来心理学将涉足一些复杂领域,例如行为化

---

① James, W. (1961). *Psychology: Briefer course*. New York: Henry Holt, New edition, p.335. (Original work published in 1892).
② Bersoff, D.N. (Ed.) (2008). *Ethical conflicts in psychology*. Fourth edition. Washington, DC: APA.
③ Shermer, M. (2011). *The believing brain: From ghosts and gods to politics and conspiracies: How we construct beliefs and reinforce them as truths*. New York, NY: Times Books.
④ Goertzen, J.R. (2008). On the possibility of unification: The reality and nature of the crisis in psychology. *Theory and Psychology*, 18(6), 829 - 852.
⑤ Simmons, J., Nelson, L., & Simonsohn, U. (2011). False-positive psychology: Undisclosed flexibility in data collection and analysis allow presenting anything as significant. *Psychological Science*, 22, 1359 - 1366.
⑥ Pashler, H., & Wagenmakers, E. (2012). Editors' introduction to the special section on replicability in psychological science: A crisis of confidence? *Perspectives on Psychological Science*, 7(6), 528 - 530.
⑦ Brock, A.C. (2011). Psychology's path towards a mature science: An examination of the myths. *Journal of Theoretical and Philosophical Psychology*, 31(4), 250 - 257.

学、意识、心智和行为的进化、贫困、价值,等等。(5)更职业化和专业化。心理学将继续多样化,一个研究者不可能精通所有领域。(6)围绕统一的范式整合心理学。心理学家将在定义、方法论、理论参考系和术语等问题上达成共识或趋于一致(并不是简单的折中主义),心理学由此将会迈向成熟科学的行列。①

我们认为,上述六个方面可以进一步浓缩为未来心理学发展的一个主旨,即"在学科交叉中开辟行进道路"。这具体表现为如下三个重要的变化。

第一,第三种文化(third culture)引领学术生长点。第三种文化显然对应于斯诺(Charles Percy Snow,1905—1980)意义上的两种文化及其对立。② 所谓第三种文化是指一种超越科学文化与人文文化的"综合科学文化"(culture of integrative science)。这种文化强调任何一个科学研究都必然要对数据、理论和阐释进行有机综合。因此,自然科学、社会科学和人文科学各自代表的文化意识形态都有用武之地,任何倒向其中一方的做法都会导致科学研究发生畸变。③ 显然,心理学正是第三种文化的形象代言人。纵观当下的心理学研究,学科交叉已经成为大势所趋,并由此衍生出许多全新的研究领域。这在神经科学、脑科学与传统人文社会科学相结合的心理学领域内体现得尤为明显。例如,目前正兴起的发展与进化神经科学、神经语言学、神经社会学、神经经济学、神经伦理学、神经教育学、神经美学、神经现象学、神经精神分析学,等等,都是学科交叉形成的全新研究领域。

第二,问题中心的研究取向推进人类认识。在心理学史上,"主义取向"(ism-based)的心理学研究一度占据重要地位,诸如构造主义、机能主义、行为主义、完形主义、认知主义、人本主义、存在主义、后现代主义、女

---

① Ardila, R. (2008).心理学的未来——世界上最著名的心理学家对各自领域的未来的看法.张航,禤宇明,译.荆其诚,校.北京:商务印书馆.
② Snow, Charles Percy (2001) [1959]. *The two cultures*. London: Cambridge University Press.
③ Shermer, M. (2011). *The believing brain: From ghosts and gods to politics and conspiracies: How we construct beliefs and reinforce them as truths.* New York, NY: Times Books.

权主义、社会建构主义、生态主义等。然而,近年来,许多研究者开始意识到这种"主义取向"的研究模式不仅满足不了公众对于心理学服务功能的需求,还进一步加剧了心理学内部的分裂与不稳定。心理学的学派之争在当代已经逐渐偃旗息鼓,未来心理学内部出现的新兴研究取向或趋势应该是"问题取向"(problem-based)的或至少是期望从"主义转向问题"(ism-to-problem)的。只有这样,心理学才能从根本上推动人类认识的进程。例如,社区心理学、工作心理学、思维与推理心理学、环境心理学、表演心理学、具身认知心理学、时间心理学,等等,都主要是以问题为导向的心理学领域。

第三,方法多元(methodological pluralism)突破研究瓶颈。科学研究的重大突破总是离不开技术与方法上的革命。例如,望远镜的发明将"哥白尼革命"的意义从神学转向天文学,天文学由此获得了一系列重大发现。显微镜的使用帮助生物学家发现了细胞结构,为生命科学打开了通向微观生命世界的大门。因此,未来的心理与行为研究若想取得突破性进展,也必须寻觅到更加有效的、适宜的技术与方法。针对心理现象的特殊性与复杂性,研究者开始革新第三人称方法,重构第一人称方法,并强调两者的有效结合。革新第三人称的方法主要体现在,诸如颅内脑电记录(iEEG,这种技术可以改变传统 ERP 与 fMRI 技术在时间分辨率与空间分辨率不可兼得的局限)、功能性近红外光谱成像技术(fNIRS)、弥散张量成像技术(DTI)等认知神经科学的新技术和方法不断应用于传统技术难以奏效的心理学研究对象和主题上,以大尺度神经动力学建模为目标的神经连接组学(neural connectomics)也日益开展。① 与之相对,诸如现象学描述、质性分析、叙事实践、表演技术等以探究人类心理主观性、体验性为目的的第一人称方法,也正在心理学舞台上扮演更为重要的角色。未来,两者的结合或许将在真正意义上实现心理学方法的多元化。

为紧扣世界心理学发展脉搏,推动我国心理学事业的蓬勃发展,我

---

① Hughes, V. (2013). Mapping brain networks: Fish-bowl neuroscience. *Nature*, 493, 466-468.

们组织策划了这套"心理学新视野丛书",以反映世界心理学发展的时代精神。这套丛书具有四个特点:第一,反映学术前沿与学科交叉趋势。丛书中的每本书都力求反映国际心理学某一领域的前沿动态,尤其凸显以学科交叉为特征的心理学的时代精神。第二,立足问题中心导向与方法多元化。丛书甄选的书目积极倡导问题中心导向研究的最新成果,同时推崇心理学方法多元化,在书目的选择上有意识地兼容并包第一人称的质性方法与第三人称的量化方法。第三,体现心理学理论与实践应用相结合。这套丛书既有理论性较强的选题,也有实践性较强的选题,以适合广泛的读者。丛书既可以面向心理学专业的教师、科研人员、学生以及心理学实务工作者,也可以面向教育学、社会学、认知科学、哲学等相关学科以及对人文社会科学与自然科学交叉领域感兴趣的读者。第四,引进与原创并举。这套丛书从全球化的学术视野出发,既强调引进翻译反映心理学某一领域前沿进展的代表性著作,又重视推介国内学有专长的心理学研究者新近完成的原创性著作。

苏联心理学家维果茨基(Lev Semyonovich Vygotsky,1896—1934)的《科学心理学》手稿最近由俄文翻译整理成英文出版,作者在文章的结尾处发出了与伍德沃斯同样的感慨:"为什么心理学对于我们是如此弥足珍贵——纵然这个名字上会落下历史的尘埃,但是它终究属于未来。"[1]我们希望通过出版这套丛书来洞悉未来心理学的时代精神——"在学科交叉中开辟行进道路",并在此基础上进一步推动我国心理学教学、科研与应用的发展和繁荣,以满足我国社会经济和文化发展对于心理学日益旺盛的需求。

郭本禹　陈巍

2017 年 12 月 1 日

于南京师范大学

---

[1] Vygotsky, L.S. (2012). The science of psychology. *Journal of Russian and East European Psychology*, 50(4), 85–106. Original in 1928.

序 一

人生的轨迹似乎是命中注定。1981—1985年，我在西北师范学院教育学系(现为西北师范大学教育学院)学习学校教育专业，甚是不喜欢这个专业，认为教育学就是政策解释，不是科学。于是，就订阅《哲学研究》《心理科学通讯》《诗刊》，但偏好中国古代教育史，毕业时报考华东师范大学李国钧先生的研究生，结果因为外语分数不够，没有录取。1990—1992年，我以张掖师范高等专科学校助教身份在陕西师范大学教育学系进修学习心理学硕士研究生课程，后来在职申请获得心理学硕士学位。当时的杨永明老师、欧阳仑老师都因为陕西师范大学老校长刘泽如的潜在影响，擅长心理学理论研究和心理学哲学研究，但因为心理学界流行实验的、实证的、调查的、统计的研究，欧阳仑老师经常强调不做实证，难以通过答辩，这样我本来擅长理论研究，却不得不做问卷调查统计研究论文。我先做了《精神分析学派的女性心理学思想研究》，没有通过初审，不得不做《高师学生的气质类型与考试焦虑相关研究》，方才勉强通过答辩。这使得我十多年陷入自卑，因为没有经费支持，没有研究生，做实证研究困难重重，我还是不得不做理论研究，比如心理健康标准问题的理论研究，比如人生心理学的理论研究，比如中国区域跨文化心理学的理论研究，比如女性心理学的理论研究，比如普通心理学的理论体系问题，比如中国古代女子教育教材研究，比如高等学校教育质量的概念与指标问题的理论研究，比如解决教学时间空间有限性与教学课程内容无限性矛盾的理论问题。虽然做了不少研究，但我始终怀疑自己，到底在做心理学研究，还是哲学研究，或者是教育学研究，抑或是社会学研究。

后来有了中国知识资源数据库 CNKI 网（中国知网），我才知道有好多人在研究心理学基本理论和教育学基本理论。原来心理学基本理论研究已经被称为理论心理学。在 2004—2012 年兼职西北师范大学教育学院心理学硕士导师期间，虽然指导培养毕业 29 名普通研究生和 3 名在职研究生，我还是自卑不已。复杂的统计和满篇的图表，让我眼花缭乱，而最后的结论更使我不知如何写出评语，主流实验心理学让我望而却步。

就在此时，有一个分配给我的研究生给我带来自信。姜永志，来自内蒙古包头师范学院心理学专业。那时候我还在河西学院工作，2008年进校的 6 个研究生到张掖拜师，我连续两天摆席宴请，听取他们的学术经历，观察他们的发展志向，试验他们的性格品行。瘦高个、酒量大的姜永志并没有进入我的重点培养视野。

随后的 2009 年，我即调动到兰州城市学院工作，距离西北师范大学只有 4 公里。学生们每周都来我家里，畅谈心理学的课题和学术观点。姜永志和胡志军来得最勤，先喝酒，后吃烧烤，边喝酒边谈论。喝醉了就把毛毡铺在客厅里，打地铺睡觉。在长达一年的讨论中，姜永志脱颖而出。他不仅能很快地理解我的思想观点，而且很快可以创新。更为重要的是，他能和我共同讨论中国哲学心理学思想，这在接近 90 后的青年中几乎不可思议。我们时常讨论到晚上 11 点，他却回到学校将我们的思想观点连夜作成论文，第二天即发到我的邮箱。我没有去过他的宿舍，但听同学说，他可以盘腿坐在集体宿舍的上铺，对着笔记本电脑花几个小时作成 1 篇论文。因为非常勤奋，他不仅比较熟练地掌握了实验心理学的知识和技能，而且涉猎了哲学、医学、文化学、人类学方面的广泛知识，同时提升了自己的外语水平，掌握了逻辑的、理论的、思辨的方法。

2010 年，我将自己数年发表和未发表的普通心理学、人格心理学、发展心理学、教育心理学、社会心理学、人生心理学、本土心理学等方面的论文整理给他，希望他结合自己的研究，写成当代理论心理学著作。毕业前，他不仅发表了包括 4 篇核心在内的 20 余篇心理学论文，而且完成并出版了《当代理论心理学概论》著作。论文发表在《心理学探新》《社会心理研究》《山西大学学报》《长安大学学报》《心理研究》《辽宁师范大学学报》《中山大学学报》《健康研究》《教育文化论坛》《中国特殊教育杂志》《延边大学学报》等期刊上,其中2篇被《高等学校文科学术文摘》摘登。内容涉及理论心理学、中国区域跨文化心理学、发展与教育心理学、中国文化心理学、西方心理学史等学科领域。而且作为主要成员完成了我主持的国家社会科学基金项目、人民出版社出版的《中国区域跨文化心理学理论探索与实证研究》这一56万字专著的主要章节。从此,姜永志走进理论心理学的研究领域,成为理论心理学界的青年学者。

2011年7月研究生毕业后,姜永志进入了研究与写作的第二期高峰,其间在《心理科学》《心理科学进展》《心理学探新》《心理发展与教育》《心理与行为研究》《中国临床心理学杂志》《山西大学学报》《西北师大学报》《科技导报》《心理研究》等期刊上发表论文100多篇,其中核心论文60多篇,2篇被中国人民大学报刊复印资料《心理学》转载,2篇被中国知识资源数据库CNKI主办的网络期刊《心理学教育学》转载。他主要研究人格心理学、理论心理学、心理学研究方法、西方心理学史、教育神经科学、民族教育心理学等领域,既擅长理论思辨、逻辑推理,也擅长实验研究、调查研究。2015年,姜永志通过博士研究生考试,跟随中国科学院心理研究所兼职博士生导师、内蒙古师范大学原校长、党委书记陈中永教授学习。

中国的理论心理学家出自四个师门,一是中国古代哲学心理学研究门,二是西方现代心理学史研究门,三是当代西方心理学思潮研究门,四是现代心理学分支学科基本理论研究门。姜永志是"迷宗门",因为他无门户之概念。他的研究融合了中国古代哲学与现代西方哲学,结合了现代西方心理学历史与当代西方心理学思潮,润和了科学心理学的实证主义与哲学心理学的人文主义,中和了心理学的元理论和实体理论,亲和了中国传统心理学与西方现代心理学,合和了整体基本理论与分支学科理论。

姜永志的理论心理学研究或者说心理学理论研究,既有心理学理论研究的拷问,也有理论心理学的批判反思与重构,更有现代心理学理论研究需要澄清的问题解析。他认为,心理学的科学精神不能单靠心理学实证资料累积的"数据驱动"进行,也不能仅靠坐在摇椅上理论家的"思想驱动"单独完成。理论与实证在一定范畴内的张力才是心理学源源不息生命力的源泉,才是消解心理学学科内部分离的良药。关于人性理论两难困境的辨析认为,人性是心理学发展的逻辑起点和逻辑终点,无论范式或理论如何发展,最终的研究落脚点都还将是人性问题,都是对人性的不断揭示和发展。

他说,不可否认,西方心理学在追求科学化的进程中,采用客观研究方式或主观研究方式,使人类有了对心灵的更多认识与了解,建立了关于心灵的理论假说,进行了系统的科学研究,提供了对心灵进行有效干预的技术,有效揭示了人类心灵的很多方面,使原本神秘的心灵得以现实呈现,但它并不是完整的心理学,它未能完整地揭示人类心灵的全貌。东方心理学传统却可以弥补这一缺陷,虽然东方心理学也未必可以揭示人类心灵的全貌,但它揭示了人类心灵的真实和本真的一面,既把人作为自然的存在,也将人作为生成的存在,不仅突破主观研究范式对主体性的过分关注,而且突破了客观研究范式对客观性的过分关注,它将心灵视为自然的和生成的,完成了对心灵的扩展,在一定程度上超越了主观和客观的对立,不仅提供了对心灵的完整解说,而且提供了一种对人类心灵的天人合一和心道一体的全新的研究范式。

他总结说,心理学史既是对历史的重现,也是对历史的创造性解读,而对历史的客观评价是促进心理学史学科发展的关键因素。心理学的编纂同样要遵循尊重历史、尊重事实的原则。不过,越来越多的心理学史研究也表明,我们曾经犯了太多的过错,要么忽视了某些重要学者,要么忽视了某学者的重要观点。而今天心理学史研究者需要做的就是,不要吝惜自己的创造力,要将思维游弋在心理学史的海洋中,立足现代多元文化,做到以下三点:一是寻求差异,即寻找心理学史上学者之间观点的相异之处,寻找心理学历史上各流派的相异之处,寻找现代多元背景下心理学新观点与心理学史上观点的连续性和阶段性。二是积极比较,即通过差异的发现,积极比较心理学史中各种观点的连续性和相似性。三是整合观点,即在寻求差异和积极比较的基础上,立足现代文化进行各种理论观点,包括宏观大理论和微观小理论,进行跨学派、跨学科的理论创造性整合。通过这样循序渐进的过程,或许会将心理学史的解读推向一个更高的基点上。

他充分肯定传统西方心理学的贡献。他说,在心理学演变发展的历程中,很多经典的心理学体系并没有随着新理论的出现而销声匿迹,而是在潜移默化地对心理学发展产生着影响,如经验主义和理性主义、意动心理学、机能主义心理学、传统精神分析理论,以及产生较早但直到近年才被认可的辩证心理学和交互行为心理学。这些心理学分支体系对现代科学心理学的发展有着不可磨灭的历史贡献。

他总结认为,后现代主义的冲击,给心理学的两种传统带来了实实在在的冲击,后现代主义的代表社会建构主义(亦称社会建构论)在反基础主义、反本质主义、反个体主义、反主客二分的立场上,以心理是社会话语的建构的观点,为心理学统一开辟了一条路径。这种建构论的立场既消解了科学主义心理学也消解了人文主义心理学的本体论、认识论和方法论,使心理学不再建立在物理主义的世界观和实证主义的方法论之上,也不建立在主观主义和现象学-存在主义的方法论之上。它关涉的是人的关系的存在,不在于是主观的还是客观的,关心的是人性所根植的社会、群体、历史、文化的话语建构,一切都不过是特定场域下语言的建构,因此,社会建构主义立场的心理学在方法论上的独特视角,有可能消解科学主义心理学与人文主义心理学的内在矛盾和冲突,将心理学的发展引向一个真实反映个体生存环境的心理场域。

写这么多好话,似乎是一个失落的导师在表扬学生的同时在表扬自己,而且也有发牢骚的嫌疑,但我确实说的都是真心话。学术的真谛在于追求真理,说真话说明我们还有学术良知。现在我们继续说真话,检讨和自我批评的真话。我和有些学者一样,某一时期喜欢集中研究某些问题,发表系列论文后整理出版著作,比如曾出版《跨越青春的障碍——青少年心理咨询与治疗的理论与实践》《来自河西走廊的报告——心理卫生与心理教育的理论与实践》《中国学校心理卫生与心理教育》《教育理论与高师教学改革研究》《精神分析学派的女性心理学思想》《现代女性心理学导论》《人性人格人生——现当代心理学视野的理论探索》,即使是《中国区域跨文化心理学理论探索与实证研究》,也是由60多篇论文整理而成的专著。姜永志的这本著作也是对最近几年发表的理论心理学论文进行补充、完善和整理而成的专著,但是这部专著在内在逻辑上仍具有很强的系统性和逻辑性,书中的某些内容甚至可以为研究生开设一门理论心理学课程。

当代中国的理论心理学本身就是一个发展中的心理学分支学科,姜永志将他的著作定名为《理论心理学:历史与反思》。我们多么期盼关于心理学基本理论的研究最终成为学术意义上的理论心理学,成为有独特体系和思想的本土的心理学理论,指导心理学的发展方向。我们最近10余年之所以积极开展跨文化的心理学研究,开展中国文化心理学的研究,中国本土心理学的研究,就是因为我们认为,中国文化与中国人的心理学研究需要中国文化的立场。当代中国正在逐步实现自己的民族复兴中国梦,中国人走向世界,将中国文化融入世界,中国正在更加强大,在世界政治经济舞台上获得更多话语权、决定权。中国心理学经过30余年的翻译引进,是到了立足中国经济文化、立足中国政治文化、立足中国社会文化,建设自己的心理学理论和理论心理学的时候了。

20世纪50年代以来,中国的心理学家梁漱溟、潘菽、高觉敷、朱智贤、杨国枢、燕国材、杨鑫辉、杨永明、葛鲁嘉、申荷永、黄光国、周晓虹、叶浩生、万明钢、汪凤炎、李炳全等心理学学者,都在探索和研究中国特色的、本土的心理学理论体系,或者探索跨文化心理学、民族心理学、理论心理学视野的本土心理学体系建设原则。我在最近发表的1篇论文中斗胆提出,借鉴中国哲学、西方哲学,中国语言文学、外国语言文学,中国经济学、西方经济学的划分,建设一套由中国哲学、中国文化学、中国历史学、中国文学、中国科学技术史为学科基础,中国心理学史、中国文化心理学、中国民俗心理学、中国民族心理学、中国社会心理学、中国宗教心理学、中国人生心理学、中国人才心理学、中国管理心理学、中国儿童教育心理学、中国心理辅导学、中国心理测验学等课程组成的中国心学专业,申请教育部增列为本科和研究生教育专业。

  我们相信,有姜永志这样的心理学界后起之秀,有雄厚的中国传统文化作为支撑,有多彩的世界文化心理学作为借鉴,我们一定可以在不久的将来,建设起中国本土的、中国特色的、中国民族的、中国文化的心理学理论或者理论心理学,为世界心理学的发展作出贡献。

张海钟[①]

2017年10月

兰州城市学院野舟斋公寓

[①] 张海钟,男,1963年生,西北师范大学教育学学士,陕西师范大学心理学硕士,曾在河西学院任助教、讲师、副教授、教授24年,在西北师范大学教育学院兼任心理学硕士生导师8年,现任兰州城市学院教育学院教授、院长,甘肃省高等学校人文社会科学重点研究基地城市社会心理研究中心主任。兼任甘肃省心理学会副理事长,甘肃农业大学人文学院硕士生导师,甘肃省高校教师高级职称评委会委员。

序　　二

　　2015年姜永志跟随我攻读心理学博士研究生,他在攻读博士学位之前,就已经在理论心理学研究领域小有所成,相继完成和发表了几十篇心理学理论论文,而且在某些问题上有独到的见解。我多年来也对理论心理学研究有自己的思考,并正在酝酿"元心理学"方面的学术专著,姜永志博士的研究方向,以及他完成的这部《理论心理学:历史与反思》著作与我的很多观点相似,这也使我们在心理学理论研究领域不仅是师生关系,也应算是相互学习的朋友关系。近日姜永志博士请我为他完成的这部著作作序,我非常高兴,看到自己的学生在这样一个常人看来枯燥晦涩的心理学理论研究领域,能够独立出版一部专著,这是值得令人欣慰的事情。

　　理论心理学无论在我国还是在欧美心理学发达国家,都属于一个被边缘化的研究领域。尽管人们普遍认为心理学基础研究离不开理论,但理论研究的社会效应在短时间很难显现,所以也导致大多数心理学研究者,更愿意在那些具有应用价值的领域开展研究。不可否认,我国理论心理学研究近年取得了一定的进展,在吉林大学、南京师范大学、苏州大学、湖南师范大学、河北师范大学、西北师范大学、广州大学、陕西师范大学等一些高校中仍有一些理论心理学研究者,但在数量上远远无法与实证研究者相比较,这也导致我国心理学理论研究人员的相对匮乏,在成果数量和成果质量上也都无法与实证研究相比较。在这样的背景下,姜永志博士的《理论心理学:历史与反思》由上海教育出版社出版,无疑给我国理论心理学研究添加了一把旺火,这是很难能可贵的。理论心理学研究虽然被提出很多年,但将它看作一门学科仍显牵强,在理论心理学研究对象、研究范式、研究内容等方面仍无法统一，所以姜永志博士没有将帽子戴得很大，而是将这部专著命名为《理论心理学：历史与反思》，我想这也是他考虑到的问题。

姜永志博士的这部专著希望我给他作一个序，他说这部著作有两个序，一个序是请他的硕士生导师张海钟教授来作，另一个序由他的博士生导师我来作，他这样的安排我想也是"别有用心"的。张海钟教授是姜永志的学术启蒙老师，今天的成就与张海钟教授分不开，而我算是"渔翁得利""坐享其成"。这也充分体现了他在学术研究中尊师重道的学风，是值得肯定的。

我在仔细阅读了这部著作之后认为，这部著作是姜永志博士近几年来思考心理学发展中某些理论问题的结晶，内容涉及心理学基本的学科分类体系、心理学研究方法论、心理学理论与历史、心理学本土化与民族化等问题。全书内容丰富，思考深入，是一部很有价值的学术著作。具体来看，这部著作的主要内容具体如下。

第一章主要探讨了为什么要研究理论心理学，理论心理学的价值在哪里，以及心理学研究的本质是什么。也就是，主要探讨了心理学研究的理论自觉，以及理论心理学研究的逻辑起点之一人性的基本问题。

在第二章，作者认为理论心理学研究应站在心理学史的立场，并开展以此为出发点的研究，宏观的历史视野是心理学研究最为基础的问题，同样也是心理学研究的逻辑起点之一。因此，这一章主要探讨了心理学根植于历史的不可忽略的问题，以及心理学历史的发展模式和当代心理学历史的解释立场等问题。

第三章主要探讨了心理学方法论中的科学研究范式和人文研究范式，并深入讨论了心理学研究中质化研究和量化研究存在的问题，并结合当代心理学方法论的主观性变革和建构主义对方法论的冲击这样的背景，提出了自己的观点。

在第四章，作者先从理论心理学研究体系与哲学的关系谈起，而后分别提出了理论心理学研究的横向纵向双维发展逻辑，以及基于心理学历史的心理学分类体系,并探讨了中国理论心理学研究应遵循的逻辑体系问题。

第五章首先从对心理学研究影响最为深远的经验主义与理性主义谈起,这二者是心理学百年历史都难以回避的问题,其次探讨了传统的心理学理论流派对心理学的历史贡献,尤其是探讨了交互行为心理学,这一理论流派在20世纪初被提出但却长期被忽视。

在第六章,作者认为近年文化心理学的兴起,使文化再次成为心理学研究的焦点,而心理学理论研究同样不可避免地探讨文化与心理学的关系问题。针对这一问题,作者主要探讨了心理学研究的多元化取向与多元化发展,以及多元文化背景下心理学科学化追求的关系。

在第七章,作者认为理论心理学视野下的中国当代心理学内部,一直存在心理学的本土化取向,早期主要以理论心理学研究为主,逐渐正开展具体的本土化研究。作者主要揭示了中国传统文化中具有的心理学资源是心理学本土化研究的基础和宝贵资源,梳理了近几十年来中国理论心理学研究者的主要研究工作,并针对目前本土心理学研究存在的一些问题,提出了自己的主张。

在第八章,作者认为中国当代心理学研究也存在多元民族化取向问题,尤其是在中华民族多元文化背景下,心理学研究既要本土化也要民族化,那么民族心理学作为中国心理学研究的一个重要分支领域,其地位不容小觑。这一章主要揭示了我国心理学民族化研究的历程,以及心理学民族化中存在的一些问题。

从以上各章的研究内容来看,作者对心理学基本理论问题的思考是较为系统、全面和深刻的。全书框架完整、结构合理,很多心理学理论问题都有自己独到的见解。例如,他提出心理学分类体系的横向向度与纵向维度之分的说法,他对中国本土心理学目前存在的问题的思考、对中国民族心理学本土化问题的思考,这些问题都是值得现在研究者深思的问题。总的来看,这是一部比较好的、能反映我国目前心理学理论研究水平的学术专著。当然,由于作者的学术视野和学术能力等方面的限制,这部专著在结构体系和研究内容等方面也存在一些缺陷,这也可以成为作者今后进一步开展心理学理论研究的动力。不管怎样，姜永志博士的这部学术专著的出版，对我国理论心理学界的贡献应该是值得肯定的，也希望他再接再厉，在今后的心理学理论研究中完成更好的成果。

陈中永

2017 年 10 月

目录 / Contents

前言 1

第一章　理论心理学研究概论 1
第一节　心理学研究的理论自觉 2
第二节　理论心理学视野中的人性问题 11

第二章　理论心理学研究的逻辑起点 24
第一节　根植历史发展的心理学 24
第二节　心理学历史的发展模式 27
第三节　心理学历史的诠释学解释立场 35

第三章　理论心理学研究方法论析 42
第一节　心理学研究的两种范式传统 43
第二节　心理学研究的两种方法取向 54
第三节　心理学研究中的主观性变革 75
第四节　心理学方法论的转换与建构 85

第四章　理论心理学研究逻辑体系论要 97
第一节　理论心理学研究体系与哲学的关系 98
第二节　理论心理学研究体系的逻辑发展演变 106
第三节　理论心理学研究体系的分类发展演变 118
第四节　中国理论心理学研究体系的发展演变 132

第五章　传统心理学理论流派的历史贡献 144
- 第一节　经验主义与理性主义的历史贡献 145
- 第二节　意动心理学的历史贡献 155
- 第三节　机能主义心理学的历史贡献 162
- 第四节　古典与新精神分析心理学的历史贡献 172
- 第五节　辩证与交互行为心理学的历史贡献 182

第六章　文化视野中的理论心理学研究 194
- 第一节　心理学研究的多元文化取向 194
- 第二节　心理学研究的多元文化发展 205
- 第三节　多元文化心理学研究与追求科学化的关系 215

第七章　中国当代心理学研究的本土化取向 222
- 第一节　中国传统文化与本土心理学资源 223
- 第二节　中国当代心理学本土化研究思潮 237
- 第三节　中国当代心理学本土化研究方向与问题 252

第八章　中国当代心理学研究的多元民族化取向 262
- 第一节　中国当代心理学研究的多元民族化 263
- 第二节　中国当代心理学研究的民族化历程 268
- 第三节　中国当代心理学民族化研究方向与问题 276

参考文献 291

后记 306

前　言

这部著作是笔者在近年理论心理学研究基础上按照理论心理学研究的逻辑框架修改完善后完成的。这部著作之所以命名为《理论心理学：历史与反思》，是因为在我国理论心理学尚未发展成为一门成熟的学科，而且理论心理学作为一门学科也缺乏一个成熟的学科体系。因而，本书主要探讨了理论心理学研究中的一些基本问题，研究内容包括最基本的心理学学科体系分类、方法论、理论与历史、本土化、民族化等问题。本书的基本思路是，从基本的理论问题着手，逐渐展开，并对当代国内外关注的理论问题进行讨论，最终形成八章内容。

第一章"理论心理学研究概论"，分为两节，主要探讨了心理学为什么要研究理论，理论心理学的价值在哪里，以及心理学研究的本质是什么。也就是主要探讨心理学研究的理论自觉，以及理论心理学研究的逻辑起点之一人性的基本问题。

第二章"理论心理学研究的逻辑起点"，分为三节，主要认为理论心理学研究应站在心理学史的立场，并开展以此为出发点的研究，宏观的历史视野是心理学研究最为基础的问题，同样也是心理学研究的逻辑起点之一。本章主要探讨了心理学根植于历史的不可忽略的问题，以及心理学历史的发展模式和当代心理学历史的解释立场等问题。

第三章"理论心理学研究方法论析"，分为四节，主要探讨了心理学方法论中两种传统范式——科学研究范式和人文研究范式，并深入讨论了心理学研究中两种方法取向——质化研究和量化研究存在的问题，最后结合当代心理学方法论的主观性变革和建构主义对方法论的冲击这样的背景，提出了自己的观点。

第四章"理论心理学研究逻辑体系论要",分为四节,先从理论心理学研究体系与哲学的关系谈起,后分别提出了理论心理学研究的横向纵向双维发展逻辑,以及基于心理学历史的心理学分类体系,最后简单探讨了中国理论心理学研究应遵循的逻辑体系问题。

第五章"传统心理学理论流派的历史贡献",分为五节,首先探讨了对心理学研究影响最为深远的经验主义与理性主义,这二者是心理学百年历史都难以回避的问题,其次探讨了传统的心理学理论流派对心理学的历史贡献,尤其是探讨了交互行为心理学,这一理论流派在20世纪初被提出,而且中国心理学家也是华生的学生郭任远作出过突出贡献,而这一理论流派长期被忽视。

第六章"文化视野中的理论心理学研究",分为三节,近年文化心理学的兴起,使文化再次成为心理学研究的焦点,而心理学理论研究同样不可避免地探讨文化与心理学的关系问题。针对这一问题,本章探讨了心理学研究的多元化取向与多元化发展,以及多元文化背景下心理学科学化追求的关系。

第七章"中国当代心理学研究的本土化取向",分为三节,理论心理学视野下的中国当代心理学内部,一直存在心理学的本土化取向,早期主要以理论心理学研究为主,逐渐正开展具体的本土化研究。本章主要揭示了中国传统文化中具有的心理学资源是心理学本土化研究的基础和宝贵资源,梳理了近几十年中国开展的心理学本土化研究,最后针对目前本土心理学研究存在的一些问题,提出了自己的主张。

第八章"中国当代心理学研究的多元民族化取向",分为三节,同心理学本土化研究取向一样,中国当代心理学研究也存在多元民族化取向问题,尤其是在中华民族多元文化背景下,心理学研究既要本土化也要民族化,那么民族心理学作为中国心理学研究的一个重要分支领域,其地位不容小觑。本章揭示了我国心理学民族化研究的历程,以及心理学民族化中存在的一些问题。

本书从以上八个方面探讨了心理学的一些理论问题。首先,这些探讨也仅是笔者在研究过程中的一些个人观点,难免有不够成熟之处,还需与学界同人商榷;其次,本书涵盖的内容仅是理论心理学研究中的很小一部分,限于笔者个人能力以及理论心理学正处于快速发展阶段等原因,本书在内容上也无法探讨所有的心理学理论问题。尽管本书在各个方面仍存在一些不尽如人意的地方,但还是希望通过这部著作的出版推动青年学者投身到我国理论心理学研究中来。

姜永志

2018年3月

第一章　理论心理学研究概论

　　心理学发展历程中理论的缺失导致心理学只注重实证资料的积累,而缺乏将众多纷杂数据资料及其关系进行整合的逻辑线索。后现代哲学思潮的兴起,为心理学理论的觉醒提供了契机,唤醒了心理学的理论研究。如果说心理学理论的觉醒是心理学发展历程的重大突破,那么心理学理论自觉性则是心理学发展的应有之义。心理学理论的潜意识已经被释放到意识层面,理论研究由隐性层次上升到显性层次,理论自觉、理论觉醒已经与实证研究共同成为科学心理学的学科品格,被灌注到心理学的科学精神及体系之中,而心理学理论研究的逻辑起点正是心理学理论研究的理论自觉。心理学理论研究中的人性观是心理学理论研究的基础,在心理学历史中人性观反复变化,忽而忽略人性,忽而抬高人性,这既是心理学科学化追求的结果,也是心理学渴望揭示人类心理本真的使然。选择科学化就意味着放弃对心理本真的追求,选择对心理本真的追求就意味着非科学,人性观的摇摆使心理学陷入两难抉择的境地。本章还考证了东西方哲学人性观,分析了科学主义心理学与人文主义心理学各自的人性假设及研究立场,主张心理学既要跳出自然科学二元论、还原论和机械决定论的人性假设,也要跳出人文主义及后现代哲学相对主义、虚无主义的人性假设。最后提出人性既是心理学研究的逻辑起点也是逻辑终点,只有将人性在"追求幸福"的框架下予以理解,才能超越心理学的分歧,促进心理学对人性本真的理解并造福大众。

第一节 心理学研究的理论自觉

拷问心理学一百多年的发展历程,我们不禁感叹,心理学的历史是如此破碎和零散,纵览其发展历程,从内容心理学、构造主义心理学再到机能主义心理学,从行为主义心理学、格式塔心理学再到人本主义心理学,从认知心理学再到认知科学和认知神经科学,学科发展繁荣的背后都缺失对自身理论价值的反思,都将自身视为唯一合理合法的心理学体系,但它们的本质却非常一致,即自然科学精神和实证主义的心理学观成为心理学这门最具生命力的新兴学科的全部。心理学怎么了?这一问题从真正意义上的心理学诞生以来,很少有学者对心理学理论荒漠进行系统的批判反思与重新建构。尽管心理学科学在自然科学的光环照映下显得光彩异常,学科发展越来越精细化,研究方式和研究方法越来越精致化,然而心理学研究却成了实证资料的积累,实证资料纷繁复杂的背后缺乏一种内在的逻辑主线将它们有机地联系在一起。所以,在今天看来,心理学虽然光彩照人,却并不能告诉我们完整的人类心理的本质、人类生存的心理意义等诸多问题。这一症结的滥觞来自心理学研究的"有失偏颇",而这种偏颇就是对自然科学观及其实证研究范式的过度崇拜,对心理学科学的理论反思一直是心理学科学精神所缺乏的。心理学应该是具有理论自觉的一门学科,理论决定高度,实证的累积需要通过理论来抽象和综合,这是心理学理论研究的路径之一。值得欣慰的是,沉浸一个多世纪的心理学理论批判反思与理论建构终于在西方心理学体系中有所展现,这就是近年心理学的理论觉醒。理论觉醒与理论自觉是相互灌注的,二者应该与实证科学精神共同构成今后心理科学科学内涵和科学精神。

一、心理学研究的理论觉醒

我们为什么要用心理学的理论觉醒和理论自觉来形容当今心理学

的理论发展呢？从字面来看，觉醒应具有醒悟和觉悟的含义，即由迷惑而明白，由模糊而认清，进入到一种清醒的或有知觉的新的状态。自觉是内在自我发现、外在创新的自我解放意识，是灵量①被唤醒的过程，人的内在生命本身具有意识本体与物质本体的矛盾，其构成人的内在本质，其基本属性就是有意识地维护和发展自我本体，在与外在物质世界的矛盾过程中发展自我本体。每一门科学都应具备这样两种性质，觉醒和自觉是对自身科学内部的关照。但是心理学历史表明，心理学自身并没有意识到重大理论建树的批判反思与建构对学科专业的意义，而仍旧盲目追寻实证资料的积累，热衷于建立实证资料累积下的微观小理论。其实，心理学也应该有一个对自身的关照，有一个反躬自省的过程，有一个理性逻辑的发展脉络。心理学发展受经验理性主义的束缚，对自身发展的诸多问题未能辨明，实证主义心理学对自身理论建设的缺失导致现今实证范式心理科学的危机，但他们却未能觉察。实证主义疑惑之处在于为什么以自然科学的科学精神和范式来进行的心理学实证研究不能真正揭示人类的心理。心理学发展其实一直都处于这样一个迷惑懵懂的时期，也可以称为潜睡时期，心理学自身的发展只注重实证数据资料的累积和微观理论的建设，而很少考虑重大理论批判反思与重构的问题，科学的心理学甚至认为将心理学与理论扯上关系亵渎了心理学的科学精神，是退回到哲学思辨的哲学心理学形态，很多心理学家回避还来不及，怎么会主动进行心理学理论研究呢？然而，这一传统在后现代哲学时代出现了转机。后现代思潮的兴起，科学实在论、科学解释学、社会建构论、话语与修辞心理学、生态与环境心理学等众多对实证主义独霸局面的不满，为心理学理论的觉醒提供了契机，唤醒了心理学的理论研究，同时也建立了一门理论心理学学科。这一学科建制就如同理论物理学和理论化学在物理学和化学中的地位一样，是对学科元问题的研究。

理论心理学是 20 世纪 60—80 年代在北美和欧洲发展起来的一个新兴心理学分支学科。这个心理学分支学科的产生正是心理学理论的

---

① "灵量"(Kundalini)一词来自古印度瑜伽语，老子所说的万物之母，"先天地生""为天下母"的力量，便是灵量。

觉醒,但这一觉醒之路却走得特别艰辛。自科学心理学建立后,秉承自然科学精神的早期心理科学几乎全盘接受了自然科学的世界观和方法论基础,机械论自然观和实证主义作为科学主义心理学的方法论基础曾经为科学主义心理学的繁荣和发展提供了契机和前提,也提供了五大基本原则和立场(高峰强,2002)。早期心理科学强调研究对象的可观察性,笃信客观普适性真理,坚持以方法为中心,信奉价值中立的立场,固守人为机器模型的原则,同时坚持自然科学的原子论、还原论、客观论、决定论和定量分析这些立场,将人类心灵世界按照物理世界的客观存在来进行研究,企图通过简单的公式、定理和推论来解释全人类的心理,这显然是无法实现的。内容心理学和构造主义心理学试图将人类心理还原为心理物理元素,希望建立类似化学元素周期表的心理元素周期表,将心理还原为物理粒子,这显然忽视了人心灵的自觉、觉知和觉解性质。行为主义心理学固守人为机械模型的刺激-反应行为模式,将人类心理意识从心理科学中除名,这显然是为了顾及科学精神的面子,这样的行为是可观察的、外显的,以自然科学早期的哲学观来看,只有能够被经验证实的和具备观察及操作的心理现象才可以进入科学的视野,显然人类意识世界是难以观察、操作和量化的。后期的逻辑行为主义虽然通过引进中介变量缓解了极端行为主义的心理观,但仍秉承着实证主义科学路线的原则和立场。人本主义心理学以发现人类潜能和自我实现为目的,但这一心理学体系难以掩饰其心理的本能还原论倾向,将人类的潜能限定在先天的机体范畴同样不能摆脱机体中心论和本能还原论的桎梏。有学者指出,20世纪后期兴起的认知心理学和认知科学或许可以成为统一心理学学科的心理学体系(霍涌泉,刘华,2007)。虽然意识重新被唤醒,但是认知心理学却走向了另一个极端,即走向关注机制的极端,将研究限制在大脑和神经上,企图寻找将主观转换为客观的研究路径,却忽视了人类心灵与历史文化意义的研究,将人脑类比成计算机的研究模式也难摆脱人为机器的嫌疑。

心理学发展历程中这些重要的心理学流派都难掩自然科学的气质和精神。对理论研究的极端排斥,实证与理论、自然科学和人文科学模式的对立和分野构成了这一时期心理学研究的独特景观,这是心理学成为独立学科一百多年来心理学发展脉络中最主要的特征。这一时期心理学的理论研究和理论心理则被学者视非科学的领域。从某种意义上讲,极端排斥理论研究可能是心理学及其学科共同体不成熟的又一种表现形式。正如国际《理论心理学》杂志主编斯塔姆所说:"心理学研究处于成长中的多学科领域的心理学研究,多年来表现出一种不成熟学科的局限性:其有时思想狭窄,有时又不惜一切代价追求技术上的理性主义,而有时又体现出极度的盲目崇拜和一时的狂热。"(霍涌泉,2009,pp.26-29)实证主义在当代的学科危机,使其内部不得不对自身理论建设进行反思,同时科学哲学的后实证主义转向,以及科学解释学、科学实在论、社会建构论以及修辞心理学的出现,都是心理学理论觉醒的前奏。

美国学者罗伊斯在1975年出版的《心理学的多元方法论:理论类型、特征与普遍观点、体系和范式》,率先提出理论心理学是由元理论和实体理论两部分组成的命题(苟雅宏,2004),同时将理论心理学概括为唯理论(即寻求经验与理性的逻辑一致性)、经验论(即心理学研究对象的可观察、可重复验证性)、隐喻论(即通过符号达到对普遍真理的觉知)。20世纪80年代一系列理论心理学专业期刊的创刊和国际理论心理学会议的召开,再次掀起了理论心理学全球化的浪潮。2009年在我国南京召开的国际理论心理学大会也昭示我国心理学理论研究逐步受到世界理论心理学界的关注。至此,世界范围内理论心理学已经独立成为一门单独学科建制的学科,心理学的理论意识已经在心理学传统中觉醒了,这对心理学学科发展无疑是令人欣慰和鼓舞的。

二、心理学研究的理论自觉

如果说心理学理论的觉醒是心理学发展历程的重大突破,那么心理学理论自觉性则是心理学发展的应有之义。这一自觉性本应贯通心理学发展的始终,汉森的观察负载理论、库恩的范式论、拉卡托斯的科学研究纲领理论、费耶阿本德的无政府主义认识论、劳丹的新实用主义的研究传统理论等科学哲学理论早已证明经验是负载理论的,理论并非来源于观察与实验等经验操作活动,理论已不是经验事实搜集之后的概括和归纳,理论本身是独立的,是理论家在科学活动和社会实践中的建构和发明,理论概念不是经验归纳的产物,而是社会建构的结果,理论是处于特定历史和文化传统中的人之间互动和对话的结果(叶浩生,2007a)。有研究者指出,理论心理学作为心理学的分支学科,是从非经验的角度,通过分析、综合、归纳、类比、假设、抽象、演绎和推理等多种理论思维的方式,对心理现象进行的探索,对心理学学科本身发展中的一些问题进行的反思(霍涌泉、梁三才,2004),理论心理学最终的目标是增强经验研究方法的清晰度和哲学的反思性。

按照美国心理学家罗伊斯的观点,理论心理学包含元理论(metatheory)和实体理论(substantive theory)两方面(张海钟、姜永志,2011,pp.20-26)。元理论是学科的基础理论,它是心理学学科性质的高度理论概括,是心理学的实体理论和心理学研究方法的指导思想和指导原则。元理论主要关注三方面的问题:一是心理学的学科问题,涉及心理学的学科性质、心理学的研究对象、心理学的学科发展、心理学的未来趋势、心理学与其他学科的关系、心理学与社会发展的关系、心理学研究的社会意义和伦理意义等。二是心理学的方法问题,涉及心理学研究的方法论、心理学研究的指导原则、心理学选择方法的依据、心理学理论的评价标准、心理学研究的哲学基础、心理学研究的指导原则、心理学研究中的方法与对象的关系、心理学研究中的理论与方法的关系等。三是心理学的基本框架,涉及心理行为的基本分类和心理学分支学科的内在联系、联结不同分支学科、不同研究方式、不同理论学派等的理论框架。实体理论不同于元理论之处,在于它的研究对象是一些特殊的、具体的心理现象或问题。如行为主义心理学、格式塔心理学、精神分析、人本主义心理学和认知心理学都是心理学实体理论的研究对象。如果说元理论的探讨主要依赖于抽象思辨的方法,那么实体理论的探讨则更多地依赖逻辑推理和数学演绎的方法。

客观地说,心理学自身在发展中从未离开过理论研究,只是这种理论研究被实证主义的光环蒙蔽。心理学历史中关于心理学元理论的争论从未停止过,心理学研究对象的争吵伴随着心理学的成长。冯特和铁钦纳将研究对象视为经验和意识本身,布伦塔诺将心理学研究对象视为意识经验的心理机能,格式塔心理学将心理学研究对象视为整体不等于部分之和的知觉现象,精神分析将心理学研究对象视为潜意识和性本能,人本主义心理学将自我实现和潜能视为发展方向,认知心理学和认知科学将符号的输入、编码、存储和输出的心理机制作为研究对象,后现代心理学将社会建构的言语建构为研究对象。单从这一个视角出发,我们就可以清楚地看到,心理学研究现象的理论之争从未停歇过,这种争论对增强心理学家对心理学自身的反思具有建设性意义。

心理学与其他学科之关系这样的元理论问题也是各派心理学家热衷讨论的话题。早期心理学家如冯特就曾对心理学与相关学科的关系作过系统讨论,认为心理学与生理学、物理学、民族学及人类学关系最密切,冯特心理学体系包含研究简单心理现象的实验心理学和研究历史文化中人的高级心理现象的民族心理学。行为主义心理学则将心理学建立在生物学的基础上,企图利用达尔文生物进化论中物种的连续性,通过对动物心理研究来推演人类心理的普遍性。认知心理学则过多地依赖现代计算机科学,其中认知科学就是心理学与计算机科学、生物学等学科交叉的产物。心理学与相关学科的关系经历了历史的演变(葛鲁嘉,2011),从心理学依附于其他学科(如哲学、物理学、生理学、生物学)的发展,到心理学排斥其他学科(如哲学等人文立场的学科)来保证自己的学术独立性,再到开始寻求与其他学科(如哲学、神经科学)的合作的关系,最后到心理学与其他学科建立共生的关系这样一个历程。

心理学史研究表明,在心理学学科内部对知觉理论、情绪理论、智力理论、人格理论等实体亚理论的争论从来也没有停歇过。在知觉理论中,如布鲁纳的知觉理论与格式塔的整体知觉理论就属于不同理论派别的争论。在情绪理论中,如阿诺德的评定-兴奋说与沙赫特的双因素情绪理论就属于认知心理学内部理论的争论。在智力理论中,加德纳的智力多元论、吉尔福特的三维结构模型、阜南的能力层次结构理论、斯腾伯格的智力三元论等就是从心理学不同分支学科对智力理论的讨论。在人格理论中，如奥尔波特的人格特质理论、卡特尔的人格特质理论、艾森克的人格结构维度理论、塔佩斯的大五人格理论也是从学科建制内部与外部对智力理论的讨论。有关实体理论这些讨论的一个共性是自下而上的研究形态，即通过对实证资料的积累，以及对这些实证资料的分析、综合、推理、演绎、抽象和概括建立实体亚理论。

传统心理学的元理论争论尚且如此，当今关于心理学理论的研究争论更明显，已经由当初隐性层次上升到显性层次。在显性层次上对心理学理论进行广泛探讨，应该构成心理学界对心理学学科的理论批判反思与理论重构，应该重视挖掘心理学理论的价值。如果说传统的理论心理学是以心理学的学科性质、研究对象、方法论和涉及全学科范围的理论问题为研究领域的心理学分支进行广泛讨论，那么现代意义上的理论心理学主要是指从非经验的角度，通过分析、综合、归纳、类比、假设、抽象、演绎或推理等多种理论思维的方式，对心理现象进行探索，对心理学学科本身发展中的一些问题进行反思。

可以说，当代理论心理学研究已经形成元理论与实体理论相结合的独立学科体系，从宏观层面与微观层面总结和反思心理学的理论成果。我国有学者指出："从微观层面来讲，许多具体研究具有丰富的实证资料的支持，而大量的实证研究结果也需要形成一种比较系统化的理论假设。从宏观层面而言，许多具体的实证研究会逐渐关心那些经验性工作中包含的'元物理意义'的形而上问题，因为较长时段围绕着某一问题做实证研究，必须有理论的关联性研究支撑。从这个意义上讲，更多的心理学的实证研究者将会走向一种'理论的自觉'，进而会营造起一种有利于心理学理论创新的学术氛围。心理学的实证研究范式最终与理论研究的范式在科学目标上将走向一条殊途同归的发展进路。"（霍涌泉，魏萍，2011）因此，通过元理论化研究路径、多元化方法选择路径以及模型构建研究路径等方式方法将元理论与实体理论整合在一个框架下，对心理学诸多理论问题进行追问，不断完善心理学科学建设，这不仅是心理学学科发展的必然选择，也是一切科学发展的必由之路。

三、心理学理论研究存在的理论问题

理论心理学的学科建制虽然已经在西方心理学界完成,但我们不能对这一成绩盲目乐观,我们更应该清楚地认识到,从心理学理论研究的盲目排斥,到心理学研究中对理论的唤醒,再到对理论的关怀,这仅是科学发展范式转换过程中的一个小片段。按照库恩的范式论,心理学目前仍处于前科学时期,离常规科学时期还有一段遥远的距离,当科学研究出现新的变故之时,理论与实证的关系再次回归老路也未尝没有可能(张海钟,姜永志,2011)。因此,我们既要对心理学理论予以与实验研究同等的重视,同时亦应在心理学科学研究中贯彻心理学的理论自觉精神,这既是时刻反省学科自身的理论发展问题的需要,同时也是提升心理学科学性的有效途径。"数据驱动"的实证主义仅是众多心理学研究范式中的一个典型范型而不是全部,"思想驱动"的理论范式也同样是科学精神的重要组成部分。在将"思想驱动"的理论精神贯穿到心理学逻辑主线的过程中,笔者以为我们必须认清以下三个问题,或许只有这样,才不会为了理论而理论,而是为了科学精神而理论,才会使心理学研究成为真正具有科学精神的学科。

第一,理论研究应回归人本身。理论精神的灌注要突破传统的以实证资料为中心和以方法为中心的局限。传统的实证心理学往往通过对实证资料的积累,而忽视人作为心灵主体的觉解性质,离开了人心理与行为本身而被各种已有的研究资料遮蔽,脱离了人主体性的心理学研究必然不能有效揭示人的心灵的性质(燕良轼,曾练平,2011)。另外,有的心理学家盲目将自然科学的实证主义方法论作为心理学研究唯一合法的方法路径,他们不是以人本身进行心理学研究,而是以原本先验存在的客观实证研究范式为中心进行心理学研究,不是凸显问题而是凸显方法的重要性进行心理学研究。选择方法优于选择问题的研究路径只是为了追求物化的自然科学精神,而将人类心理的现实问题于不顾,我们说这样的研究并没有灌注科学精神。真正的科学精神需要体现在三种研究中,即做"求真"(做最好的研究)、"求存"(解决生存问题,一般研究)、"求用"(与实践相结合,服务社会的研究)的心理学研究,而"求真、

求存、求用"这六字就灌注了心理学的科学精神。

第二,理论研究应正确处理好建构性思维、批判性思维与关怀性思维的关系。理论研究必须具有批判性思维,没有批判性思维就不能发现问题。对于理论创新来说,没有批判性思维是极为可怕的,但仅有批判性思维视角也是远远不够的。良好的学术研究成果既是批判出来的,更是积极鼓励出来的,理论研究不能只停留在对理论的批判与反思上,这只是理论研究的最初级阶段。理论研究还必须具有建构性思维,心理学理论研究要对历史中各具形态的心理学理论学说观点进行质疑,"循名实而定是非,因参验而审言辞",同时也要构建自己的理论学说,这就必须有建构性思维。美国学者李普曼曾提出著名的 3C 理论,他认为理论研究应关注创造性思维、批判性思维和关怀性思维,其中的关怀性思维,主要体现在承认、重视、尊重、珍惜、关照、培育、同情、欣赏和回应等方面(霍涌泉,段海军,2010)。这种关怀性思维不仅要灌注到心理学理论研究的批判反思中,也要灌注到理论创新与建构中来,只有对这两种对立的思维形式进行积极的关怀,能够承认差异、彼此尊重、求同存异、俱荣俱损,这样的理论研究才是具有科学品格的研究。

第三,理论研究要重视理论与实践的关系。国际理论心理学协会主席、南非著名心理学家法尔玛格尼(2009),在南京师范大学举行的 2009 年国际理论心理学大会上反复强调理论心理学与实践紧密相连。从理论心理学的概念看,研究实践问题是理论心理学的题中应有之义。心理学理论既包括元理论也包括关注具体领域的实体理论,实体理论正是通过自下而上的研究获得的理论,即从具体的心理学实验、实践中获得的理论。理论心理学的最终目标应该是帮助人们解决实践问题。理论心理学的元理论研究所关注的人性、身心关系、方法论等抽象问题,看似与实践相去甚远,但对这些问题的不同看法往往构成了实践者进行实践的理论前提或理论预设,在实践者意识不到的情况下对其实践产生着实实在在的影响。因此,"思想驱动"的理论心理学研究与"数据驱动"的实证心理学研究都是心理学发展必不可少的组成部分,二者的差异仅是分工不同而已。实证心理学的研究有理论预设的参与,同时也需要理论的反思,反过来,理论心理学的理论也需要实证心理学的实证检验和验证。理论心理学必须在社会实践中不断地发现问题,解决问题,保持自身的活力。

因此,心理学的科学精神不能单靠心理学实证资料累积的"数据驱动"进行,也不能仅靠坐在摇椅上理论家的"思想驱动"单独完成。理论与实证在一定范畴内的张力才是心理学源源不息生命力的源泉,才是消解心理学学科内部分离的良药。在当代,心理学理论的潜意识已经被释放到意识层面,理论研究由隐性层次上升到显性层次,理论自觉与理论觉醒已经与实证研究共同成为科学心理学的学科品格,被灌注到心理学的科学精神及体系之中。未来的心理学发展必定要遵循这样一条逻辑线索来进行研究。其中,国内学者推出的拓扑知觉理论、社会内隐现象的钢筋水泥模型、分阶段综合模型、智力的多元结构理论等理论,已经显现出国内心理学工作者对这一科学精神的实践,将理论自觉地运用到具体的实践中。只要我们坚实地走下去,大力加强心理学理论建设,注重心理学理论自觉意识的培养,扎实推动国内心理学的理论研究水平迈上一个新的发展层次,在不久的将来将会成为现实。

第二节 理论心理学视野中的人性问题

心理科学是一门以人为指向的学科,无论是前科学时期哲学思辨的心理学研究,还是科学时期科学化的心理学研究,都无法规避对"何为人"以及"何以为人"的探讨。前科学与科学之分是科学哲学家库恩(Thomas Kuhn)在范式论中提出来的。库恩认为,任何一门学科在没有形成统一范式以前,都处在前范式或前科学时期,科学工作者各自持有不同的观点和方法,待经过讨论形成统一的基本理论和方法,于是从前科学时期进入科学时期,而在科学时期还会依次经历常态科学时期、反常和危机时期、科学革命时期,这一过程始终处在往复不断的重复循环,被称为动态发展模式,动态发展模式则推动着一门学科的发展和进步(夏基松,2010,pp.251-302)。有研究者指出,心理学尚处在前科学时期,因为心理学尚未形成统一的理论范式,因此心理学不能被称为科学,而应被视为一组心理研究,而另一些研究者则认为心理学已经统一在科学范式(实证主义)之下,已经成为一门科学。对科学与否我们暂且不论,因为"科学"本身也是无法证实的一个命题。

从范式论来看,心理学的前科学时期和科学时期对人本质的探讨最大的区别就在于方式和方法。在前科学时期,无论是古希腊先哲还是东方先哲采用的都是哲学思辨的方式讨论人的内涵和本质,心理学的科学时期则主要采取实证量化和可证实的方法探讨人的内涵和本质,这两种不同方法下形成的人及其本质也必然存在巨大差异,而究根到底这种差异的来源是对人性的不同假设。现代心理学在面对人性时表现出来的反复,忽而忽略人性,忽而抬高人性,既是心理学对绝对的科学化追求结果,也是心理学渴望对人类心灵本真的真实揭示使然,选择科学化就意味着放弃对心理本真的追求,选择对人类心理本真的追求就意味着非科学,人性的摇摆使心理学陷入两难抉择的境地,这是现代心理学为何支离破碎的根本原因。因此,探讨心理学的人性观是进一步推动心理科学向何处发展的基础。本节在考证东西方哲学人性观的基础上,分析了科学主义心理学与人文主义心理学各自的人性假设及研究立场,主张心理学既要跳出自然科学二元论、还原论和机械决定论的哲学假设,也要跳出人文主义及后现代哲学相对主义、虚无主义哲学假设,提出只有将人性在"追求幸福"的框架下予以理解,才能超越心理学的分歧,促进心理学对人性本真的理解并造福人类。

一、东西方人性与人的本质论说

人性(human nature)是从哲学的角度探讨人的存在与存在意义的一个哲学问题,这一问题在岁月流逝中并没有得出统一的结论。我国老一辈心理学者陈沛霖曾发出"人性争论,何时休"的感慨(陈沛霖,1989),可见人性讨论几千年来并未达成一致认识。对于人性,东西方文化对它的阐释也存在较大差异,东方哲学并未有"人的本质"这一概念,我国古代只有"人性"的概念,人的本质这一概念主要源自西方。人性与人的本质这两个概念既存在差异也有很多相似之处,人性的概念往往与本性的概念相通,更多与既成和已然的形态相联系,表现为人本来具有无法分离的内在规定性,即"人生而之谓性"。在西方存在主义哲学中,"存在先于本质"认为人的本质并非一开始就有,人首先是被抛掷到这个世界,然后通过自己的筹划和选择才逐渐形成人的本质,因此在存在主义看来,人的本质具有后天生成性(叶浩生,2004b)。从中国哲学历史和西方哲学背景来看,人性或人的本质讨论的共性主题都关乎何以为人的内在规定。

从东方哲学出发,我国古代哲学家对人性的讨论十分丰富,形成了各具形态的人性假设和人性理论,如人性地位论、人性本质论和人性善恶论等。

人性地位论主要讨论人的地位和价值,一般有三个层次:(1)人贵论,认为人是有价值的,肯定人在宇宙序列中的价值和地位。老子将人看作天地间"四大"之一:"域中有四大:道大,天大,地大,人亦大。"荀子认为:"人有气有生有知亦且有义,故最为天下贵也。"董仲舒也认为:"天地之精所以生物者,莫贵于人。"(2)人本论,强调从人本身出发来考虑问题,将人作为人来看,尊重人的价值和尊严,这一观点与西方人本主义心理学颇为相似。孔子的人本思想主要体现在"仁"的理念中,如"仁者爱人""仁者人也""修己安人"等。孟子又说:"爱人者人恒爱之,敬人者人恒敬之。"(3)天人论,包括天人对立论、天人交互论和天人合一论,尽管主张各自有别,但三者都将人放置在与天地一齐的位置上,主张人生而具有超越的能力,人具有创造和改造自然的能力,但人要与自然和谐相处(燕国材,2008)。可见,人性地位论讨论的主要是人的地位和价值问题,凸显人作为区别于其他物种的绝对尊贵地位,它们也共同构成了我国古代人性论的基础。

人性本质论,虽然我国古代并没有谈及何为人的本质,而事实上所探讨的人性大多是指人的本质问题,即何为人,何以成为人。从国内外关于何为人的讨论来看，一个共识就是，人既具有生物性也具有社会性，这与我国古代哲学家所讨论的人性观基本一致，这从中国古代的阴阳两极学说、五行相生相克学说都可见一斑。具体来说，人的本质来源有三：主张自然本性的生性论、主张社会本性的习性论和主张心理本性的心性论。（1）生性论，生性指人先天具有的人性，生性论主要探讨与生俱来的人性本质问题。这一讨论最先来自孔子的"性相近，习相远"之说，孔子将人性的来源区分为生物性来源和社会性来源。但生性论强调的多是人性的生物性来源。告子说："生之谓性。"按照告子的观点，认为有生即有性，性是天生的，性是"不可学，不可事，感而自然，不待事而后生的本始材朴"。生性论认为性乃生成之物的观点与现代心理学的观点基本一致，诸如，现代心理学中感知觉、记忆、思维、想象、气质等心理特性均源自先天神经系统的发育程度，但生成论否定人的后天环境塑造能力，显然并不符合孔子"性相近，习相远"的另一层意思阐述。（2）习性论，按照孔子"习相远"之说，习性就是后天习得的人性，在孔子看来，习乃后天的社会文化环境、教育环境、社会习俗等的影响，习还与墨子浸染说的"染"一致。王夫之说"性者天道，习者人道"，"习与性成者，习成而性与成也"，这些观点都强调性成的后天影响。可见，习性论强调性在习得过程中的环境塑造性，同时也强调人性并非仅具有生成性，还具有在社会环境影响下与日俱生、与日俱成的习成性。这种习性论一方面承认了人的先天生物性和后天环境影响下的生成性，另一方面它还承认个体的差异性，承认人性的差异性。这种差异在我国古代人性论中更多指人的道德属性，即习得的道德品性的高低差别，突出表现在仁、义、礼、智、信几个方面。（3）心性论，认为心性包含个体的思维、情感、意念、志气、才智、才能等，是人性之心理本性的主要表现。心与性是我国古代哲学家讨论人性时经常提到的两个概念，它们时而分离时而统合，这是因为有些学者以心作为人之为人的根本，将各种心理现象统一于心，从心出发来考察心理问题；有些学者以性为人之为人的根本，把各种心理现象统一于性，从性出发来考察心理问题；有些学者则以心性作为人之为人的本体，把各种纷繁复杂的心理现象统一于心性，从心性出发来考察心理问题。心与性尽管时而分离,时而统一,但学者更多从心性的整体性来考察人性。这种心性的讨论主要散落在我国古代哲学儒、道、释三家的典籍之中。如,孟子的心性合一说:"君子所性,仁义礼智根于心。"湛然法师提出:"性惟在心,一切诸法,去非心性。"心性在内容上可包括儒家的"仁道",道家的"天道"和佛家的"心道",三者都强调对道的体认在于个体的内心,即心理现象的把握在于自己的主观心理世界(杨国荣,2013)。

人性善恶论,人性的善与恶是我国古代思想家讨论人性问题的主要维度,这种对人性善恶的理解就是对人性本质的揭示。人性善恶论将人性归为四个类别:有善无恶的性善论、有恶无善的性恶论、无善无恶的性无善恶论和有善有恶的性有善恶论。(1)性善论,在孔子的言论中并未直接谈及性善与恶,而是将其悬置不谈,性善论主要是孟子的思想主张,他将仁、义、礼、智视为善,但是孟子错误地将仁、义、礼、智视为生成性人性,事实上这些内容都是后天习得的,而是习得性人性。(2)性恶论,主张人性天然就是恶的。荀子认为"人之性恶,其善者伪也",并论证说:"凡人有所一同,饥而欲食,寒而欲暖,劳而欲息,好利而恶害,是人之所生而有也。"(燕国材,2004,pp.45-50)荀子的人性论更多强调了生物欲求与人心理的关系,这种似本能的观点与西方古典精神分析心理学理论颇为相似,但荀子同时也强调性善,认为性善乃是习得之善,是后天塑造的伪善。(3)性无善恶论与性有善恶论,除了以孟子为代表的性善论,以荀子为代表的性恶论外,还有告子的性无善恶论和王充的性有善有恶论。无论是性无善恶论还是性有善恶论都是对性善论和性恶论的发展和扩充。总之,我国传统文化中,很多学者将人性看作要么善,要么恶,要么善恶皆有,要么善恶皆无,使人性的探讨一直囿于善恶的讨论,没有深入到人性的本质,西方心理学中古典精神分析"死的本能"与"伊底",人本主义心理学的"自我实现"这样概念的提出正是性善与恶人性观的极端表现。

在西方,人的本质的讨论直接受时代精神影响,在西方哲学背景中主要包含如下三种人性观:(1)理性主义与非理性主义人性观。理性主义强调不言自明的先赋观念，并把推理当作获得知识的工具，认为人类在本质上是理性的并不断自我完善，人能通过理性来认识心理现象。非理性主义强调人的本能冲动等非理性活动支配着人的身心活动。尼采（Friedrich Nietzsche）甚至认为，人的精神活动只是人生命活动的冰山一角，构成人性的不是受理性支配的意识，而是不受理性支配的潜意识，这种哲学观点被精神分析心理学直接吸收，成为了弗洛伊德古典精神分析的哲学基础。（2）机械唯物主义人性观。机械唯物主义把人看成是机器，人的感知觉、记忆、思维、想象、欲望、动机等心理活动被认为是人体内部的机械运动，强调行为的环境适应性，否定意识的存在和人的主观能动性，在机械唯物主义这里，人性被彻底物化，人的本真被还原成机械运动。以"我思故我在"而闻名的笛卡尔，在身心交互作用论中将身体比作机器，把身体的部分，如神经、脑室称为类似于管道、储存罐、弹簧与轮子的东西，认为上帝将理性灵魂与生理机器合并，在身心交互作用的驱使下，笛卡尔宣称在脑中有一个很小的松果体管理着身心交互的过程，尽管这一假设后来被证明是错误的，但是这种将人与机器类比的观念，却对现代行为主义心理学、认知心理学产生了巨大影响。（3）人本主义人性观。人本主义重新拾起被科学主义遗弃的人性，将人的历史性、主动性、整体性重新整合进人性，强调人的价值、尊严、自我实现等，将人看成是具有潜在价值和超越物性的存在，但人本主义过度强调人性内在规定性的生成性本能，以至于使人本主义心理学过度关注依赖于本能的自我实现，使心理学还原为似本能的心理学（肖群忠，2000）。

综上，古典东西方哲学对人性都作了丰富的阐述，因受文化历史因素的影响，东西方先哲对人性的理解存在偏差，但我们看到的更多是人性存在的共性，即都将人性看作与其他物种有别的具有内在规定性的存在。具体来说，既承认人的自然本性（生性论），也存在人的社会本性（习性论），马克思就将人性看作是自然属性与社会属性的统一，是一切社会关系的总和。马克思肯定吃、喝、性等机能是真正的人所具有的，同时又强调若这些机能离开人的社会活动而仅仅以抽象的形式存在，便只是一种动物的机能（郭斯萍，2000）。可见，马克思强调人性应该是人作为人的活生生的和有血有肉的具体存在,而不是抽象的生物本能与社会本能。我国已故心理学家潘菽先生,在讨论如何研究心理学时,对人性作出了一番独到的见解。潘菽形象地借助物理客体的功用比拟人性,他认为物体之所以存在是因为它具有某种独特的作用,这种作用不能独立表现出来,而必须在和其他物体发生对比和相互影响的过程中才能表现出来。人性的意义和物性的意义基本相同,只是在性质上和数量上有极大差别,因为人性具有无限发展的可能性。因而潘菽认为人性首先是具体的,这种具体性表现为人的特点和品质;其次,人性是生性与习性的统一;再次,人性结构中遗传获得的生性比重极小却又极重要;最后,具体的人性中最大量的是基于生性的习性(潘菽,2009)。潘菽先生对人性的具体表述既吸收了东方哲学的主要思想,同时也汲取了西方古典哲学和近代哲学的有益成分,可以作为我国心理学人性研究的逻辑起点和基础。透过东西方哲学对人性的回顾,我们再反观心理学发展历程,似乎能更清楚地抓住心理学变化和发展的主线,这条主线就是围绕人性的争论而产生的,这种争论继而泛化到对心理学的本体论、方法论和研究取向的影响。虽然东西方哲学一再强调人性是物性与精神的统一,但受制于自然科学物化研究的误导,以及特定时代科学精神的影响,心理学在追求科学化与追求心灵本真上表现出一种摇摆的人性观。

二、西方心理学人性研究的两难困境

(一)科学心理学边缘化的人性

很多人都认为,心理学诞生以来,它就完全遵循自然科学的范式进行物化的研究,认为冯特的构造主义心理学将自然科学的实证方法引入心理学研究,致力于按照化学元素规律分解人的意识经验,使活生生的人性成为无声无息的心理"原子"。事实上,这样的批评观点受到心理学诞生那个时代的科学精神影响。诚然,冯特在莱比锡大学建立实验室被当作科学心理学诞生的标志,冯特心理学主张使用内省法研究"直接经验"也被批评为是还原论的,但冯特并不是一个彻头彻尾的实证主义者。冯特并不同意将他的理论命名为"构造主义心理学",他主张人的自由意志的积极作用,心理元素的组合是人意识的创造性综合,而不是静止的化学元素分析,所以他将自己的理论命名为"意志主义"。冯特将心理学分为低级的实验心理学与高级的民族心理学两个谱系,民族心理学强调研究人的道德、宗教、神话、价值等,这是明显的人性研究,所以忽视冯特心理学理论对心理学人性研究的贡献是片面的。但是,在冯特之后的心理学发展道路上,自然科学完全主导了心理学科学精神与方法论的发展轨迹。心理学对科学化的偏执追求,最终使心理学将人性边缘化,使心理学成为一个抽象的和物化的学科。

心理学科学化的追求主要表现为对自然科学的全盘接受,自然科学持有的是物理主义的世界观和实证主义的方法论,遵循主客分离、还原主义、自然主义世界观、价值中立等原则和立场。心理学按照自然科学的模式规约自身,就体现将人心理现象视为客体一样的本体实在,将人的心理想象视为可以用科学方法进行研究的本体实在。然而,心理现象不同于物理现象之处就在于人既具有物性也具有人性,自然科学的方式方法是用来研究物性的,并不适用于对人性的研究(姜永志,2012)。

自冯特以来,心理学就分为对科学化追求的物化心理学研究和对心灵本真追求的人性化心理学研究。这种为科学化的心理学研究给心理学带来的直接影响就是扼杀人性,将心理看作物理化学的刺激-反应,将心理看作数学统计的符号,将心理看作计算机符号,将心理看作大脑神经的各种联结。突出表现为:(1)人兽混淆,只强调人的自然生物属性,而忽略人的社会文化属性。行为主义心理学的人性假设就是典型的人兽混淆,行为主义心理学将人的精神性排斥在心理学研究之外,只将心理学界定在行为研究的范畴内,忽略人的主动性、精神性而专注于人的物理刺激与行为反应的研究,行为主义研究贯彻了机械主义人性观的假设,并将得之于动物的实验结果推广到人类,将人的心理降低为动物的心理,华生的小白鼠与斯金纳的猫成为早期行为主义的全部,行为主义采取实证主义的方法进一步加剧了对人性精神性的肢解。(2)强调生物本能,强调人的心理与行为受生物本能的支配,认为人的生物性本能决定了人的一切行为,古典精神分析心理学主要持有这种观点,精神分析认为心理与行为受原始本能冲动和欲望支配,并指出人性是恶的,人具有死的本能。人本主义心理学也往往被看作将自我实现还原为似本能,即过多关注自我实现的潜在能量,而忽略人心理的后天习成性,与精神分析不同,人本主义心理学在人性善恶论上持有的是人善论而非人恶论。(3)数量化堆砌,强调实证量化的研究方法,信奉唯一的科学方法,无论是行为主义还是认知主义,都以方法为中心,视方法的科学性与否来选择研究主题,但是大多数心理现象并不能量化研究,而必须求助于主观的质化分析方法。心理学对科学化的追求变成了对科学方法的追求,而实证方法主要使用的是数理统计的分析,将心理现象通过数据图表的形式呈现,这就将人的真实的、具体的心理还原成枯燥干瘪毫无人性可言的数量化堆砌。

潘菽先生曾指出:"就世界心理学的发展情况看,世界心理学显然已走到要'拐弯'的时候。"潘菽所谓的拐弯正是指心理学在追求狭隘科学化的过程中,将人性边缘化已经导致心理学的分裂与危机,拐弯就意味着要纠正这种不正确的人性观(刘华,2001)。可见,作为了解人性和促进人性发展的心理学,由于受到错误人性论的误导,既给自身学科带来了分裂的危机,同时也进一步加剧心理学对人性的误读。对心理学科学化的片面和狭隘追求就是对狭隘的实证主义科学观的追求,这种狭隘的科学观将一切可以量化和证实的研究视为科学,否则就是伪科学,这就使心理学研究对象的人性从人身上被抽离,心理学被沦为人兽不分、强调生物本能,并用数理统计堆砌的不伦不类的科学。然而,我们也应该看到,心理学对科学化的追求也是迫不得已,如果心理学想要屹立于科学之林,就要遵照当代的科学精神及其要求,将心理学塑造成为一门实证科学,才可以获得学界的尊重,否则,心理学还会再次被打回哲学思辨阶段的原形,这是任何心理学者不愿看到的。因此,无论是行为主义将意识排斥在心理学之外,还是精神分析专注于本能驱力的研究,还是认知心理学将心灵与计算机作比拟,将心理还原为神经联结的网络系统,这些都是可以理解的,这都是时代的产物,而不是某一学者、某一学派所能完全掌控的。

（二）人文心理学中心化的人性

美国心理学家安思图斯曾指出："20世纪的心理学大多致力于非人性的研究,那些病态的人,那些饥饿的小白鼠和笼子中乱窜的猫成为主要研究对象,在过去的几十年里,认知心理学替代了行为主义心理学,小白鼠与猫走了,计算机模型进来了,但唯一不变的仍旧是人性的边缘化。"安思图斯的上述说明是直指科学心理学发展对人性的忽略（瓦伊尼·韦恩,布雷特·金,2009,pp.46-79）。事实上,心理学发展过程中,从来没有忽略对人的价值和尊严的追求,自狄尔泰《人文科学导论》问世以来,人性的研究就开始在各学科产生影响。受现象学、解释学和社会建构论等后现代科学观和方法论的影响,人文心理学反对盲目对自然科学的崇拜,反对原子主义、还原主义、客观主义、机械决定论将人的心理世界分割成人格碎片,倡导整体主义的研究取向,尤其表现在质化的研究取向上,重视直接经验和现象描述,强调理解、体悟和现象的意义构建,体现了当代心理学的人文精神（叶浩生,2008c）。人本主义心理学对人性的观点被认为是最乐观的,与弗洛伊德残缺的病态人性观相比,人本主义心理学无疑凸显了人性的善良和美好。从马斯的自我实现的人,到罗杰斯的机能完善的人,从罗洛·梅的存在分析论到弗兰克尔的意义治疗学,人性都得到了最充分最广泛的体现。人本主义心理学对人性的关注,对人的价值观的重构,对人的尊严的强调,对人生意义的追求,对人自我实现潜能的开发,都彰显了"何以为人"的内涵。尽管人文心理学的初衷是在反对科学心理学的基础上,彰显了人的真正价值,但是人文心理学在反对科学心理学和构建自身理论的同时,并没有很好地整合科学与人文各自的精华,而是走了一条偏执的人性追求之路。

继人本主义心理学之后,西方心理学的人文思潮进一步发展,尤其表现为后现代主义心理学的影响,后现主义心理学反对将人看作是本能、机器、动物、自我实现和神经联结,而认为人性是社会的、话语的建构,人的心理是社会生成性的,是关系中的存在,它通过话语的公共实践获得,心理现象也并不是独立存在的"精神实体",它的存在依存于建构它的话语（况志华,2007）。与科学主义心理学相比,后现代主义心理学并不将人性看作是静止在那里等着我们去发现的客体,而认为人性是社会、历史、文化、语言的主动建构。这样,科学主义心理学的人性观被解构为话语的建构,人性被看作话语生成的人性(即习性论),否定了自然生成论(即生成论)。因此,后现代主义心理学的人性观认为,人是关系中的人,是话语建构中的人,是历史文化中的人(张海钟,姜永志,2013)。

从这个意义上来说,后现代主义心理学彰显了人性,将人性作为心理学的研究中心,将人性中心化。然而,我们不得不承认,后现代主义对人性自然生成性的排斥,忽略了人之为人的根基。马克思将人性看作是社会关系的总和,孔子也认为"性相近,习相远",这都强调了人性应该是自然属性与社会属性的融合。科学心理学过度关注人性的自然属性,将人性边缘化,使心理学获得科学地位的同时却成为干瘪的毫无生气的心理学研究。后现代主义心理学过度关注人的社会属性,将人性中心化和神圣化,这将使心理学陷入相对主义和虚无主义的困境,使人性膨胀而脱离现实。可见,人文心理学偏执的中心化人性化追求并不能获得何为人以及何以为人的人性本真。那么,如何超越科学心理学与人文心理学对人性的偏执化追求,就需要我们走出狭隘的小心理学观(实证主义),建构大的心理学观(对真实性的追求),就需要我们丢弃神化的人性,追求真实具体的人性。

三、心理学理论研究视野中人性观的重新审视

现代心理学存在的两种取向或是两种文化的分野,直接促进了心理学多元化发展。从东西方人性观的考证,以及心理学两种文化中人性观的分野来看,当代心理学发展在一定程度上已经偏离了学科的初衷(陈少华,2006)。心理学作为一门人学,促进人的身心发展,促进人的生活幸福应该是其追求的目标。反观科学心理学,物化的人性研究将追求幸福的人性撕裂,人文心理学神化的人性研究将追求幸福的人性架构在空中楼阁之上。这不得不使我们再次反思:心理学眼中的人性是什么?心理学对人类的福祉是什么?面对这样的质疑,我们不应责备科学心理学与人文心理学本身,而应追问人性的内在规定性应该是什么。只有澄

清了人性的内在规定性才能谈心理学如何使人幸福。

事实上,心理学作为一门人学学科,它的关注点永远都无法离开人性的探讨。尽管自然科学范式下的心理学常常忽略或是扭曲人性的本真,但它并未完全脱离人之为人的某些核心特征。尽管人文科学范式下的心理学常常夸大人性的力量,甚至神化人性,将人看作无所不能的世界主宰,但它也并未完全脱离人之为人的某些核心特征。近年来西方心理学传统与东方心理学文化的结合,为东西方人性研究搭建起了沟通的桥梁。超个人心理学人性观认为,超个人心理学建立在西方科学心理学基础之上,主张对人的精神的体验和超越的意识等进行科学研究,坚信这种科学研究能提供对人性的全面理解,有助于人发展他的全部潜能,强调人能够成为完满的人,个人不仅能够消除与他人和外界的分离,而且可以达于一种无我或者超个人大我的状态。为了更全面地了解人的本性,为了更完善和圆满地推进人的生活,超个人心理学大胆地突破了西方科学心理学的限制,突破了西方文化传统的围墙,吸收了东方的心理文化和智慧,在东西方人性研究之间搭建起一座沟通的桥梁。

纵观心理学百余年的发展历史,我们会发现,任何心理学理论都在探讨人性,都在诉说人性,只是这些理论的视角各不相同。就总的趋势而言,心理学将人性一分为二,一部分是自然科学或者说是科学主义的,另一部分是人文科学或者说是人文主义的,但它们发展的整体趋势始终是围绕人本身不断向前发展的(舒跃育,2011)。我们可以认为,无论哪种心理学范式,只要能够揭示人性的一部分,就应该赋予这种心理学理论存在的价值和意义。因此,我们可以认为,人性是心理学发展的逻辑起点和逻辑终点,无论范式或理论如何发展,最终的研究落脚点都还将是人性问题,都是对人性的不断揭示和发展(如图1-1所示)。

既然人性是心理学从不同角度对人之为人的阐释,就要回答心理学者眼中的人性是什么以及心理学对人类的福祉是什么。我们认为,首先,应该肯定马克思关于人的本质是社会关系的总和的论述,以及孔子"性相近,习相远"的阐述,即人性的生物本性和社会本性。其次,应

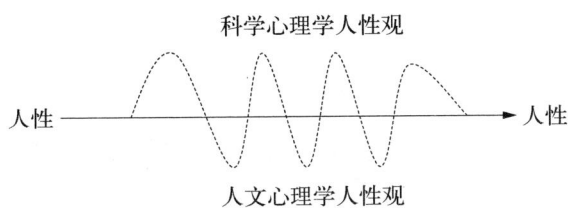

图1-1 心理学发展的逻辑起点和逻辑终点

该承认潘菽关于人性的独特阐述,即人性应该是具体的和独特的,人性应该是生性与习性的结合(与后现代主义人是关系的存在基本一致)。最后,我们还认为人性应该在"追求幸福"的框架下予以理解,人性应该是具体的、真实的、积极的、乐观的、追求幸福的,这应该成为人性的本真和人性的内在规定性。斯宾诺莎和费尔巴哈等都曾在其哲学观点中,表述过人的本质是对"幸福的追求"的观点。

因此,对人性作"追求幸福"的解释,既是对孔子"内圣外王"完美人格追求的阐释和孟子道德人格的践行,是后现代主义社会建构论对人性是话语建构之基本观点的发展,也是超个人心理学对人性最高潜能的认识、理解和实现。人作为生物与社会的存在,趋利避害、追求幸福应该看作人性本真的体现,将人性作"追求幸福"的解释既适用于群体也适用于个人,既适用于人的物质追求也适用于人的精神追求。心理学能否成为一门真正的人学就在于对人性的理解,将人性物化会使人的心理世界变成呆板一块,将人性神化会使人的心理变得虚幻并失去本真。心理学既应该跳出自然科学二元论、还原论、决定论的哲学假设,也要跳出人文主义及后现代哲学的相对主义、虚无主义哲学假设。心理学科学化追求并不意味着一定要放弃人性的精神性,心理学精神化的追求也并不意味着一定要放弃人性的科学化,关键在于双方对人性要作出"追求幸福"的理解。只要科学主义心理学和人文主义心理学能够在各自的视域内,将心理学作为一门追求人类自身幸福的科学,那么心理学便会减少一些无谓的争论,心理学研究也会更加实际和具体,从而达到对人性本真的不断理解并造福人类。

第二章　理论心理学研究的逻辑起点

心理学理论研究首先无法避开的问题,当属如何看待自身学科的发展史,这是一门学科理论研究的基础,也是探讨心理学理论问题的起点。心理学历史的发展是否遵循固定的发展模式,这一问题是本章内容讨论的中心议题。本章回顾和分析了三种影响较大且争议最多的心理学史发展模式,即循环发展模式、线性进步发展模式、混沌发展模式。这三种发展模式并不能完全解释心理学史发展和演进的规律。通过分析这三种发展模式,站在后现代哲学和多元论的立场上,我们提出应将心理学史的发展和演进纳入到多元发展模式中来考量,客观公平地承认每一种心理学研究取向存在的合理性与价值性,这样解读的心理学史才会彰显心理学的当代价值。那么,西方心理学史能否客观解读,成为制约心理学史研究和编纂的关键问题,这既是影响学者学术思想能否被客观评价的问题,也是关乎学科发展的重大理论问题。有研究者认为心理学史应遵照客观历史原封不动地进行客观性解读,也有研究者认为心理学史应根据现代人的立场,寻求两种视域的融合。因此,也就有了心理学史研究客观性的问题,以及心理学史研究厚古说与厚今说的问题。

第一节　根植历史发展的心理学

弗洛伊德(Sigmund Freud)在《一个幻觉的未来》中指出:"我们对过

去和现在了解得越少,我们对未来的判断就越不准确。"历史与现在并不是割裂和间断的,而是一个连续与统一的过程。心理学史作为心理学最重要的一门理论课程,用今天的眼光来看,仍然有很多谜题值得去思考。心理学的历史发源于古代,正式的科学心理学不过一百多年的发展史。正如艾宾浩斯(Hermann Ebbinghaus)所言:"心理学有一个久远的过去,却只有一个短暂的历史。"尽管科学心理学的历史并不长,但是解读心理学的历史却需要追溯到远古的思想家。科学心理学形成早期,就有过各种争辩。如,在本体论上就有身心一元论(唯物论、唯心论、双重一元论、副现象论)、身心二元论(身心平行论、身心相互作用论、突现论)以及身心多元论之争,认识论上也有先验论(理性主义)与经验论(经验主义)之争、本能论与学习论之争等(张海钟,姜永志,2011)。在科学心理学出现后,这些争论事实上仍然没有解决,有些学者仍致力于心理学哲学的研究,希望解决争论,而有些学者则将这些争论搁置,将它们视为哲学家的问题(Staats,1996,pp.18-20)。事实上,对这些问题的研究正是厘清心理学史的关键。

人们对心理学史的兴趣与心理学学科本身一样古老,冯特(Wilhelm Wundt)和詹姆斯(William James)这两位早期心理学巨匠,都敏锐地认识到生理学、物理学、哲学等学科的研究者对早期心理学发展所作出的贡献(史密斯,2005)。正因为心理学在成为一门真正学科之前,就展开了对心理现象的早期讨论,这就不难理解为什么心理学在确立科学地位不久,就产生了大量心理学史的研究和著作。早期的心理学史著作对心理学与其他学科的关系以及心理学自身的哲学问题等进行了广泛讨论。1913年鲍德温(James Baldwin)编写了两卷本通俗的《心理学史:概要与解释》,他追溯了早期哲学家和生理学家的心理学思想。英国心理家布雷特(George Sidney Brett)在1912—1921年出版的《心理学史》,经由彼得斯(Richard Stanley Peters)的缩减,以《布雷特的心理学史》为名出版,全面梳理了古代、中世纪、近代早期的心理学思想。另外一部被视为经典的心理学史著作是波林(Edwin Boring)在1929年出版的《实验心理学史》,该书的出版使心理学史成为大学课程设置中最普遍的课程。另外,海德布雷德(Edna Heidbreder)在1933年出版的《七种心理学》全面梳理了行为主义、构造主义、格式塔心理学、精神分析心理学等经典流派。另一本著名的早期教科书是墨菲(Gardner Murphy)在1929年出版的《近代心理学历史导引》,该书已经出了三版,不仅全面整理了心理学的发展,还将应用心理学史的一些内容收录其中(韦恩·瓦伊尼,布雷特·金,2009)。

以上这些都是心理学发展早期出版的心理学史著述,到心理学发展的后期又出版了诸如韦恩·瓦伊尼(Wayne Viney)和布雷特·金(Brett King)著的《心理学史:观念与背景》、赫根汉(B. R. Hergenhahn)著的《心理学史导论》等。这些著作吸收了不断发展壮大的更多心理学进展。尽管早期出版了一些著作,但是相比较而言,心理学史的研究在20世纪60年代之前还是显得孤立和零散。20世纪60年代作为心理学史的转折时期,开创了心理学史的新时代,包括1965年《行为科学史杂志》的创办,11月美国心理学历史档案馆在俄亥俄州阿克伦大学建立,同年美国心理学会批准成立第26分会——心理学史分会。1967年,新罕布尔市大学首次设立心理学史哲学博士研究生学位的教学计划。1968年成立了国际行为与社会科学史协会——喀戎。后期又有《理论心理学》《心理学史》等杂志的创刊。21世纪伊始,一项针对美国700所高校的心理学系的调查显示,80%以上的心理学系都开设了心理学史的本科课程。这一系列事件都昭示了心理学史的研究已经成为心理学必不可少的组成部分。

心理学史本身是一门极富吸引力的学科,涉及人对心理学问题的看法。从早期古希腊的心理疾病思想,到古代中国、印度、巴比伦、希伯来等的心理学理念,再到中世纪时期的宗教与神学混合的心理学思想,再到对近代科学心理学作出贡献的早期心理学思想,都为我们展现了一种关于当下的情境视角,这是其他任何心理学分支学科都不能达到的。那么,心理学史的研究,究竟会为我们展现怎样的一种视角,以及给我们提供哪些值得思考的东西呢?我们认为,可以包括以下两个方面:(1)心理学史是一条丰富现在的途径,在一定程度上说,历史就是一种记忆,脱离记忆的历史是空洞的和泛泛的。正如开篇所引用的弗洛伊德语:"我们对过去和现在了解得越少,我们对未来的判断就越不准确。"心理学史可以告诉我们过去关于心理学的过去以及对未来的预测。(2)心理学史培养我们健康的怀疑精神。正如赫尔森(Helson,1972)所言:"不要轻易相信我们的未来仅仅取决于唯一的灵丹妙药——脑功能的计算机模型,或唯一的生理机制,或趋势分析是统计处理的最终结果。"无论心理学史的发展如何,它都会提供给我们关于心理学的过去的历史、趋势乃至规律,那这些历史在今天看来仍旧是不变的历史吗? 心理学的历史能客观解读吗? 这需要进一步分析。

第二节 心理学历史的发展模式

一、理论心理学视野中心理学历史研究纷争

科学心理学自1879年诞生以来,历经众多学派的竞争与融合,发展到当代,认知心理学与计算机科学、生物科学、神经科学、医学、哲学等学科相互渗透和相互融合,成为当下心理学发展的主流。从第一个真正意义上的心理学体系——内容心理学到目前的认知心理学,短短一百多年的历史,心理学已历经内容心理学、构造主义心理学、机能主义心理学、行为主义心理学、格式塔心理学、精神分析心理学、人本主义心理学和认知心理学,其中夹杂的大大小小的理论思潮也很多,其中行为主义心理学、精神分析心理学、人本主义心理学、认知心理学被称为心理学的四大势力,其影响持续至今(舒跃育,2011)。但是,随着科学哲学的发展进步,心理学学科体系自身的不断拓展,以及心理学与多学科的相互交融,心理学发展势不可当,其中发展正盛的认知神经科学最有可能成为心理学的"第五势力"。在后现代与多元文化背景下,心理学学科体系加速分化,美国心理学会(APA)目前在册的就有53个心理学分会,每一个分会几乎都可以主导一门学科的发展,就我们所熟知的,近年就兴起了跨文化心理学、文化心理学、社区心理学、生态心理学、环境心理学、存在主义

心理学、现象学心理学、认知神经心理学等(叶浩生,2003b,pp.67-72),这使原本就不清晰的心理学体系新增加几分凌乱。

心理学目前多学科分支的现状,是心理学高度发展的结果,还是心理学分离和破碎的预兆。张海钟和姜永志(2011)认为,学科分化是心理学高度发展的必然结果,如物理学这样的成熟学科就有数十个分支学科,相比较而言心理学并不多。美国夏威夷大学教授斯塔茨(Staats,2003)则认为,学科过度分化是心理学分裂的预兆,这样的分裂现状使科学心理学很难形成真正的科学共同体,难以形成如科学哲学家库恩(Thomas Kuhn)所说的统一范式(paradigm),使心理学成为一门常规科学将成为泡影,心理学终将难以摆脱前范式科学形态的命运。斯塔茨(Staats,1996)曾指出:"每一门科学都得经历一个从不统一到统一的转变过程。"他注意到,自然科学方面的这种转变导致在理论、方法和哲学上相当多的一致性,而行为科学却是分裂的,因此他试图利用实证主义方法论将心理学整合为统一的科学心理学,但是舍弃人文的心理学注定是不圆满的,这一整合注定了失败的结局。那么,心理学的现状究竟是怎样的呢?心理学是在发展还是在倒退,心理学的历史是否有一个类似于规律的法则来引导学科发展,或者说心理学发展的模式和方向是什么?对这些问题的进一步澄清会让我们对心理学的现状有一个新的认识。以下我们将看到争论最多的三种心理学史发展模式,同时立足当下后现代和多元论的观点,我们提出心理学的多元发展模式,作为第四种模式,这同样需要接受时间的检验。

二、心理学史发展的传统模式

(一)循环发展模式及其评析

每一种发展模式都是一个规律的生成。循环发展模式(cyclical development model)认为历史就是重复自身,起落消长,无尽往复。王国由盛而衰到再次兴盛,知识的停滞与知识的重新发现都是循环往复的。最早的循环论者应追溯到古希腊思想家阿那克西曼德。他认为,构成宇宙的基本物质是无限与无形的,他命名为"阿派朗",意思是"无边无界",

并认为宇宙的每一事物都要经历产生、发展和消亡的循环变化过程。在当代,科学哲学的发展也为循环发展模式提供了佐证。科学哲学家库恩的范式论认为,范式是一门学科成为科学的必要条件,一门学科只有具有共同的范式,才可以被称为科学,任何一门学科在没有形成范式以前都处在前范式或前科学时期,科学工作者各自持有不同的观点和方法,待经过讨论形成统一的基本理论和方法,于是从前科学时期进入科学时期,因此,他认为科学发展是四个阶段的往复循环,即前科学时期(前范式)→常态科学时期→反常和危机→科学革命时期→常态科学时期,循环往复。库恩认为,当新范式战胜旧范式就标志科学革命时期的结束,而进入新的常态科学时期。在新的常态科学时期,新的范式成为该学科的科学共同体的共同信念。科学研究在新范式的引导下继续积累式前进。但到了后来又出现新的反常,陷入新的危机,引起新的科学革命,并实现从新范式到更新范式的转变,进入更新的常态科学时期,科学的发展模式就是通过这几个环节不断循环往复不断前进。与库恩同一时期的另一位科学哲学家拉卡托斯(Imre Lakatos),在科学研究纲领理论中同样提出了一个类似的观点,认为科学发展是一个动态的循环过程,即科学研究纲领的进化阶段→科学研究纲领的退化阶段→新的进化的研究纲领证伪取代退化的研究纲领→新的研究纲领的进化阶段。拉卡托斯的这个模式不同于波普尔的不断革命模式,它既体现了科学发展过程的质变,也体现了它的量的变化(夏基松,2010,pp.98-106)。

从历史发展的规律出发,心理学史的发展也遵循这样一个往复循环周而复始的规律。从地域人格的形成中,我们会发现这样一种循环。姜永志和张海钟(2010a)就发现,区域地理环境的差异将导致人们适应环境的差异,对环境的不同适应会逐渐内化为区域文化内的一种习惯、思维,最后生成一种区域性文化,不同的区域文化因差异不同而形成不同区域的文化心理特征,不同的文化心理特征的表征方式外显为区域文化心理行为,这种行为又会使人们对区域地理环境进行改造,即区域地理环境→区域文化→区域文化心理→区域文化心理行为→区域地理环境→区域文化心理……这是区域地理与人格生成的循环往复过程。另外,从心理学研究对象的变化中,我们也可以发现这样的循环模式。意识或经验是科学心理学建立之初唯一的心理学研究对象,在构造主义心理学和机能主义心理学时期,意识仍旧是心理学最主要的研究对象。自从华生(John Broadus Watson)1913年在《心理学评论》上发表《行为主义者心目中的心理学》之后,心理学彻底地将意识排除在心理学之外,将外显的能够测量、重复和量化的行为作为心理学唯一的研究对象,行为主义心理学的持续影响整整持续了半个世纪,其很多观点仍被认知心理学沿用。但是到了20世纪60年代后,认知心理学使意识重归心理学领域,意识的回归是心理学研究对象的又一次循环。认知神经科学的发展,使意识与行为成为当代心理学都涉足的研究领域,认知神经科学致力于寻求意识与行为的神经生理基础。这种循环其实并没有停止,每一次循环只是达到暂时的平衡,即达到库恩所说的常态科学时期,或者拉卡托斯所说的新的研究纲领的进化阶段,但是,每一次循环都会从之前的发展过程中吸收新鲜的东西,并将其整合到现有理论中来,从而促进学科的发展进步,这是该模式最容易被接受,也是最具解释力的观点。

(二)线性进步发展模式及其评析

线性进步发展模式(linear-progressive development model)认为,每一个人的活动都是建立在先辈发现的基础之上。正因为如此,人类的知识才能不断进步和发展。就如实证主义先驱孔德所说的一样,一切科学知识必须建立在来自观察和实验的经验事实的基础上,经验是知识的唯一来源和基础,除了以观察到的事实为依据的知识外,没有任何真实的知识,其暗含的假设就是只有被经验证实的知识才能促进科学的发展,那么这种发展应该就是线性的发展。而波普尔(Karl Popper)的批判理性哲学也承认了积累的重要性,并认为:(1)科学开始于问题;(2)科学家对问题提出大胆猜测,即理论;(3)各理论间展开批判和竞争,接受观察和实验的检验,筛选出逼真度高的理论;(4)新理论被科学技术的发展进一步证伪,又出现新的理论。波普尔认为,任何科学的发展都是不断的否定之否定,是知识经验的不断累积(姜永志,刘额尔敦吐,2012)。孔德(Auguste Comte)和波普尔的科学进步模式直接影响了包括心理学在内的众多学科。

在心理学领域，或许这一线性进步发展模式更容易被接受，因为从心理学史的考察中，我们确实看到很多佐证。如在心理治疗领域，这个过程就是一种线性模式，我国心理学家车文博（2010，pp.7-16）在《车文博文集：西方科学心理学史（第五卷）》中认为，早期希腊思想将心理障碍看作是超自然的力量，后来希波克拉底（Hippokrates）认为是体液失衡导致心理障碍并强调脑的作用，后来亚里士多德（Aristotle）强调"中庸"的情绪反应是缓解心理障碍的重要手段，后来萨布科（Oliva Sabuco）认为情绪的自制促进了心理健康，后来皮内尔（Philippe Pinel）对精神障碍进行了分类，并认为有些精神障碍有神经生理基础，而有些精神障碍没有生理解剖基础，环境和生活方式对心理疾病的产生有重要作用，再到后来科学心理学诞生之后，人们通过现代测量技术来鉴别心理障碍，并发展出精神分析疗法、行为主义疗法、人本主义疗法、意象疗法等。现代心理治疗的诊断与治疗的发展，并不是突现的，而是在先前研究的基础之上不断累积的结果。研究者也常常深有体会地认为，我们所做的每一项研究都是奠定在前人研究基础之上的累积，如感觉、知觉、记忆等的每一次新的突破都是在对大量文献进行研读基础上通过一次次实验得到的。在科学主义心理学与人本主义心理学之争中，争论的一个焦点就是心理学是否需要这样的实证累积，由实验数据组成的实证材料能否代表心理学的发展进步，实证积累的心理学能否促进心理学的统一？

这种线性进步发展模式其实是每一个学科发展必须经历的，知识的产生都是逐渐积累的。心理学史的发展同样需要这样的早期积累，心理学史的每一本经典著作，都大篇幅论述了促进科学心理学产生的各学科知识，哲学作为心理学的母体，从来都是科学心理学本体论、认识论和方法论的直接供体，生理学作为对科学心理学具有重大影响的学科也成为了科学心理学最亲密的伙伴。正如维特斯特恩（Wetterstein，1975）认为的那样："在心理学领域，人们理解记忆、学习和感知过程等问题的知识有了显著增长。"但是心理学内部仍存在一些分支学科的领域，它们通常研究诸如人格或社会控制问题,其发展历史较为混乱,不容易根据线性进步发展模式来解释。由此便产生了一个问题,即心理学历史的发展是否存在一种完全相同的总体模式,也许存在几种模式,一些符合循环发展模式,另一些符合线性进步发展模式。

（三）混沌发展模式及其评析

混沌发展模式(chaos development model)认为,历史本身没有任何完全相同和普遍性意义。正如费舍尔(Fisher)指出的那样:"历史只不过是一出偶然发生的、不能预见结局的戏剧。"(墨菲,科瓦奇,2010,pp.695-698)在历史中发掘的意义是我们强加于历史之上的意义,而不是历史本身所固有的意义。萨瓦(Sawyer,2000)就认为:"撇开创造历史的人,历史不过是一个抽象、静态的概念,既不能说它具有客观性,也不能说它没有客观性,问题在于人们不了解历史的客观性却赋予其客观性。"因此,心理学的历史也可能是一种混沌的、不连贯的历史,科克(Koch,1969)在《心理学不可能成为一门连续的科学》中指出,心理学在一百多年间产生了大量的伪知识和无意义的思想。科克认为,科学心理学的历史可以被看作是"极力效仿自然科学特别是物理学的过程中所形成的不断变化的连续体",但是他又说,目前为止,心理学尚未找到一种适当的方法论来研究其独特的对象,还远远不能说明它是一门累积的、渐进的科学。

事实上,科学心理学在极力模仿自然科学的过程,已经将心理学割裂了。按照科学心理学的发展轨迹,科学的心理学是以实证主义为逻辑主线的,无论是冯特的构造主义心理学、华生的行为主义心理学,还是后来兴起的认知心理学,都主要以实证主义的方法论为其哲学基础。传统科学方法论是以物理主义的世界观和实证主义方法论为基础的,物理主义世界观和实证主义方法论直接构成了现代科学的实证主义心理学的基本假设,科学的实证主义心理学认为,心理现象是可以通过感官或借助感官的延长工具可以客观把握到的,只有感官把握到的才是客观和真实的,否则是虚假的。实证主义立场的心理学其实揭示的只是人类全部心理现象的一部分内容,很多无法用经验证实的心理现象必须借助非实证的研究(葛鲁嘉,2008,pp.110-114)。对自然科学过度的模仿,使心理学失去了本真,那些不能用实证方法研究的,但又对人的日常生活起着主导作用的心理现象,不应该被方法论无情地拒之门外。从这一视角来看,心理学的历史更多的是一部实证科学心理学史,它缺少的是连续性的和综合性的关于人的心理的解读。因此,混沌发展模式占据的市场份额并不大,显然它也不能完全解释心理学的历史,毕竟科学心理学在研究对象、方法、内容和体系上,都具有循环和线性进步的特征,那究竟哪种模式更适合当下的心理学,更能揭示心理学历史的发展规律呢?显然上述三者都具有相对的适切性,但同时也有片面性。

三、作为未来主流的多元发展模式

以上每一种心理学史发展模式都不能完全解释心理学的发展连贯性,正如前面提到的,有些人更愿意接受心理学史的循环发展模式,另外有一些人更倾向于接受线性进步发展模式,甚至还有人认为心理学史也部分是混沌的。理论的不统一往往都会陷科学于囹圄之中,在心理学这个限定的领域也一样。既然以上三种历史发展模式存在缺陷,那么我们可以站在更高的起点上,来看待心理学的历史。回顾对心理学发展产生重大影响的早期学者,会发现很多学者都持有一种多元论,韦恩和金(Viney & King,2016)在其著作《心理学史:观念与背景》中强调,苏格拉底(Socrates)就曾最早规划出一种多元论的心理学研究取向,强调行为具有多重原因,行为的原因不单纯是心理学、生理的或是社会的,而是所有这些因素的综合。而理性主义者莱布尼茨(Gottfried Wilhelm Leibniz)的哲学视角也允许多元性和多样性在整体性中占有更重要地位,认为世界由无数独立的精神性单子组成,是无数单子的和谐的体系,这是唯心主义的多元论。现代机能主义心理学创立者詹姆斯同样是一位彻底的多元主义者,詹姆斯明确证实了分析的多重水平:分子的、生物学的、社会学的、哲学的——所有这些都是合理的,并且都有自己的特殊价值和应用。他的多元论对他的心理学取向有几种含义,首先是方法学的,我们审视詹姆斯的著作,无论是心理学的还是哲学的,就会发现一种实用主义的多元论,其中方法学的观点起了辅助性作用,詹姆斯使用了多种方法,显然是一位方法多元论者。二是在心理学对象上他的多元论也尤为凸显,他的研究范围包括基础问题与应用问题,宗教心理甚至超自然现象(方双虎,2011)。早期学者的多元论思想,为今天心理学的多元论取向奠定了基础。

随着近几十年科学哲学的发展,后现代哲学成为支持多元论的主要阵地,后现代哲学的主要特征之一就是反一元论,提倡多元主义,认同不同意见同时并存,共同繁荣。后现代哲学还接受费耶阿本德的多元主义和增生原则,认为任何理论都有韧性,没有一种理论永远能驳倒另一种理论,也没有一个统一的标准能判定一个理论好于另一个理论。我们再回到心理学分裂的源头来看,其中最主要的观点就是,实证的科学主义心理学的文化霸权问题,即主张建立一种普遍性适用的实证科学和严格意义的实证科学,这种客观的研究范式确实给心理学研究带来了科学的地位,揭开了人类心灵的神秘面纱,操作主义使人类心灵越来越具有可操作化,提供了客观揭示和理解心灵的方式方法和有效的干预技术,合理地揭示了人类心理的一个侧面。但是,这种客观研究范式所坚持的主客分离的思维模式没能完全阐释具有自觉能动性的人类心灵主观性。这种以实证主义取向建立的心理学实际上所持有的就是一种一元文化论,反对其他形态的心理学形式,反对其他文化中的心理学式样,这样难免忽略了其他文化中有价值的心理学研究方法、研究内容和关于心理的解释。从美国心理学会(APA)53个专业分会来看,学科分化越来越细致,这样的分化是否阻碍了心理学的健康发展了呢?从目前的发展来看,这样的细化不但没有阻碍各心理学分会的发展,而且很多心理学研究领域还出现更多的交叉研究。从行政组织结构来看,在20世纪末,心理学已经同其他学科一样统一,甚至比某些学科还要统一。如,在生物学内部,我们通常能见到至少20个系,包括植物学、园艺学、畜牧学、林业学、动物学、解剖学、动物研究学、微生物学、生物物理学、生物化学,等等。所以,心理学可能高估了其他学科的统一而贬低了自身的统一性。按照詹姆斯的观点,我们必须考虑学科统一的优势,但我们也应探索多元化为心理学提供的优势,一门新的理论心理学的分支学科会弥补心理学的分裂,同时又为心理学的未来发展带来希望。

综上所述,心理学的历史并不是分化的历史,而是学科多样化、复杂化、丰富化、精细化的发展必然性。那么,心理学史的发展模式更可能会遵循这样一种多元论取向,心理学学科研究领域不断拓展,分支学科不断增多,心理学研究越精细化,这在一定程度上都弥补了心理学的分裂,起码将其研究限定在了心理学的边界之内,阻止了学科分裂或被其他学科蚕食的结果。因此,对心理学史的解读,要站在多元论的立场上,持有多元发展模式(pluralism development model)的观点。在心理学史的体系中,诸如机能主义和格式塔心理学等几种典型体系被纳入到当代主流心理学之列,而精神分析和人本主义等对当代心理学也产生着持续的影响,认知心理研究回归了意识的主体地位,同时对多元方法的重视也拓宽了科学的概念和方法论基础,我们对整个心理学领域的发展变化仍会持续关注,但我们应该更倾向于采用多元论的视角,将心理学史的发展纳入到多元发展模式中来考量,客观公平地承认每一种心理学研究取向存在的合理性与价值性,这样解读的心理学史才会彰显心理学的当代价值。

第三节　心理学历史的诠释学解释立场

心理学呈现多元化的特征,主要表现在概念和方法假设的多元化,以及研究兴趣的多元化。多元化如此之多,以致在心理学领域的现实复杂性面前需要保持谦逊的态度,我们要做的是应对问题,而不是像过去那样粗糙地解释而逃避或忽视问题。为了应对问题,我们必须首先澄清解读西方心理学史的立场,历史是客观存在的,我们站在不同的立场会得到对历史事件的不同解读,对心理学的发展将产生直接影响。此外,心理学史研究者需要做的应该是,不要吝惜自己的创造力,要将思维游弋在心理学史的海洋中,立足现代多元文化的立场,并从中寻求差异、积极比较、整合观点,进行客观评价。

一、心理学历史的传统诠释学立场
(一)心理学的历史能否客观解读

历史研究中最重要的就是客观性问题,虽然我们都赞同历史是对人类过去的解释性研究,但对历史解释性的可靠性、清晰性和客观性却仍然存在分歧。首先,一些学者认为历史研究者通常不能直接进行观察,况且就算直接观察也因立场不同而不能保证历史评述的客观性,而且目前也确实没有一个评价历史的标准来进行参照。其次,历史研究者是当前环境的产物,因此,研究者会根据现有的个人观点和所处时代的文化观点对历史进行解读。在心理学的历史研究和编纂中,同样存在这样一些问题,心理学史研究者能否客观地解读心理学历史事件和历史人物的功过是非呢?如,早期有些学者认为冯特的心理学体系只注重对心理元素的分析,将心理学的研究对象还原为心理元素的组合及其规律,心理学的目的就是寻求像化学元素周期表一样的心理元素周期表,在方法上将冯特早期的实验心理学局限在实验内省上。事实上,这些学者对冯特的解读完全是根据自己所属时代的文化,根据该文化的思维风格,依据部分甚至不完整的资料进行的解读。事实上,冯特更倾向于理性主义,而美国文化氛围更注重经验主义和实证主义,这造成美国学者对冯特的研究内容和研究方法进行了美国化解读。后来有学者对心理学史资料的深入挖掘,有学者认为冯特对元素的关注并不是机械的,而是基于他的创造性综合积极主动的,关于研究方法,实验内省只是冯特心理学研究方法的一方面,同时,他还注重反应时法,在高级心理的研究中对自然观察、历史分析方法的注重,也是很多学者对冯特误解的方面。后来冯特的学生还考察了他对应用心理学的贡献,发现冯特在研究中其实是采用多种研究方法的,这就证明了冯特是一位视野开阔的心理学家,从而纠正了人们长时间对冯特的偏见。

由于时代的文化气氛使然,近代心理学史上很多著名学者也被心理学史专家忽视。我们通过研读当代西方心理学,通常会发现一个现象,即西方心理学历史中很少见到女性学者,是真的历史上没有对心理学作出突出贡献的女性学者吗,还是因为心理学历史编纂者的主观刻意遗漏呢?如果是刻意的话,那么心理学史还能客观吗?带着这样的问题,我们考察了韦恩·瓦伊尼和布雷特·金的《心理学史:观念与背景》,从中我们发现了大量女性学者对心理学的贡献,如卡特尔(James McKeen Cattell)的学生沃什伯恩(Margaret Floy Washburn),她是第一位女性心理学博士学位获得者,她接受了铁钦纳(Edward Bradford Titchener)对心理学中意识作用的强调,怀疑意识是不是由不能被还原的静态元素组成的,他的最大贡献是在比较心理学上,她的著作提供了动物感觉系统、动物记忆、智力、记忆、行为、适应等方面的大量知识(Washburn,1997)。这样一位心理学者在很多心理学史教科书中几乎找不到任何痕迹,是历史的遗忘还是心理学史研究者的遗忘呢?另一位机能主义心理学家卡尔金斯(Mary Whiton Calkins)同样是经常被遗忘的女性学者,她是第一位当选为美国心理学会(American Psychological Association,APA)主席的女性心理学家,她认为心理学应该被界定为关于意识自我的科学,认为自我是心理学的中心,而且构造主义与机能主义之间也有调和的余地。卡尔金斯是较早提出调和构造主义与机能主义的心理学家,对后来心理学的发展作出了贡献。既然心理学史研究的客观性难以保证,那么我们应该如何编纂心理学历史呢,应该允许更多主观性的参与还是拒绝任何主观性的思维?是完全按照史料记载一丝不苟的陈述事实,还是进行现代性的主体性解读?带着这样的问题,我们进入到下一个争论的问题。

(二)心理学历史厚古说与厚今说之争

既然心理学史研究中的客观性问题是一个关键问题,很多研究者又不知该怎么把握客观性,那么厚古说与厚今说无疑是暂时最好解决心理学史客观性问题的取向。厚古说与厚今说是心理学史编纂中的两种取向。斯托金(Stocking,1965)认为,厚古说(historicism)是这样一种取向,可以被界定为"为了过去而致力于理解过去"。他指出,厚古说强调历史人物或事件的背景,将重点放在理解而不是判断上,这种取向力求避免犯那种用过去美化现在的错误。像心理治疗家一样，心理学家就要求必须具备良好的共情能力，如果具有这种共情能力，那么心理学家就可以摆脱当前偏见而采取中立和客观的立场，能够真切地体察到回溯过去的途径，获得更深入和可靠的理解。与厚古说相反，厚今说（presentism）强调人类经验的累积性，以及由此引起的将历史事实与当前兴趣和理论分离的困难。同时厚今说也提出了一个问题，即心理学史研究者在多大程度上能够再现过去事件的客观分布状态？厚今说不赞成原封不动地再现过去。巴斯（Buss，1977）就认为："不存在确定无疑的、用不同理论来解释都不变的绝对事实。"因此，厚今说强调心理学史研究中不可避免的选择性、判断性和情境性因素造成的影响。但厚古说却始终强调，正是因为我们能够意识到这种影响，因此我们可以消除影响。简单地说，厚古说是为古而古，厚今说是为今而古。前者厚古薄今，后者厚今薄古。进一步来看，厚古说偏重过去而排除现在，或者把古人的研究成果视为顶峰或绝唱，或者把后人的见解归之于古人。厚古说认为，这样既可以保证历史的客观性和真实性，又可以避免犯用过去来美化今天的错误。

　　围绕着厚古说与厚今说，学者们展开了不同的争辩，极端的厚古说和厚今说其实都是有问题的。詹姆斯曾指出："绝对主义是哲学思想的大弊。"迪尤斯伯里（Dewsbury，2000）持有相近的看法，认为可以采用一种温和折中的方式研究心理学史，即认为不仅当前的信念在理解心理学历史中的作用应十分敏感，而且坚信真实的历史将塑造当今的观念。按照厚古说与厚今说的客观性标准来看，我们发现也会不尽如人意。在厚古说眼中，心理学的历史应该更深入地讨论历史人物所生存的时代背景及当时的文化氛围，对华生（John Watson）的行为主义来说，它会更多地体察行为主义产生的工业大革命背景，以及美国社会对控制与预测行为的需要，因为这样可以保证机械大生产的顺利进行，保证生产效率，这样看来，我们就会理解华生将意识排除在研究之外的原因了，华生并不是不相信意识的存在，而是为了迎合时代进行的创造性研究。在厚今说眼中，行为主义将意识排除在心理学内容之外，是违背了传统心理学研究经验和意识的传统，这样看来是很难理解的，尤其是在非美国本土，华生及其行为主义是荒谬的,被视为"无头脑的心理学"。

另外,我们也可以从心理学史编著者的视角来考察,波林(Edwin Garrigues Boring)的《实验心理学史》是以铁钦纳的构造主义心理学标准来概括冯特的实验心理学体系,以标榜铁钦纳是冯特的法定继承人。后人对冯特的误解,在一定程度上是缘于波林的描写。布雷特(George Sydney Brett)的《心理学史》也取向于厚今说,强调19世纪的哲学心理学与早期实验心理学的联系。而专门的史学家编写的心理学史多采取厚古说,更多考虑心理学历史发展的外部背景和历史发展的实际过程。例如,黎黑(Thomas H. Leahey)的《心理学史》就是采取厚古说的取向。当然,也有一些人想走中间道路,既保证对历史的诚实性,又坚持历史对现实的作用,例如,莫拉夫斯基(Jill G. Morawski)的《美国实验心理学的产生》,但真正做到古今兼顾、历史与现实的统一却是困难的。厚古说与厚今说本身并没有错误,它们都是致力于客观揭示心理学历史事件,只是站在的客观性视野不同而已。这样看来,厚古说与厚今说也并不是保证心理学史研究客观性的最好方法。那么怎样才能保证心理学史研究的客观真实呢?我们站在更广阔的视野上发现,心理学科之外的科学哲学家似乎找到了答案。

二、心理学历史的当代诠释学立场

在更广阔的视野中,科学哲学的发展或许找到了心理学史研究的客观性解释原则。在解释学的视野中,提供了很多如何对历史文本进行解读的观点。解释学(释义学、诠释学)不是一个哲学流派,而是一种关于意义、理解和解释的哲学理论。存在两种不同的解释学观点,一种强调遵从历史事件的原始文本,另一种强调对历史的创造性理解。施莱尔马赫(Friedrich Schleiermacher)的一般解释学认为,理解和解释是心灵的创造性活动,对文本的理解和解释绝不仅仅是刻板的技术性诠释,而是一种心灵的创造和再创造。理解或解释的过程不仅是一个语言的过程,也是一个心理的过程,是两个过程的结合。同时理解需要遵循两个原则:一是历史性原则,必须结合作者所处的具体历史语境理解文本的意义;二是整体性原则,必须在结合周围其他语词的意义的整体性中理解文本的意义。从心理方面考察,认为作者的创作和读者的理解不仅是语言的活动,而且更主要的是心灵或心灵的体验与正在体验的活动。狄尔泰的生命解释学则认为,人心的共通性只是解释者走出自己内心世界进入作者心境的可能性,要实现这种可能性必须拥有爱或同情心,这样才能真正做到自己之心与他人之心完全相通,才能把自己融入作者的内心世界,达到真正的理解。狄尔泰(Wilhelm Dilthey)的生命解释学与施莱尔马赫的一般解释学一样,都是客观主义的解释学,极力主张摆脱主体性的偏见,纯客观地理解文本。与之相反,伽达默尔(Hans-Georg Gadamer)认为理解具有历史性、预言性和实践性,认为理解不只是历史的,同时也是现代的,是历史与现代的沟通。当解释者以自己的视域去理解文本时,就出现了两种历史视域的对立,只有把这种对立融合起来,把历史的视域融合于现代的视域中,构成一种新的和谐,才会出现具有新的意义的新理解。

  现代解释学观点事实上正为心理学史的客观解读提供了新的视角,在心理学史研究中,不管是体察作者当时的心境,还是从解释者视域出发的两种视域融合,都强调了解释者的主体性。这正是以往研究者所忽略的,或者是被认为不严谨的,即心理学史的研究不仅要遵循作者的意图,还要以现代的眼光审视作者当时的写作意图,并进行创造性解读,这样的解读才能满足现代读者的需要,才能弥补文化的差异。这恰恰是很多心理学史学家所忽视的。无论是波林还是墨菲的心理学史著作,尽管都带有个人主观性在里面,但都强调按照历史的原样去理解,缺少的是用现代的眼光去解读作者的意图,去体察作者的心境,去关照作者的隐喻。因此,我们认为,对心理学史的研究就首先要遵照历史,其次要立足现代人的立场进行两种视域的融合,即用现代的眼光审视并解读历史。

  如前文所述,早期对冯特的误解,就是波林对历史的一种选择性解释,但后人在进一步挖掘史料基础上,还原了历史的原貌。站在现代的视角去审视历史,我们同样会赋予历史的铸造者更丰富的思想,詹姆斯的心理学思想对现代心理学的影响是独一无二的,我们发现每一本心理学史著作中对詹姆斯的评价都有微妙变化。从心理学学科日益多元化和日益分化的视角来看,詹姆斯的思想不仅只对那个时代的心理学产生了影响,我们发现很多学者极富创造力地挖掘出,詹姆斯的心理学思想也与人本主义心理学、现象学心理学、后现代心理学、生态心理学等学科关系密切,这就是现代的客观性解读的结果。这样的解读更加丰富了詹姆斯的学术思想,突出了他对现代心理学的创造性贡献。

心理学史既是对历史的重现,也是对历史的创造性解读,而对历史的客观评价是促进心理学史学科发展的关键因素。心理学的编纂同样要遵循尊重历史、尊重事实的原则。不过,越来越多的心理学史研究也表明,我们曾经犯了太多的过错,要么忽视了某些重要学者,要么忽视了某学者的重要观点。而今天心理学史研究者需要做的就是,不要吝惜自己的创造力,要将思维游弋在心理学史的海洋中,立足现代多元文化的立场上,做到以下三点:一是寻求差异,即寻找心理学史上学者之间观点的相异之处,寻找心理学历史上各流派的相异之处,寻找现代多元背景下心理学新观点与心理学史上观点的连续性与阶段性。二是积极比较,即通过差异的发现,积极比较心理学史中各种观点的连续性、相似性。三是整合观点,即在寻求差异与积极比较的基础上,立足现代文化背景,进行各种理论观点,包括宏观大理论和微观小理论,进行跨学派、跨学科的理论创造性整合。通过这样的循序渐进过程,或许会将心理学史的解读推向一个更高的基点上。

第三章 理论心理学研究方法论析

　　心理学在发展过程中，形成了自然科学的量化研究传统与人文科学的质化研究传统，这两种研究传统从心理学诞生开始就存在着激烈的论战与对抗。自然科学的量化研究将人看作物理客体实在，过度强调心理学的科学精神而忽略了其人文精神。人文科学的质化研究则将人看作是社会、历史和文化中的主体，重视直接经验和现象描述，强调理解、体悟和现象的意义构建，体现了当代心理学人文精神的回归。尽管质化研究与量化研究各自持有独立的主张，但现代心理学越来越重视二者融合对心理学的影响。建立在实证主义哲学基础上的心理学客观研究范式和建立在现象学-存在主义哲学基础上的心理学主观研究范式，由于受到主客二元思维的束缚，虽然有效地揭示了人类心理现实性的一面，但仍没能揭示人类心理完整的一面。建立在东方哲学精神，尤其是中国传统文化的儒家、道家、禅宗上的中国心理学传统，提供了与西方科学心理学有着本质区别的研究方式方法，试图超越主体与客体、主观与客观的分离和对立，揭示人类心理的全貌。

　　科学与人文的交汇点上的心理学是研究人心理与行为的科学，它既需要科学精神，也需要人文精神。科学的量化研究与人文的质化研究，在当代心理学研究中都扮演着重要角色。心理学在过去发展过程中由方法论造成的对人文精神和科学精神理解的片面与偏执，致使量化研究与质化研究对立起来。然而心理学的繁荣需要从人文与科学两极对立思维模式中超越出来，寻找两种精神在心理学对人性追求中的融通与整合。

心理学方法论的发展伴随着方法论和技术的革新和进步，科学心理学长期依赖的客观研究范式，显著地提升了心理学的科学地位。然而，对客观性的强调也使心理学自身陷入难以摆脱的困境。心理学自身正不断地寻求改变客观性一统天下的局面，试图在对主观性积极关注的同时，仍能够科学地揭示人类心理现象。

Q方法作为一种兼具主观性和客观性的方法论和技术，已经被广泛应用到自然科学和社会科学中。另外，心理学研究对象作为心理学方法论讨论的主要内容，对心理学的整体发展具有决定作用。纵观心理学理论发展，心理学研究对象已经从实证主义的心理现象转换到主观建构的心理生活和话语建构。这种转换的同时也伴随着主客二分思维和价值无涉问题的转换和超越。心理学方法论的扩展，同样也关涉到心理科学的发展方向、科学观、理论和方法论的建构。社会建构论立场的心理学方法论将心理视为语言的社会建构，语言的建构使心理学从实证主义范式向建构主义范式转换、个体主义向集体主义转换、价值无涉向价值涉入转换、主客二分思维向主客超越转换。对心理学研究对象的解构与重构，也使社会建构论立场的心理学有可能消解科学主义心理学和人文主义心理学的矛盾和对立。本章将分别针对心理学理论研究中方法论的相关问题进行讨论分析，以澄清目前心理学理论研究中不同的心理学方法论研究取向，并对相关研究提供借鉴和启示。

第一节　心理学研究的两种范式传统

心理学的发展史与哲学历史形态的演变有着千丝万缕的关联，西方心理学曾有过与古老形态哲学的依附或附属阶段，也有过与心灵哲学的排斥阶段，有过与现代科学哲学的合作阶段，随着哲学形态的再次转向，心理学与哲学进入共同生存、共同进步和共同发展的共生阶段（葛鲁嘉，2009）。因此，心理学作为一门学科，它发展的历程既有过依附和排斥也有过合作和共生,作为一门成熟学科,它应该与其母体共生。心理学从哲学母体脱离出来的一百多年时间,在哲学母体或隐或显的影响和对近代自然科学辉煌成就的殷羡下,形成了心理学发展不同时期的不同研究传统,这就包括不同历史时期心理学研究范式的客观范式研究传统、主观范式研究传统和超越于主客体的东方的心理学研究范式。以往的心理学家认为主观研究取向是与客观研究取向相对立的研究传统,但是他们忽略了西方人本主义心理学所根植的文化土壤,无论是实证的主流的科学心理学还是人文的非主流的人本主义心理学,他们都没有放弃主客二分的思维形式,既然区分了主观,那就必然承认了客观,实则还是将心灵作为分离的异己来进行研究。当代西方心理学仍未能摆脱二元思维分离的本质,但却在东方心理学中则出现了一种新的声音试图对其进行突破,希冀能够完整地揭示被西方心理学忽视的人类心灵真实的一面。因此,本节通过对心理学研究范式的不同传统进行梳理,剖析其发展历程中对科学心理学的价值及局限,从另外一条路径对主客二分的主观研究范式传统和客观研究范式传统进行整合。

一、心理学方法论研究中的范式论

范式(paradigm)作为科学哲学 20 世纪 60 年代的产物,给整个自然科学和人文科学带来了一场关于学科范式的激烈讨论。库恩(Thomas Kuhn)认为范式是科学家集团或科学共同体共同具有的东西,而科学共同体是指在科学发展的某一历史时期该学科领域中持有共同的基本理论、基本观点和基本方法的科学家集团。从心理上说,范式是科学共同体持有的共有信念;从理论和方法上说,是科学共同体共有的模型或框架。2010 年夏基松在《现代西方哲学教程新编》(上册)中认为,库恩的范式就是某一科学家集团在某一专业或学科中具有的共同信念,这种信念规定了他们共同的基本理论、基本观点和基本方法,为他们提供了共同的解决问题的模型和框架,从而成为该学科的共同传统,并为该学科的发展规定了共同的方向。在心理学内部关于心理学范式的讨论就曾有过不同的声音,即心理学中是否存在统一的范式,存在过哪些范式,心理学是不是常规科学，心理学中是否存在库恩意义上的危机与革命，出现过哪些危机和革命等。有研究者认为，心理学发展共经历了心理主义、行为主义、认知主义三个范式科学时期和行为主义革命和认知主义两个科学革命时期。也有学者认为，心理学中从未形成过统一的范式，也最终没能形成心理学的学科统一，目前心理学的四分五裂就是最好的表征（梁宁建，2004，pp.1－9）。

其实，库恩的范式论引进心理学，对心理学发展的理论建构、方法论解说等一系列重大理论问题都是有启发意义的，它既是一种哲学思想，也是一种方法论体系，提供给人们一种看待世界和看待科学的另一种视域界限。库恩认为，范式是一门学科成为科学的必要条件，一门学科只有具有共同的范式，才可以被称为科学，他坚信科学的发展是一个进化和革命、积累和飞跃、连续和间断交替的过程，范式论关于科学发展动态模式的研究，范式的约定主义和不可通约性，都在心理学内部产生了巨大影响。因此，从积极方面来说，范式论确立的多元化理论视角有助于消解心理学不同范式之间的对立，促进不同范式之间的相互理解与融合，范式对于科学研究的指导作用，昭示了心理学中理论研究的重要性；但范式论对心理学的发展也有一定的负面作用，范式论倡导的相对主义价值观是一把双刃剑，既可能消解心理学不同范式间的对立，也可能加剧心理学的分裂与破碎。库恩的范式论及拉卡托斯（Imre Lakatos）的科学研究纲领作为科学哲学历史主义的领导者，他们都认为科学不是理性的事业，科学只有相对性而没有绝对性，这种无政府主义多元化为费耶阿本德（Paul Feyerabend）所发挥，很容易使心理学理论研究陷入"怎么都行"的无政府主义状态，最终将科学推向虚无主义。因此，既要对范式论的合理成分进行吸收，也要尽量避免其相对主义对心理学的过度阐释。那么，从范式论的视角对心理学的传统进行挖掘和诠释，就会发现西方心理学具有客观研究范式的传统和主观研究范式的传统，发现东方心理学中具有与之完全不同的对心理的系统诠释和解说，那就是根植于东方本土文化的超越于主客体的研究范式，尤其是根植于中国心理学传统中的心性传统。

二、科学哲学视野下客观研究范式的主张

以库恩范式论为考量,心理学发展历史中就曾出现过两种研究范式,一种被称为客观研究范式,一种被称为主观研究范式。它们与其说是心理学发展的产物,倒不如说是伴随着科学哲学的发展进步而形成的与之相对应的研究范式。客观研究范式是西方现代心理学实证主义的方法论范式,也是同人文主义相对立的科学主义心理学的理论取向。客观研究范式接受实证主义哲学和逻辑经验主义哲学的影响。孔德(Auguste Comte)认为,一切科学知识必须建立在来自观察和实验的经验事实基础上,经验是知识的唯一来源和基础,这种把知识局限在主观经验范围内,不讨论经验范围以外是否有事物存在的原则,就是他的实证主义原则。以卡尔纳普(Rudolf Carnap)为代表的逻辑经验主义继承了罗素和维特根斯坦的逻辑原子主义思想,从知识依赖于经验出发,认为一个命题是否有意义取决于该命题表示的经验内容能否被经验证实或证伪,只有能够被经验证实或证伪的命题才是有意义的,否则毫无意义。这种客观性和经验的证实原则直接被早期科学心理学承载,从而进一步促使了心理学对科学化的追求,也就是追求心理学客观化的历程,最终形成了客观范式的心理学研究传统。

其实,客观研究范式的传统一方面来自科学哲学的实证主义哲学,另一方面也来自心理学对当时取得辉煌成就的自然科学的羡慕,黎黑(1998,pp.218-222)称之为"物理学妒羡",在自然科学夺目的光环下,心理学不得不全盘接受自然科学的研究传统。自然科学持有的是物理主义的世界观和实证主义的方法论,物理主义是有关世界图景的一种基本理解,实证主义则是一种有关知识获取的基本立场。物理主义的研究遵循主客分离、还原主义、自然主义世界观、价值中立等原则和立场。关于研究对象的理解,实证立场的心理学持有的是物理主义的世界图景,关于研究方式的理解,实证主义立场的心理学运用的是实证论的研究方式(葛鲁嘉,2007)。实证主义立场的心理学不可避免地要以自然科学基本原则来衡量心理学科学性,也就有了实证立场的心理学对心理学研究对象的理解是建立在主观和客观分离之上的,也就有了心理学研究方式建

立在感官经验的证实上,这种研究的客观性只有通过感官和经验证实才能保障。物理现象可以按照进化的阶梯排列为物理学、化学、生物学、生理学、心理学等,排在上端的科学解释可以向下端的科学解释还原。那么,遵照物理主义的世界观,心理现象也可以还原为最基本的元素。如,冯特创立的第一个真正意义上的心理学理论体系内容心理学和构造心理学创始人铁钦纳就将意识还原为心理元素,试图寻找由心理元素构成的心理规律(元素的组合方式),这种客观的还原倾向奠定了科学心理学的基础。在对内容心理学和构造心理学研究对象和研究方法质疑的基础上,以华生为代表的第一代行为主义心理学,采取了更加激进的方式,将行为还原为一种物理和化学刺激引起的另一种物理和化学的反应(王海英,2009)。在《行为主义》一书中,华生曾宣称:"行为主义者心目中的心理学是自然科学的一门纯客观的实验分支。心理学最亲密的伴侣是生理学,它与生理学的差别仅仅在于问题的类别上,而不在基本原则和主要观点上。"(韦恩·瓦伊尼,布雷特·金,2009,pp.382-395)尽管后来新行为主义者将认知因素引进心理学中,但仍没有改变行为主义机械的、还原的、客观的研究原则。可见,在行为主义心理学者眼中,心理学应该是研究客观存在的、可测量的行为的科学。因此,在早期科学心理学看来,人的心理与行为是自然世界的一部分,有着某种先定的、普适的、凝固不变的本质或运动规律。从当代最受欢迎的认知心理学和认知神经科学来看,依旧很难摆脱主客二分的认识论和方法论,认知心理学将人类的心理比拟为计算机,将人等同于机器,则又回到了18世纪法国拉美特利的时代。认知神经科学的目的同样是寻求人类心理的生理学基础,现代心理学终究都难以摆脱自然科学倾向性的宿命。因此,在客观主义眼中,人类认识的基本任务,在于揭示自然世界的本质与规律,进而实现对自然物的预测与控制。

最初的心理学客观研究范式有两个根本目:一是建立一种普遍性适用的实证科学;二是建立一种严格意义的实证科学,行为主义心理学和认知心理学就是这种客观范式的典型代表。纵观心理学发展历史,我们发现这种客观的研究范式利用客观观察、心理测验和心理实验等方法,确实给心理学研究带来了科学的地位,揭开了人类心灵的神秘面纱,操作主义使人类心灵越来越具有可操作化,提供了客观揭示和理解心灵的方式方法和有效的干预技术,合理地揭示了人类心理的一个侧面。但是,这种客观研究范式坚持的主客分离的思维模式没能完全地阐释具有自觉能动性的人类心灵主观性,它将心理学的研究对象——人的心理与行为视为自然物一样的认识客体,主张主体与客体的截然分离,物理主义的世界观,方法中心论的科学本质观,自然科学取向,客观主义,还原主义的研究原则,因果决定论的心理学解释框架等是其根本特征(佟冬英,2005)。因而,这种客观的研究范式的自然还原主义导致人性的物化,客观主义导致主体性的迷失,主客二分研究范式限制了心理学的视野,也阻碍了心理学的进一步发展。

三、科学哲学视野下主观研究范式的主张

主观研究范式是西方现代心理学现象学-存在主义的方法论范式,也是同科学主义相对立的人文主义理论取向。主观研究范式直接来自胡塞尔的现象学和海德格尔、伽达默尔的存在主义哲学。但是,从客观研究范式向主观研究范式的过渡,还经历了后实证主义时期,由于客观研究范式将人"物化",忽视人性的主观自觉性,没能全面地揭示人的心灵,因而不是一个全面的研究范式。后实证主义者波普尔在反归纳主义和经验证实的基础上,贯彻了非理性主义科学观,否认理论来源于经验,坚信理论先于观察,理论来自科学家的灵感,理论是大胆的猜测。科学哲学历史学派的代表人物汉森的观察负载理论,则对逻辑实证主义的解体和历史主义流派的形成与发展起了巨大作用。该理论主张经验观察不是中性的,它受理论的指导,是充满着理论的,而理论不是观察现象的拼凑,而是对现象的整合,把各种观察到的现象整合到一个总的概念的模式之中,使他们相互联系起来,构成可以相互说明、相互解释的整体。因而,科学发现的方法不是力图从观察现象中归纳出客观规律的归纳法,也不是凭直觉的假设-演绎法,而是一种从观察资料出发去寻求一种对这些观察资料可以作出说明、解释的概念模式的溯因法,因此从观察

负载理论出发驳倒了价值中立的客观主义原则(夏基松,2010,pp.251-302)。费耶阿本德发展了库恩和拉卡托斯的非理性主义思想,明确地提出科学不能排除非理性,认为科学研究既可以用理性的方法也可以用非理性的方法,而他的非理性就是指主观性(阳小华,2005)。另外,他也反对对科学进行经验证实或证伪的、范式的、科学研究纲领的划界标准的讨论,提倡多元方法论。

后实证主义对实证主义的反驳以及非理性思想的发展,科学研究已经由客观性向主观性过渡,但真正将科学研究主体化的是现象学和存在主义哲学。胡塞尔认为,应该提出一种在研究中能符合人的独特存在的科学,直指人的主观意识性,反对将人及心灵客体化(Reason & Reynolds,2010)。他认为,实证主义将人的心灵与物质对等起来,损害了人的精神生活,使人的生存失去了尊严,失去了意义,精神变得枯竭。他的现象学将纯粹自我意识和先验主观性作为哲学研究的对象,将人心灵的主体性提高到了前所未有的地步,主张通过现象学的本质直观来认识纯粹的自我意识。本质的直观是自我意识的内省活动,是一种不能对之进行逻辑分析的本质的洞察,只有通过本质的直观才能实现现象学还原,从而直接洞察现象的本质,把握纯粹自我意识。夏基松在《现代西方哲学教程新编》中指出,存在主义哲学领袖海德格尔,在基尔凯戈尔的"存在就是非理性的主观经验"的观点上,追寻存在与此在的意义,企图否定主客体的二元对立,建立超越主观和客观的哲学,将人的主观性提高到了本体论哲学的高度,反对传统的认识论和真理符合论,而认为真理是存在自身的显示,即让此在摆脱沉沦自由的存在。他认为,要真正把握存在的本质,不是运用科学思维,只能依靠思,思就是悟,就是非理性的领会、体验或直觉。

正如车文博(2003a,pp.333-343)指出的一样,目前心理学的研究发展"已经超越了以往狭隘的定义,已经从关注实验室中的人,转化到了研究复杂的社会、文化问题和理论问题",这说明科学心理学的研究已由客观研究范式传统向主观研究范式传统转变。科学哲学的后实证主义转向和人文主义的现象学-存在主义哲学对主体的关注,已经使心理学研究具备了跳出客观经验证实的束缚的可能,这种可能性就是用主观研究范式对人类心灵的直观现实的体验。人本主义心理学就立足这种主观研究范式,人本主义心理学的奠基者马斯洛和罗杰斯都承认现象学和存在主义给了他们灵感。正是在现象学和存在主义的立场上,人本主义心理学反对对完整的人进行抽象的分割和歪曲,并以坚持客观性为名否弃人的主观性的地位。主张应肯定人是自主性和创造性的存在,回到经验主体本身,确立人的主观经验的真实性,提倡利用科学、历史、哲学、文学甚至艺术的方法研究人的价值、尊严、自由、责任、选择、人的意义等与人的现实存在有关的问题。所以,彭运石等人(2006)认为,人本主义心理学就是立足主观研究范式,强调心理学研究的人及其心理行为有着不同于自然物的独特本质,即人的心理具有自觉性、主观性、创造性和生成性,并积极追寻与人的本质相适应的心理学研究方式,主张研究主体向研究客体的渗透、移入、融合,突显心理学真理的人性本质。主观研究范式将人本主义的世界观、问题中心论的科学本质观、人文科学的研究取向、直觉主义的人本学、整体主义的研究路线和非决定论的心理学解释框架等,看作是其基本特征。从与客观研究范式相对立的方面,人本主义心理学给予了对人类的心理行为的独特的心理学阐释,为心灵提供了有效的理论假说、理论观点、研究方式方法和干预技术。因此,在与客观研究范式的对立面也有效地揭示了人类心灵的一面。

可见,主观研究范式的心理学研究传统充分彰显了人的主观性,突破了客观研究范式以"物"为中心的科学主义心理学方法论。作为心理学的生存依据与存在价值的载体,在客观主义研究范式下,人在心理学庞杂的内容下要么成为机器,要么沦为动物,要么变成了神,人被割裂和分解,而主观研究范式则使人的主体真实性得以恢复和彰显,从物性的研究恢复到了人性的研究,体现了存在的价值。但是,主观研究范式以本质直观的内省为研究方式,通过自我意识的内省达到对心理的认识与理解,也很容易陷入主观的心理主义,退回到古老哲学的思辨与内省。它虽然强调对自我意识的本质的直观,但仍缺乏确证性和普遍性,这一点是实证主义心理学常遭抨击的软肋。西方的个体主义文化使人本主义心理学过分关注个体,极易忽视整体性,另外人本主义心理学追求的自我实现的价值也是一种"似本能"的东西,极易陷入本能还原论(车文博,2003,pp.333-343)。

人本主义的主观研究范式虽然恢复了人的主体性,将人的存在和价值推向了极致,但仍未能摆脱主客二分思维的束缚。主观研究范式恢复的只是心理学研究对象对人性的关注,但仍旧从主体对人性这一客体的认识为出发点,从自我中将人性分离出来,人性在一定意义上说就是客观存在的,只不过主观研究范式者眼中所理解的是主体对主观性的认识。尽管他们自称已经超越客观研究范式,但却又走向了另一个极端。旧有的二元对立思维作为一种内隐的西方文化精神,已经深植于西方心理学研究中,形成内隐的文化内核。主观性的强调是以内隐的客观性为依据,因而不可能摆脱客观主义的束缚。主观研究范式对客观研究范式的超越是不成功的,它只具有突破的意义而不具有超越的意义,因而这种超越必定要到其他的心理学传统中寻求。

四、主观范式与客观范式之争的启示

西方心理学的两种研究传统——客观研究范式和主观研究范式,它们始终未能真正完全地跳出二元思维的桎梏。客观研究范式以实证主义为论调,将心理学研究对象物化,走向了客观主义。主观研究范式以人本主义为论调,将心理学研究对象非理性化,走向了主观主义。随着西方心理学与东方心理学的跨文化沟通日益加深,西方学者极度关注东方心理学传统,尤其是禅学,将东方心理学传统视为西方心理学可以借鉴的资源,可以用来弥补西方心理学对人类心灵的片面的揭示和理解(周昌乐,2006,pp.49-50)。东方心理学思想日益受到心理学者的关注并非空穴来风,在东方心理学传统中虽然没有发展出西方科学意义上的心理学,但是却有着独特的揭示、理解和干预心灵的方式方法、理论和技术,这也是系统的心理学体系。也正是在这样的心理学体系中,蕴含着一种独特的心理学研究范式。

安德森(Anderson,2003)就认为,心理学研究的实质不是西方主客对立的二元化认知渠道所能体认的,而是由理性认识之外的另一条认识渠道所体证的,即佛家心物不二(或者说主客合一)的禅定。罗兰兹(Rowlands,2009)进一步指出,要以心观心绝不能采用主客二分的思路,即以主我认知客我,而恰恰是要解除主我对客我的认知与监控,所以,只有通过禅定才能忘却自我,熄灭由意识分别产生的主客分离。此时,心理学的研究对象不再是被作为所知的客观对象被认识,而是能知的主体自身,这其实也是一种形式的实证,但它区别于西方主客二分式的实证,即将自我一部分分离出来,使其外化为可以被物质工具测量、实验的研究对象(可称为外证)。而禅宗往往通过禅定技术来开发自我本身具有的实证能力,此为内证(彭彦琴,江波,杨宪敏,2004)。

所以说,作为东方文化代言人之一的中国,就有不同于西方科学心理学的对心灵的独特解说、理解和阐释。中国的心理学既应该包括由西方传入的科学心理学,也应该包括根植于中国文化内核的中国心理学传统。葛鲁嘉(2004)认为,西方传入的科学心理学,给中国心理学带来了前所未有的发展,使中国有了自己的科学心理学;中国心理学传统是一种另类的心理学,它有着丰富的文化资源,这些资源就包括常识心理的资源、宗教心理的资源、哲学心理的资源。在这些心理学资源内产生了一种对人类心灵进行解说的理论、考察的方式方法和心理干预的技术,它提供的是对心性的理论解释、探索方式和技术手段。这种心性心理学说立足这样一种假设:它以中国传统哲学中的儒道释为哲学基础,反对主体与客体、主观与客观、研究者与研究对象的绝对分离,主张主体与客体、主观与客观、研究者与研究对象的内在融合与统一,因而对心理学研究对象和心理学研究方式要有一个新的理解。对心理学研究对象的理解,就应该摆脱那种根植于物理主义和实证主义的对人物化和经验证实的理解,摆脱对人性的自然科学假说,即心理现象是外在于人而存在的客体,研究者与研究对象是绝对分离的,研究的客观观察性、价值中立性的假说,而应从人的主观性、生成性、创造性、建构性和历史性去理解,因而心理学研究的不应该是与主体相分离的研究对象,而是与主体合二为一的心理生活,心理生活是研究者与研究对象的彼此统一,生活者是通过心理本性的自觉来创造心理生活。心理生活的性质是觉解，方式为体悟，探索在体证，质量是基本。这说明心理生活就是自觉的活动，就是意识的觉知，就是意识的构筑。

葛鲁嘉(2008, pp.269-285)在《新心性心理学宣言——中国本土心理学原创性理论建构》中指出，这种主客研究范式的整合应该在研究方式和方法上有一个根本的改变，这种改变建立在两个假设之上：一是人的心灵与终极的世界本体是内在相通的；二是人可以通过心灵的内在超越，摆脱个体的有效性，体认终极本体，获得生活的意义，即主张由修行者身体活动的"戒"和"定"而达至心智之"慧"(这里的戒、定、慧，即佛教三学)。因而，在方式方法上应该开放实证心理学方法中心的边界，拓展实证心理学客观分离的、价值中立的实验研究，采用体验和体证而不是实验和实证的研究方式。体验或体证是人有意识把握心理对象的一种活动。体验或体证的历程是人的心理的自觉活动、自觉创造和自主生成。人通过心理体验把握心理自身时，是一种没有分离感知者与感知对象，没有分离认识者与认识对象的活动。在这样的心理活动中，人是感受者，是体验者。这就凸显了中国文化中主客一体的独特思维方式，展现了中国传统文化心道一体、天人合一与心灵结合的创新，心道一体的重要含义在于道并不是在人心之外而是在人心之内，个体可以通过对道的体认扩展自己的心灵，达到内省的普遍性和超越性，最终体认终极本体(葛鲁嘉，2008)。正是由于对天人合一是通过中国传统的文化的直觉体悟来把握的，这种直觉体悟又是整体的、直观的、超逻辑的、主客统一的，所以，通过主体的内省和体验来把握客体，既可以获得人生的意义与价值，确立主体存在的方式，实现自我心灵及与自然、社会、他人的和谐统一，超越了主客、心物、人我、有无、是非等二元对立的立场，实现了人在存在论上的统一，又可超越主观和客观的束缚，达于一种心灵超越的境界，这就是在中国心理学传统中对主观研究范式和客观研究范式的超越的理解。

综上所述，科学心理学诞生以来的两种研究范式，没能根本上摆脱西方文化精神的枷锁，要么将心灵物化，将心理学研究推向客观主义，要么将心灵非理性化,将心理学研究推向主观主义。不可否认,西方心理学在追求科学化的进程中,采用客观的研究方式或主观的研究方式,使人类有了对心灵的更多认识与了解,建立了关于心灵的理论假说,进行了系统的科学研究,提供了对心灵进行有效干预的技术,有效地揭示了人类心灵的很多方面,使原本神秘的心灵得以现实的呈现,但是它并不是完整的心理学,它未能完整地揭示人类心灵的全貌。东方心理学传统却可以弥补这一缺陷,虽然东方的心理学也未必可以揭示人类心灵的全貌,但它是揭示了人类心灵的真实和本真的一面,既将人作为自然的存在,也将人作为生成的存在,不仅突破主观研究范式对主体性的过分关注,而且也突破了客观研究范式对客观性的过分关注,它将心灵视为自然的和生成的,完成了对心灵的扩展,在一定程度上超越了主观和客观的对立,因而不仅提供了对心灵的完整的解说,而且提供了一种对人类心灵的天人合一和心道一体的全新的研究范式。不过,不可否认的是,传统的两种心理学研究范式仍将在心理学未来发展中扮演着难以替代的角色,这种东西文化碰撞所产生的新范式,在目前来看,最多可称得上是对两种传统范式的补充与扩展。

第二节　心理学研究的两种方法取向

在科学意义上的心理学诞生之前,心理学是寄居在哲学母体中关于人类心智的思辨学科。心理学与哲学既有过包容与被包容的关系,有过相互分离和相互排斥的关系,有过相互依存的关系,还有过相互共生的关系(葛鲁嘉,2009)。回顾心理学百年历程,心理学与哲学母体有着剪不断的联系,这种联系决定了心理学无论如何发展都必须根植于哲学母体。19世纪是自然科学盛行的年代,物理学、化学和生物学在这个年代取得了辉煌的成就,他们依赖的是自然科学的科学观和实证主义的方法论。心理学作为这个时代的产物,并未能摆脱自然科学实证主义的影响。从古老哲学思辨中走出,融入科学的殿堂这是心理学家的梦想,自孔德的实证义哲学之后,心理学似乎找到了一条进入科学殿堂的有效途径。终于在冯特的努力下,世界上第一个心理学实验室1879年在德国莱比锡大学建成,科学意义上的心理学诞生了。

而在那个自然科学盛行的年代,冯特早期的心理学体系是建构在自然科学的科学观和方法论基础上的,因此这一时期的心理学是对自然科学崇拜的模仿。尽管冯特用以摆脱哲学思辨的实验内省法是倾向于自然科学模式的,但实验内省依赖的却是人的主观经验报告,这是主观的和描述性的,这就意味着冯特并未完全依赖自然科学的实验模式。在冯特后期的民族心理学理论中,冯特将自然科学和人文科学看作是心理学的一体两面,民族心理学是关于思维、宗教、信仰、语言等高级心理过程的研究,使用了更为主观倾向的参与观察、深度访谈、历史分析、语言描述等方法。因此,冯特并不是一个纯自然主义者,但冯特在自然科学与人文科学间的摇摆,也为心理学未来发展的实证与人文之争埋下了伏笔。

冯特之后的心理学家受制于自然科学的影响力,最终选择了自然科学的实证主义道路。在一百多年的发展中,已经将心理学从科学的边缘带进了科学殿堂的中心地带。反思心理学的历史,心理学的科学地位显著提升的同时,我们也看到了心理学物化人类心灵所带来的人类精神危机。当代心理学的实证主义倾向或是实证主义方法中心论,已经使心理学迷失在自我建构的科学世界,无论是行为主义将人的心理与动物心理相提并论,并用以解释人类复杂心理行为的心理研究,还是认知主义将人的心理比拟为计算机符号或是神经网状结构的心理研究,实际上都将人当作为冷冰冰的物理客体,而不是将人看作受制于历史文化语境的精神主体。人文主义者狄尔泰(Wilhelm Dilthey)曾指出,人的心理世界与物理世界不同,物理世界研究的是自然的、客观的物理现象,它需要的是因果解释的方法。而人的心理世界是情境的、历史的、文化的、意义的和生成的,它需要的是理解的方法(叶浩生,2009b)。20世纪后期,后现代主义兴起以来,围绕心理学的科学精神与人文精神、实证方法与人文方法的争辩不绝于耳,而人的心理应该寻求怎样的理解?心理学研究究竟该走哪条路?哪条路才能给心理学带来繁荣?这样的问题需要我们在心理学方法论的范畴内予以澄清。本节将人文科学的质化研究与自然科学的量化研究及其相关问题进行讨论和辨析,并指出质化研究与量化研究为我国心理学发展提供了借鉴和启示。

一、心理学量化研究取向人文精神的遗失

心理学是一门研究人心理与行为的自然属性、社会属性和文化属性的综合学科。自心理学独立以来,心理学应归属于自然科学还是人文科学的争论从未停息过。在自然科学盛行的年代,科学就意味着自然科学的量化研究倾向,而心理学为了科学的荣耀不得不选择那个本应属于自然科学的研究取向,希冀从实证主义的科学中分得一杯羹,这就使心理学的自然属性得到了无限膨胀和放大。自冯特以来,机能主义心理学、精神分析心理学、格式塔心理学、人本主义心理学和当代认知心理学,在一定程度上都有对自然科学和人文科学的双向维度的关注,只是自然科学的量化研究压抑着人文科学质化研究的张扬。在科学观和方法论上,自然科学的量化研究受实证主义哲学和逻辑经验主义哲学的影响,认为一切科学知识必须建立在来自观察和实验的经验事实基础上,只有能够被经验证实或证伪的命题才是有意义的,否则毫无意义。自然科学持有的是物理主义的世界观和实证主义的方法论,物理主义是有关世界图景的一种基本理解,实证主义则是一种有关知识获取的基本立场。物理主义的研究遵循主客分离、还原主义、元素主义、价值中立的立场等原则和立场(姜永志,2012b)。心理学遵循自然科学的实证逻辑,将研究对象看作游离于主体的客体实在,这种客观主义的研究立场要求研究者不掺杂任何主观价值,将心理现象分割为具体的元素,将心理现象还原为外部可观察和测量的行为经验,这种冷冰冰的研究将人的精神世界看作铁板一块。在这种科学观和方法论的支配下,心理学研究对象被看作是自然性、实体性和客观性的物质存在,心理学研究的重点是寻找存在于自然实体之间的因果关系。

在心理学早期,冯特和铁钦纳就将意识还原为心理元素,试图寻找由心理元素构成的心理规律(元素的组合方式),这种客观的还原倾向奠定了科学心理学的基础。在对内容心理学和构造心理学研究对象和研究方法质疑的基础上,以华生为代表的第一代行为主义者采取了更加激进的方式,将行为还原为一种物理和化学刺激引起的另一种物理和化学的反应(王海英,2009)。在《行为主义者眼中的心理学》中,华生曾宣称:"行为主义者心目中的心理学是自然科学的一门纯客观的实验分支,心理学最亲密的伴侣是生理学,它与生理学的差别仅仅在于问题的类别上,而不在基本原则和主要观点上。"(郭本禹,2009)华生甚至认为,只有放弃内省、驱逐心灵主义的幽灵,心理学才能成为无可争议的自然科学门类。应该说,这种唯科学主义的量化研究机械论已经将人的精神世界降低为动物心理水平。尽管后来新行为主义者将认知因素引进心理学中,但仍没有改变行为主义机械的、还原的、客观的研究原则。作为当代主流心理学的认知心理学,则主张将人的心理类比于计算机物理符号,实际上这又将人的心理降低为机械水平。虽然认知心理学的联结主义取向,以人的心理比拟为大脑神经元间复杂的动态联结,比符号主义的符号理论更加精细化、灵活化,更符合人的认知过程,但其科学观和方法论的出发点仍然是逻辑实证主义的操作类比。总之,从西方心理学实证主义的量化研究发展历史来看,从早期的心理物理学、元素主义到行为主义,再到认知心理学,量化研究的形式虽然发生变化,但心理学的自然科学化倾向和对自然科学的羡忌并没有改变,这也使心理学在追求自然科学的客观化道路上付出了沉重的代价,主要表现在量化研究日益凸现出来的方法学困境,以及当代心理学对人的心理世界数字化解读造成的人文精神丧失。

二、心理学质化研究取向人文精神的彰显

(一)心理学质化研究人文精神的发展轨迹

我国老一辈心理学家陈立在《平话心理科学去向何处》一文中意味深长地指出,教条主义的方法中心论已经给心理学带来了危害,以实验

室实验为代表的量化研究,和以人-机为代表的机械主义方法论并不能承担心理学内涵复杂的研究任务,而只会脱离心理生活,丧失人之为人的心理生活层面,使心理学研究丧失其人文内蕴。陈立还将心理学的实证研究与人文研究比作心理学的两条腿走路,认为两条腿走路比一条腿走路要安全和更有效率。在科学盛行、科学被神圣化的时代,质化研究人文精神的声音尽管是微弱的,但微弱并不等于没有执着和努力。布伦塔诺(Franz Brentano)的意动心理学就曾力图使心理学成为一门经验心理学,斯顿夫(Carl Stumpf)与格式塔心理学的研究者也创造性地发展出了研究经验现象的实验现象学,机能主义心理学者詹姆斯(William James)也提出了主观经验对意识产生影响的意识流理论,精神分析则以解释学方法揭示出各种潜意识象征物的心理表征意义,人本主义心理学进一步丰富了现象学方法体系,第二代认知科学则以具身革命提出了心智一体论。在心理学人文精神复兴的道路上,我们几乎可以从每一个心理学理论流派中寻觅到心理学者对心理学人文精神的渴求。而在他们眼中,人文精神任何时候都不从属于实证的科学精神,它是心理学研究的另一条路径,它是与实证心理学一起探索人类心智的另一条路线。下面将从心理学发展的时间逻辑线索上讨论质化研究人文精神在心理学各理论中的兴衰历程,同时指出质化研究与量化研究需要在多元视野、宽容心态、对话与沟通、思维模式转变的基础上,完成心理学的科学精神与人文精神的融合。

1. 心理学质化研究人文精神的早期发展

在方法论上向实证主义发出第一声呐喊的是人文学者狄尔泰《人文科学导论》的问世。19世纪末是科学盛行的年代,狄尔泰在书中明确指出,人文世界不同于自然世界,它是一个精神世界,它会随着人们意识的变化而变化。人文世界的特殊性要求人文科学不能采用自然科学研究物质世界的方法来研究人文世界。狄尔泰认为,自然世界需要的是实验性的因果解说方法,而人文世界需要的是理解的方法,理解是一种体验他人和自己人生的过程。因此,人文科学必须以理解来代替自然科学的因果解释。狄尔泰还认为,人文世界是一个有待于解释的文本,解释学应该成为人文科学的方法论基础,而在此之前,解释学仅是一门在文献阐释中避免误解的学问,是狄尔泰首次将解释学提升为人文科学的方法论,并以此来驱逐实证主义(秦金亮,2002)。

在人文学者狄尔泰之后,冯特1879年在德国莱比锡大学建立世界上第一个心理学实验室,标志科学意义上的心理学诞生。在冯特建立的心理学理论体系中,冯特认为心理学应包括两个体系:一个是研究个体感觉、知觉、注意等低级心理过程的个体实验心理学,这些低级的心理过程可以用实验内省加以研究,而记忆、思维这样的高级心理过程则不能使用实验控制的内省方法研究。另一个是研究群体的记忆、思维、语言、信仰等高级心理过程的民族心理学,冯特认为民族心理学不能通过实验控制的内省来揭示,而是需要根植于社会历史文化的背景中,通过观察法、历史分析法、言语报告法等人文方法进行研究。从冯特对心理学体系的划分来看,一种是倾向于实验的量化研究,一种是倾向于人文的质化研究。虽然冯特在实验心理学中使用实验和量化的方法,但是他依赖的是被试的内省报告,这种内省报告在很大程度上是定性的分析或质化的描述。或者说,冯特已经将量化研究和质化研究结合在一起了。但是,冯特前半生致力于的实验心理学研究被传承下来,而人文倾向的民族心理学却在科学主义盛行的年代,被遗忘在历史的角落。尽管如此,冯特对心理学两种体系的充分认识,既为人文主义心理学的发展奠定了基础,也为心理学实证主义与人文主义之争埋下了伏笔。

意动心理学的创始人布伦塔诺在与冯特《生理心理学原理》进行论战的过程中,完成了巨著《从经验的观点看心理学》一书。在他看来,冯特认为的心理活动的内容仅是一种物理现象,理应成为物理学的研究对象,而只有意动才是心理学的研究对象。为了区分物理现象与心理现象,布伦塔诺提出意向性学说,认为每一种心理现象都是以对象上的和意向上的内存在为特征,每一种心理现象都包括作为其对象的东西,如,在表象中有某种东西被表征,在愿望中有某种东西被想望。也就是说,物理现象具有内在的完整性,而心理现象是以内在的对象性为特征的。由于布伦塔诺强调经验描述的重要性,因此它倡导的心理学是一种经验描述的心理学,即现象学心理学。他声称,在心理学家对于他想要阐明的东西是什么给予充分的澄清和描述之前,对于心理现象的任何因果解释都是毫无意义的。在所面对的问题上,布伦塔诺主张描述心理学要面对的问题主要是如何确定和划分零散的、难以捉摸的和无定形的范围,描述心理学必须全神贯注地识别现象的基本部分,应对现象的一般特征和特殊特征进行结构性的直观。在方法上,布伦塔诺的描述心理学以现象学为基础,认为对意动的研究不应是实验内省,实验内省只适合心理内容的研究,他主张的是一种对心理现象进行直接观察体验的内部知觉。布伦塔诺无论在研究对象的界定,还是在研究方法的运用上,都对冯特的内容心理学提出了挑战,尤其是他强调的心理学是经验的描述的观点,成为科学心理学诞生以来第一次真正意义上对人文精神的诉求。

斯顿夫是早期另一位直接推动现象学心理学发展的心理学家,在心理学研究对象上,斯顿夫同布伦塔诺有所不同,他认为心理内容与意动是不可分离的,它们都应该成为心理学的研究对象。为了整合冯特与布伦塔诺的观点,斯顿夫将现象学题材区分为原初现象和次生现象。原初现象是那些呈现于我们感官的直接经验的内容,相当于冯特的内容心理学。次生现象是那些直接经验的内容在我们记忆中出现时的现象,相当于布伦塔诺的意动心理学。通过这样的区分,斯顿夫试图实现冯特与布伦塔诺观点现象学意义上的整合。斯顿夫认为,现象学作为描述的科学,就是要运用一切适当的方法对直接经验进行描述,在冯特与布伦塔诺之间,斯顿夫创造性地提出现象学实验方法,开辟了现象学实验这一全新的领域。他的现象学实验不仅能使经验观察和描述变得容易,而且还使现象的改变也容易进行。正如施皮格伯格(Herbert Spiegelberg)认为的,现象学实验使现象学的方法有了新的用途,并且对科学心理学的产生也有重大推动作用,现象学实验在实践中还直接衍生了另一个具有人文精神的心理学理论流派——格式塔心理学,格式塔心理学直接继承并发展了斯顿夫的现象学实验方法。

2. 机能主义心理学质化研究的现象学之路

在美国机能主义心理学的发展中,也出现了对人文精神的关注。机能主义心理学的鼻祖詹姆斯就坚持心理学的主观研究倾向,詹姆斯并不迷信实验和量化,他的《心理学原理》就是他质化研究的杰出成果。他以定性描述的方式提出了"意识流"的概念。他还在《宗教经验种种》中,以质化分析探讨宗教体验的本质。在詹姆斯的意识流心理学体系中,他反对把心理现象分解为各种元素的做法,指出一些心理学家把心理现象分解为若干元素,回过来又用这些元素的集合来解释心理的整体性,这种方法事实上破坏了心理的整体性,是"心理学家的谬误"。詹姆斯在《心理学原理》中充满了对冯特心理学体系的批评,而作为实验主义者的冯特在读过詹姆斯的《心理学原理》之后,则认为"这是文学,很优美,但这不是心理学"。与冯特相比,詹姆斯更多吸收了美国的实用主义哲学和新生代的进化论思想,他关注的是日常生活中的心理学,以及心理学怎样运用到生活中。高申春指出:"詹姆斯向人们作演讲,倾听人们的心声以探求生活对他们来说意味什么,与他们的常识相比,詹姆斯更尊重他们普通的情感和希望。"(姜永志,刘额尔敦吐,2012)所以,詹姆斯的这种具有表面效度的哲学与冯特的不同之处就在于他乐于接受差异,并愿意寻求各种各样的方法来解释人生活的意义,这显然是冯特和铁钦纳所极力回避的。继詹姆斯对早期狭隘的科学心理学批判之后,机能主义心理学不再局限于对心理元素的内省分析,此时的心理学更加务实,与应用联系愈来愈紧密。如,詹姆斯的弟子闵斯特伯格(Hugo Minsterberg)将机能主义心理学与实践应用广泛地联系起来,在教育心理学、工业心理学、心理治疗和司法心理学领域作出了独特贡献,并被称为司法心理学和工业心理学之父。

继詹姆斯之后,机能主义心理学者杜威(John Dewey)在詹姆斯意识流的基础上,主张行为也是变化流动的,提出"行为流"的概念。他也像詹姆斯一样强调人类个体经验不能还原为元素的原子论观点,反对将经验分割为零碎单元进行研究的尝试,认为反射不是零碎部分的拼凑,也不是无关联过程之间的机械连接,它们是有序列的连续动作系列,所有动作在本质上都是适应的(Gergen,2001)。因此,杜威极力主张,即使有机体适应其所处的环境,也应当根据其功能来看待所有行为,孤立地研究行为适应的元素，会使人忽视这一行为最重要的目的性。来自多元论、实用主义和激进经验主义背景的机能主义心理学，作为一种哲学心理学，它乐于倾听不同的声音，吸收有益于促进研究的不同的方法，扩展人类心理有益的研究领域，为心理学作出了巨大贡献，它在克服构造主义学派的元素主义把心理学研究过于狭隘化和封闭化科学观的弊端方面，使心理学向前迈进了一大步；它反对把心理学看作是"纯科学"，扩展了心理学的研究领域，开拓了一些新的心理学分支；它反对构造主义脱离实际的教条主义，强调心理学在各个领域的功效和实际生活中的应用，促进应用心理学的发展，为后继的心理学理论流派奠定了基础。实际上，机能主义心理学者在心理学的研究对象和研究方法上，既对冯特的内容心理学进行了扩展，也对布伦塔诺的意动心理学进行了发展。以机体的环境适应为出发点的机能主义心理学，已经将心理事实的构建从主体转向外部的客体，强调文化与环境对心理事实的构建，而这正是机能主义心理学关照人的心理的现实问题，在研究方法上不拘泥于实验内省，这也超越了早期心理学的方法论范畴，在一定程度上从对人心理的冷冰冰的关照，转向有血有肉的社会人的关照，这不能不说机能主义心理学再一次彰显了心理学的人文精神，而这种人文精神与它的理论根基和多元的方法论是分不来的。

3. 格式塔心理学质化研究的实验现象学扩展

考夫卡（Kurt Koffka）在《格式塔心理学原理》一书中指出，格式塔心理学的科学信念是非实证主义的，认为实证主义是一种方法高估事实，追求精确，强调有根有据的科学观，然而它却是没有价值和意义的科学。在格式塔心理学看来，一种心理学如果不给予意义和价值概念地位，便不是一门完整的心理学，格式塔心理学要为科学与生活相遇的路径奠定知识体系的基础。格式塔心理学主张心理学研究应从现象学的理论基础出发，以直接经验或现象经验为研究对象，认为对直接经验的观察是一切科学来源的基础。苛勒（Wölfgang Kohler）又将直接经验分为客观经验和主观经验两种，声称客观经验是一种可彼此共证的、可取得一致的经验，是物理科学的基础；而主观经验是不可共证的、不可取得一致的经验,它是心理科学的基础。格式塔心理学强调心理学应该研究直接经验的行为,不研究分子行为,而是研究克分子行为(即整体行为),他们认为经验的行为是作为有意义的整体被给予的,而冯特的实验内省法人为地将经验分割为元素的做法,不是心理学研究而是物理学研究。格式塔在整体知觉的研究中发现,人的行为经验从来都是先以整体的方式存在的。

格式塔心理学为了说明行为经验的整体性提出现象场的概念,这种现象场将人的经验与环境看作是具有一定结构的和有限域的整体存在,考夫卡又将现象场进一步区分为物理场、环境场、行为场、生理场、心理物理场等。格式塔的心理动力学创始人勒温(Kurt Lewin)又在格式塔心理学的"场"概念上,发展出心理生活空间,即心理场的概念,注重准物理事实、准概念事实与准社会事实的相互关系。在这些理论的基础上,格式塔心理学并非如布伦塔诺一样将现象学方法停留在安乐椅中,而是进一步发展了斯顿夫的现象学实验:(1)从实验的出发点来看,他们将现象学实验看作是一种归纳性的实验,它是在没有预设的理论和假设的前提下,以现象直观的方式对现象加以描述,进而发现意义和结构;(2)从实验的目标来看,现象学实验不是去发现变量之间的因果关系,而是通过现象场的创设来发现现象场的意义和结构;(3)从实验获得资料的手段来看,现象学实验不同于量化研究对资料的数量化处理,而是通过质化研究的现象学直观以文字详尽描述现象的意义。同样是实验方法,现象学实验与量化研究的实验就有本质的区别。相比之下,现象学实验更富有自由度、灵活性和人情味,更加关注人的心理本真,将人从行为主义冰冷的机械行为实验中解脱出来,赋予了对人心理的人文主义关怀。

4. 精神分析心理学质化研究的解释学倾向

弗洛伊德(Sigmund Freud)作为精神分析理论的创始人,受到早期生理学和医学学术背景的影响,在心理学研究之初将心理学设计成了一门纯自然科学。不过,弗洛伊德在临床中发现,使用定位诊断法和电测法对癔症患者进行治疗毫无效果,而在运用想象力的作家笔下却常常能发现那种细致入微的心理活动描写，使弗洛伊德洞察到癔症患者情感发展的某种过程。至此，弗洛伊德已经深知对患者症状的详细文字描述比仪器测量的数据在临床治疗中更有效，同时他也意识到神经科医生对患者症状的解释的重要性。随着《癔症研究》《梦的解析》《日常生活中的生理病理学》等著作的问世，弗洛伊德精神分析大厦的理论根基基本建立起来。在以后的临床中，弗洛伊德逐渐发现，潜意识这只黑箱尽管不能被意识照亮，但它却表征在患者的病症之中，因而患者的病症是潜意识的意义象征，精神分析者的作用就在于解释这些症状的象征意义。随着研究的不断深入，弗洛伊德还发现潜意识表征具有多种途径和方式，即潜意识表征的意义不仅存在于患者的症状之中，还存在正常人之中，不仅存在于口误、笔谈、误读等日常失常行为中，也存在与正常的笑话、幽默等诙谐行为之中。弗洛伊德通过多方位多层次的方式解读了潜意识的象征意义，揭示了潜意识在整体精神分析机构中的作用机制，构筑了精神分析的庞大系统，弗洛伊德独特的解释学方法也在精神分析庞大体系的构筑中得以展现。

弗洛伊德的精神分析作为一种理论体系和治疗方法，自提出之日起就不断受到挑战。在历经几次大的学派分离和理论修正之后，当代精神分析理论和方法几近祛除了传统精神分析的大部分特征，远离了它的生物学和物理学假设。近年来，对弗洛伊德精神分析修正最为彻底的应属精神分析的解释学倾向，这种倾向将精神分析看作主体与客体关系中的意义解释(彭运石，林崇德，佟冬英，2006)。斯蒂尔(Steele，1979)甚至明确指出，精神分析是一门解释学学科，精神分析的目标不是通过潜意识挖掘分析对象的心理冲突，而是通过对话来解释分析对象言语的意义。他认为，解释学的核心观点应该是理解存在于语言、意义、历史和反思中的事实(秦金亮，2001)。在对解释学的特征与弗洛伊德精神分析学说的特征进行比较的基础上，斯蒂尔提出："弗洛伊德的全部工作创立了一种解释学研究，在诸如弗洛伊德的《图腾与禁忌》《文明及其缺憾》和《摩西与一神教》等作品中，存在大量关于理解、语言、方法、历史以及反思的阐述，这些阐述与现代解释学极为相似。"法国20世纪思想家利科(Paul

Ricoeur)曾也明确表示过,精神分析是一门解释性的艺术,它关心的是通过解释表面现象而发现隐藏在它背后的东西,由此在分析者和分析对象之间创造一种被分享的理解。吉尔(M. Jill)也赞同精神分析的解释学取向,认为应抛弃传统精神分析的元心理学,用解释学和社会建构论构筑当代精神分析,并认为在解释学中,没有哪一种解释是真实的,最好的解释就是当时最一致的解释(周明洁,张建新,2008)。

总的来看,精神分析的解释学倾向主张精神分析不处理那些可以说明的事实,而是处理那些只有通过理解才可以得到的意义,把分析对象的梦、愿望、联想等看作是其创作的文本,借助解释寻求意义,以此达成对患者的治疗。在弗洛伊德之后,尽管经历多次对精神分析的修正,但传统精神分析一些最本质的核心仍被保留下来。虽然精神分析的解释学祛除了最核心的本能驱力和力比多等的核心概念,但并没有颠覆潜意识的核心地位。使潜意识过程意识化仍然是精神分析解释学倾向的根本目的,主客体的语言对话和分析仍然是最主要手段,理解与解释过程仍然是达到治愈的基本途径。

5. 人本主义心理学质化研究的多元范式主张

人本主义心理学的兴起除了与反对精神分析悲观主义的潜意识决定论有关外,在科学观和方法论上是在批判行为主义的基础上产生的。在人本主义心理学看来,行为主义那种把可观察的行为看作是唯一的研究对象,把自然科学的客观研究范式作为唯一的研究方法,强调非人化、拟人化、客观化、中立化的研究取向,其结果不仅排斥了非客观的、非量化方法的运用,而且导致人的尊严、价值和生活意义的丧失,从而缩小了心理学作为探索人性的学科的研究范围。马斯洛(Abraham Harold Maslow)曾直言,方法中心论就是认为科学的本质在于它的仪器、技术、程序、设备以及方法,而不是它的疑难、问题或者目的。在人本主义心理学看来,这种方法中心论的实证心理学一味地强调雅致、完善的技术却减弱了问题的创造性意义、生命力和重要性(郝根汉,2003,pp. 409 - 410)。方法中心论的实质就是将心理学研究对象与研究方法的从属关系颠倒,不是方法适应对象,而是对象适应方法。如,行为主义心理学为了适应客观方法,而将意识经验剥离出心理学范畴,使其成为一门"肌跳心理学",丧失了心理学的人文精神。人本主义心理学为了使心理学真正成为研究人的科学,重塑人的形象,在方法论上倡导问题中心的研究策略,提出了主客观统合的研究范式,把客观实证研究的范式与经验的、描述的、主观的研究结合起来。不过,人本主义心理学在研究人的价值、尊严、自我实现等复杂问题上,更倾向于质化的主观研究方法。

尽管人本主义心理学在方法论主张上倾向于多元主义,但在具体研究中更倾向于质化的研究方法。如,马斯洛在研究人格过程中提出了整体分析法,罗杰斯在对人的意识体验进行直观描述中提出了现象学方法,奥尔波特在人格研究中提出了个体特征研究法。分析可以发现,这些方法具有典型的质化研究特征:强调方法的整体论而不是原子论,是功能型的而不是分类型的,是目的论的而不是简单机械决定论的,是能动的而不是静态的,是动力学的而不是因果式的。尽管人本主义心理学倡导的主观与客观、质化与量化统合的研究范式,但人本主义心理学在方法实践中更多发展并使用了上述质化研究方法。这些方法一方面丰富了心理学研究人文取向的方法体系,它们同其他质化研究方法共同构成了与量化研究取向相对的,另一方面则进一步彰显了质化研究的人文精神。

6. 认知心理学质化研究的具身认知革命

20世纪中叶,在西方心理学界发生了一场"静悄悄的"认知革命。早期认知心理学以符号研究对人的心理与计算机进行类比,通过将大脑比作计算机来揭示人的认知心理机制,随后联结主义逐渐取代符号主义成为认知心理学的主流,它通过脑的神经过程来类比人类的认知活动,把亚符号的分布表征和计算作为认知加工的过程。这种早期认知心理学在方法论上与行为主义并没有本质区别,实证主义的研究方法仍是认知心理学的主要研究方法。不过近年来,西方认知心理学界发生了第二场认知革命,被称作具身认知革命,具身认知是认知语言学家拉科夫(George Lakoff)和约翰逊(Mark Johnson)在《肉身的哲学:具身心智及其对西方思想的挑战》中首次提出的,而对具身认知进行具体讨论的则是瓦雷拉(Francisco Varela)等人通过《具身心智：认知科学与人类经验》完成的。具身认知认为，物理符号和联结主义揭示的是计算的心灵，并不是体验的心灵。具身认知强调人的心智是具身性的，而心智的具身性是指，心智依赖于身体的生理、神经结构及其活动形式，心智根植于人的身体与世界的互动之中，心智离不开人的身体。瓦雷拉等人还认为，具身心智具有两层含义：一是认知依赖于主体经验的种类，而这些经验又来自具有各种感觉运动能力的身体；二是身体的各种感觉运动能力从根本上是嵌入到更广泛的生物、心理、文化、历史的情境之中的(秦金亮，2010，pp.141 - 144)。

拉科夫等人也认为，认知是具身的、情境的、发展的和动态的，它抛弃了心智的计算隐喻和心智程序化的刚性诉求，开始将心智的理解回归到大脑，认为认知源自大脑、身体及身体经验，认知结构本身来自人的视觉、听觉、运动系统和神经系统绑定机制的具身细节之中，认知是人肉体的生活经验构筑的心智预报世界的共生，而不是计算机的心智对先定世界的表征(叶浩生，2008a)。也就是说，具身的认知科学主张的是身心一体，心智、身体以及环境的一体化过程，而不是身心一元。由于具身认知研究不只是关注脑、生理、身体，而是心智的体验性、文化性以及身心交互作用的情境性。所以，从二元论的离身认知到具身认知，从符号计算、亚符号神经计算到非线性的动态系统生成演化，认知心理学从第一代向第二代的变革，为人文主义与科学主义提供了一种积极对话的平台和融合的切入点。我们已经看到，以实证主义为传统的客观研究范式，已经认识到以人文主义为传统的主观研究范式在心智构建中的作用。具身认知主动对主观经验的吸收，正是心理学人文精神地位显著提升的标志。至此，主流心理学在扛起科学主义大旗的同时，也将人文主义纳入其视野范围，这种趋势有利于科学精神与人文精神的彰显以及心理学的科学主义与人文主义的整合。

（二）心理学质化研究取向人文精神的彰显

虽然在心理学的发展中科学精神和人文精神都得到了适度的张扬，但从实验心理学诞生以来，心理学的科学精神就表现为狭隘的科学精神,这种科学精神以实证主义为唯一的方法论来源,它持有的是物理主义的世界观和实证主义的方法论,遵循主客分离、还原主义、自然主义世界观、价值中立的立场等原则和立场,这种狭隘的科学精神的量化研究一直压抑着心理学人文精神质化研究的发展。事实上,心理学发展过程中从来没有忽略对人的价值和尊严的追求,自狄尔泰《人文科学导论》问世以来,方法论意义上的质化研究就开始在各学科产生影响。心理学的人文精神在方法论上,反对对自然科学的盲目崇拜,反对原子主义、还原主义、客观主义、机械决定论将人的心理世界分割成人格碎片,倡导整体主义的研究取向,尤其表现在质化的研究取向上,重视直接经验和现象描述,强调理解、体悟和现象的意义构建,体现了当代心理学的人文精神(叶浩生,2008a)。质化研究不同于量化研究的显著特征是,它摒弃了实证主义的科学观和方法论,转而接受了现象学、解释学和社会建构论的科学观和方法论。

  质化研究的现象学认为(Capaldi & Robert,2005),我们面对的世界是被嵌入在由交互主体性创造的、对象关系的生活世界中,我们在理解世界之前就已经被置身于我们所属的世界之中,心理现象并不独立于我们认识之外的客体,而是由经验主体构造出来的。为了根除量化研究这种客体实在论,必须借助现象学还原,诉诸现象本身而不是客体实在。而对于个体而言,每个人的主观经验世界都不相同,因而不可能存在绝对的价值中立。胡塞尔(Edmund Husserl)认为,应该提出一种在研究中能符合人的独特存在的科学,直指人的主观意识性,反对将人及心灵客体化。他认为,实证主义将人的心灵与物质对等,损害了人的精神生活,使人的生存失去了尊严,失去了意义,精神变得枯竭。他将纯粹自我意识和先验主观性作为哲学研究的对象,将人心灵的主体性提高到了前所未有的地步,主张通过现象学的本质直观来认识纯粹的自我意识。本质的直观是自我意识的内省活动,是一种不能对之进行逻辑分析的本质的洞察,只有通过本质的直观才能实现现象学还原,从而直接洞察现象的本质,把握纯粹自我意识(高申春,2011)。这种以本质直观实现对人心理进行描述的现象学,已经成为多个人文倾向的心理学理论流派的哲学基础。

质化研究的解释学同样认为(Rennie, Watson, & Monteiro, 2002)，我们在理解心理现象之前，已经置身于我们所属的世界，我们对心理现象的理解是由我们对世界理解的前结构决定的，因此物理主义的实体观必须被根除。施莱尔马赫(Friedrich Schleiermacher)的一般解释学认为，从语言方面考察理解或解释应遵循两个原则：(1)历史性原则，必须结合作者所处的具体历史语境理解文本的意义；(2)整体性原则，必须在结合周围其他语词的意义的整体性中理解文本的意义。狄尔泰的生命解释学则认为，要做到真正的理解，必须走出自己的内心世界，进入别人的内心世界，把握作者的创作心境，这种理解的基础是人心的共通性或共通的人性。海德格尔(Martin Heidegger)在本体论解释学中将心理学的任务视为追求存在的意义，认为理解是有前提的，它是在前有、前见和前设之下作出的：前有就是理解之前就已经具有的东西，包括环境、历史、背景、观念及物质条件等；前见就是理解之前的见解、成见；前设就是理解之前必须具有的假设，任何理解都包含着某种假设，从这个意义来说，对心理的理解就是以前结构为基础的视域融合。

质化研究的社会建构论认为(Nightingale & Cromby, 2002; Gergen, 2001)，知识不是一种科学发现，而是一种社会建构。知识的生产过程不是个体理性决定的，而是一种文化历史的过程，是社会协商和互动的结果。社会建构论心理学是从理性重建到社会建构的范式转换，也是从实证主义到社会建构论的范式转换。社会建构论反对在知识界占统治地位的标准科学观，质疑那种坚持逻辑与证据的科学合法性以及理性主义与客观主义的科学观。从社会建构论的观点来看(杨莉萍, 2004)，知识不是对实在的映照或反映，理论也不是经验事实的抽象和概括，而是一种社会建构。知识具有建构的特性，心理学的概念和理论，定律和结论都具有协商和建构的性质。因此，社会建构论逐渐解构了科学主义心理学的实证主义路线，它以一种社会建构的主体性取代仅仅注重依赖和重客体性的客观物性研究，这在今天的心理学方法论发展中无疑是一种进步，这种进步性体现启示我们，心理学的研究既要体现客观物性，更要体现主观人性。

　　因此,我们认为,同自然科学的量化研究比较而言,人文科学的质化研究彰显了心理学研究的人文精神,这种人文精神在方法论上主要表现在以下五个方面:(1)对意义的追求,质化研究与量化研究不同,它的目标不是去发现心理事实,而是从人们的思想和行为中探讨意义,从人们的行为体验中发现生活事件对人究竟有哪些主观影响?这些影响对个体意味着什么?在个体的主观体验中有哪些冲突?这些冲突导致什么样的情感体验?它假设人对事物采取的行动是以这些事物对人的意义为基础的,质化研究关注的是意义而不是因果关系。(2)自然主义的研究态度,与量化研究采取的剥离情境、实验控制、发现因果关系的研究模式不同,质化研究采取的是自然主义态度,强调研究情境的特殊性和具体性,把研究对象深植于具体的时间和空间、社会和历史、文化和地域之中,反对任何抽象、剥离的研究方式,主张研究者不应施"暴政"于研究现场和研究过程,这种自然主义的研究态度使人的生活世界、生存方式、生存价值得到自然的显现。(3)整体主义的研究策略,质化研究的哲学基础是现象学、解释学和社会建构论,它们强调的都是整体主义的研究策略,反对人为地把心理现象分割成孤立的碎片,也反对那种切割式的整合研究路线,而强调要在考虑社会、历史、文化、环境以及人的主观性的具体条件下,对研究对象进行整体式研究,注重人的整体性体验,这种整体主义的研究策略有利于揭示人赖以存在的社会、文化的完整性,呈现丰满的人性生活。(4)主位研究的独特视角,相对于量化的客位研究,主位研究策略从文化内部看待研究对象的思想和行为,关注个体在文化中特有的心理现象,主张从研究对象的视角发现问题和解释问题,强调对人的本真的生活经验和真情实感的关注,这种研究策略恢复了人之为人的价值和尊严。(5)主体间互动的研究立场,量化研究将研究者与研究对象看作是客体实在,而质化研究将研究者与研究对象看作是同样的研究主体,强调研究是双主体的互动过程,通过主体互动式研究能够真正地展示人的生活意义、人的生存状态和人性的本质特征(Miller, Druss, & Rohrbaugh,2003;秦金亮,2010)。

质化研究方法体现的人文精神在心理学发展中既具有历史意义，又具有现实意义，它一方面推进了人文取向心理学理论和方法的发展，形成了体现人文精神的心理学多样化研究方法的发展，另一方面也影响了心理学的理论思维方式。从历史意义来看，质化研究形成了与量化研究相反的发展脉络，改变了实证主义的霸权主义话语权。从现实意义来看，心理学的质化研究影响了当代心理学的方法论，改变了实证主义量化研究的线性、单一思维模式，将主客对象思维模式转变为主体间关系思维猛将旧有的还原论、元素论，转换为动态的关联论，推动了方法论的多元发展。另外，质化研究的问题中心取向也拓展了量化研究的领域，促进了心理学与其他学科的跨学科交叉和相互影响。

三、质化研究与量化研究两种方法取向的对话沟通

心理学的量化研究传统与质化研究传统作为自然科学与人文科学的典型代表，多年来它们之间相互攻讦，彼此互不信任，导致当代心理学危机重重。如，主张量化研究的研究者阿拉苏塔里（Alasuutari,1995）认为："心理学量化研究方法，使心理学可以在更为精确的水平上测量人的心理与行为，避免了笼统的、模糊的、不精确的研究模式，而质化研究方法正试图把心理学拖回黑暗的哲学思辨的年代。"但是，质化研究的倡导者哈雷（Harré,2004）则认为："心理学现象具有特殊性，它不同于物理现象'就在那里等着我们去研究'，心理现象是一种带有文化意义的主观体验，它随时随地都在发生动态的变化，自然科学的量化方法在研究心理现象方面有其固有的局限性。"尽管两个阵营的倡导者都声称各自的主张，但是他们也已经意识到双方不得不作出一定的妥协，以缓解心理学的危机。随着质化研究的系统化和量化研究缺陷的凸显，在方法论上整合两种研究传统的呼声越来越高涨（Michell,2004）。对于心理学的质化研究来说，它往往能够对微观的、深层的、整体的心理现象进行深入细致的描述与分析，但不适合宏观研究，也不能发现某一心理现象趋势性，但量化研究恰恰能弥补质化研究的上述不足。因此，一种普遍的折中观点认为："质化与量化的研究方法都对心理学的研究有贡献，将二者割裂开

来对心理学研究都是损失,现在我们关心的是质化研究方法和量化研究方法究竟在何种情况下使用最为恰当,而不是质化研究与量化研究的方法应不应该被同时使用的问题。"美国心理学家赫根汉(2003)曾做过一个形象的比喻:"心理学的研究对象就像是漆黑房间里一件不能直接触摸到的物体,研究方法则是从各个角度投向该物体的光束,全部的光束都是有用的,光束越多,照射的角度越不同,人们就能获得更多的信息。"因此,他认为质化研究方法与量化研究方法都是对人心理规律和心理现象的探寻,尽管他们具有不同的科学观,但他们可以在方法论层次和实践层次上进行融合。

方法论层次上的融合。美国著名方法论者克拉特沃尔(Krathwohl, 2009)认为,质化与量化研究的对立,仅是方法论表达的需要和实践中人们的极端行为,从心理学的研究来看是一个从质化到量化的连续过程。在这一过程中,经验描述的归纳与纯粹数量的演绎仅是连续体的两个极点,大多数的研究方法如调查、纵向研究、评估研究、行动研究等都处在两个极点之间。维尔斯马和于尔斯(Wiersma & Jurs, 2008)也与克拉特沃尔持有类似的观点。他们认为,尽管量化研究与质化研究拥有不同的哲学根基和基础假设,但是在方法上,各种方法都可以置于量化研究与质化研究的连续体上。因此,心理学质化研究与量化研究的整合可以建立在以下三个基础上:(1)质化研究与量化研究不是绝对的二元对立,而是方法连续体上可融合的两端;(2)质化研究与量化研究的中间方法是合理融合两端合理因素的不同表现方式;(3)质化研究与量化研究不能脱离具体的问题而空泛地评判孰优孰劣,避开研究问题而谈方法是没有价值和意义的。如,机能主义先驱詹姆斯尽管主张心理学是一门自然科学,但他对意识流的研究却吸收了现象学的合理成分,反对当时流行的元素主义。机能主义者卡尔也主张心理学应采取主观观察、客观观察、实验法、产品分析法等多种方法来研究心理机能,做到方法间的优势互补。在最激进的行为主义者眼中,也不乏整合趋向的代表,认知行为主义者托尔曼就在吸收了完形心理学观点的基础上,融合科学主义实验法与现象学实验法的合理成分,提出了整合的完形学习理论。再如,在当代最具影响的认知主义与人本主义心理学阵营中,尽管在研究立场上明显对立,但在具体方法上,人本主义与认知主义则都具有多元方法论倾向。人本主义主张统合主观经验研究范式与客观经验研究范式,而认知心理学也以口语报告法来弥补自身方法的不足。可见,多元、开放与融合的方法论取向是当代心理学方法论融合的基础。

实践层次上的融合。从哲学基础和科学观上来看,质化研究以现象学、解释学和社会建构论为哲学基础,强调自然情境条件下的观察,注重对文本意义的主观性解读,而量化研究则以实证主义为基础,强调实验控制条件下的观察,注重对可被经验证实的因果关系的解读。有些学者就担心,哲学基础和科学观上的巨大差异使得二者很难整合在一个研究框架下。叶浩生就认为,虽然质化研究与量化研究差异显著,但是质化研究与量化研究都建立在经验观察基础上,二者同属于经验心理学。那么,我们为什么不可以排除其哲学理念和科学观造成的冲突,而在相互通约的经验研究上取得一致呢?所以,质化研究与量化研究可以在经验的实践层面上进行融合,让量化研究和质化研究成为互补的研究方式。有研究认为,这种互补的研究方式需要双方在去范式这一主张上达成共识,重新建构研究方法的一种方式就是要弱化质化研究与量化研究两种研究范式。因此,量化研究与质化研究在实践过程中要转变思路,通过对方的优势弥足自身的不足。在具体的操作上,西方心理学者巴顿(Patton,1990)提出一些初步的构想,主张可以通过质化研究与量化研究的次序式结合、平行式结合、交叉式结合、同步主辅式结合、主辅嵌入式结合、分解混合式结合等具体方式,对质化研究方法与量化研究方法进行融合,在具体问题研究过程中还应灵活把握。如,在具体实践中,量化研究都是根植于先有的假设进行假设演绎,而在这一阶段往往容易出问题,因为量化研究需要研究者在价值中立的基础上保持研究的客观性,但这种客观的价值中立却又破坏了原有的心理现象场,这样得出的结论往往难以令人信服。而这恰恰是质化研究的优势所在,质化研究的主位研究策略可以还原情境的真实性,质化研究对历史文化和社会环境的关注,可以获得对研究对象原生态的真实体验和理解。因此,在量化研究之前，通过质化研究的无结构访谈对研究对象进行一般性的了解，那么理论假设就具有文化契合的基础。如果仅仅通过质化研究的单一模式进行研究，就会造成研究结论的主观性和人为性，而且不能发现心理现象的内在联系。所以，将质化研究与量化研究在实践层面上结合起来，通过一种相互利用和取长补短的多元方法论，可以在实践中将量化方法和质化方法进行融合。

科学精神与人文精神都是人类精神不可或缺的组成部分。心理学作为研究人的心理与行为的学科，决定了它在科学与人文的交互点上，既需要量化研究的科学精神，也需要质化研究的人文精神。中国心理学在过去发展中，片面吸收西方的量化研究及其狭隘科学精神，忽略了对当代人心理面貌的真实理解，这使我国心理学继承了西方那种两极对立的心理学发展模式。因而，繁荣中国心理学就需要从人文与科学的两极对立中超越出来，寻求这两种精神在人类整体精神中的融通与整合。这也给中国心理学的发展提供了借鉴和启示，即需要中国的心理学者在坚持心理学多元发展的基础上，对各种心理学理论和方法持有宽容的接纳心态，保持与各心理学理论和方法的有效对话与沟通，转变偏执的思维模式，这样才能在一个整合的框架下，充分彰显心理学对科学精神与人文精神的双向关照。

第一，承认心理学理论和方法的多元视野。建构在狭隘的小科学观基础上的实证主义心理学，曾一度认为量化的实验法是心理学唯一有效的方法，只有实验法能够帮助心理学走上康庄大道，忽略甚至是打压质化的研究方法，这种倾向不断加剧了量化与质化两种科学精神的分歧。后现代时期的质化研究者已经意识到，文化和方法的多样性都应因其自身存在的价值而得到尊重和肯定，研究者与研究对象的意义世界都可以在互动的双向建构中得以展现，个体的知识不再是自我的独占品，而是具体实践意义的分享物。

第二，对心理学理论和方法应持有宽容的接纳心态。宽容的心态要求我们对质化研究与量化研究的理论和方法保持开放的态度，避免那种唯我独尊、自以为是、故步自封和狭隘的民族主义心态，任何理论和方法都有其存在价值，宽容接纳和容忍缺陷是质化研究与量化研究融合必须持有的立场。

第三，保持理论和方法的有效对话与沟通。现代心理学的任何进步都不是建立在空中楼阁之上，理论的建构和方法的进步都建立在前人研究的基础之上，学科渗透、理论交融、方法多元是当前心理学的发展趋势，质化研究与量化研究应从各自的范式论战中走出来，以宽容的心态进行对话和交流，对话交流并不是要放弃和改变原有范式，而是通过对话和交流，在可通约的言语基础上实现各自研究范式的发展。

第四，实现思维模式的转变。自然科学主导下的心理学传统根植于客体实在论，遵循研究的主客二分思维模式，研究者与研究对象是彼此分离的，只有主客思维模式下的研究才能保持研究的价值无涉，但认知科学的具身认知发展却表明，主客二分的思维并不是心理学的唯一思维方式。质化研究与量化研究应该在承认实体性客观研究的合理性的同时，突破客体中心论的思维框架，唯有如此，心理学才能真正成为属人的科学。可见，质化研究与量化研究的融合，并不是简单的叠加，也不是思想的混合，而是彼此真诚的沟通与对话，以及相互的思想激荡。

第三节　心理学研究中的主观性变革

自 1879 年真正意义上的科学心理学诞生以来，科学心理学遵循的始终是客观研究范式，研究方法追求的是自然科学的客观性，正是因为方法论的科学性才使心理学在一百多年间取得了巨大的成就，这应该归功于客观的研究方法。但是，自詹姆斯开始，心理学方法的多元论主张开始凸显，客观方法只能揭示人类心理的一部分，而其余部分不得不求助于主观研究范式下的方法，这就使心理学研究开始转向寻求方法的多元化之路。受詹姆斯的影响，美国机能主义心理学将那个时代的"显学"进化论和实用主义哲学相结合，提出了类似于詹姆斯多元方法论的主张。虽然很多心理学先驱都试图利用主观的研究范式发展心理学,但这种微弱声音不断地淹没在行为主义和认知主义不断高涨的呼声中。

一、心理学方法论的主观性变命

20世纪末现象学心理学与存在主义心理学的出现,使得主观研究范式逐渐走进心理学家的视野,主观研究范式正逐渐得到重视,并运用到日常心理学研究中来。其实,在现象学心理学和存在主义心理学之前就曾有过一场心理学主观研究范式革命,这就是被称为操作主观性的主观性之客观性研究方法——Q方法(Q方法论)。Q方法自20世纪30年代被提出后,始终未受到足够重视,原因是20世纪20年代至今,主流心理学的行为主义和认知主义交替地主宰着科学心理学,而它们重视的是客观研究范式而不是主观研究范式。尽管Q方法仍在努力求得在方法界的科学地位,但直到20世纪50年代后期才被逐渐接受和认可,并在新的呼唤心理学主观性研究的浪潮中,再次以方法论的"显学"身份出现在心理学家的视野中。

Q方法作为一种主观和客观兼顾的方法论体系是由斯蒂芬森(William Stephenson)于1935年提出并发展起来的。斯蒂芬森是一位核物理学博士和心理学家,他的方法体系在现在看来常被称为是一场使心理学措手不及的方法论主观性革命。20世纪末,斯蒂芬森去世后,由他的弟子布朗(Steven R. Brown)继续将这种体系传承下来并进行发展。斯蒂芬森(Stephenson, 1980)始终认为:"我们的情感、偏好等都可以像测量行为一样,科学地进行测量和研究。"他反对使用标准化的测验和来自大样本的评定量表和心理问卷,主张对单个被试的研究仍可以得出科学的价值,如,冯特和屈尔佩的实验研究都提出了被试个体的剖面图,艾宾浩斯的记忆研究、巴甫洛夫的经典条件反射研究、皮亚杰的发生认识论研究和斯金纳的操作条件反射,都使用了单个被试(尽管并不全是人类),如果他们当初使用的是团体平均数,或许平均数会掩盖真实性而不能得到他们的经典性实验结果。但是,从冯特开始至今,用于大样本的心理评定和实验研究方法始终是心理学研究方法的主流,因为这些方法通过统计学计算皮尔逊积差相关之后,使用了 r 相关,因此这类方法往往也成为 R 方法。斯蒂芬森(Stephenson,1953)在考察了 R 方法之后认为,这种方法使被试处于被动反应之中,忽视了人作为人的主观性,而且大量样本得出的结论并不一定比单样本有价值。因此,提出操作主观性的 Q 方法论来替代 R 方法论,这种操作主观性就是通过 Q 方法论表述其自身的主观行为。本节将沿着斯蒂芬森和布朗的发展脉络将这一主观性方法重新挖掘呈现,并提出该方法论对现代心理学的重要启示意义。

二、Q 方法的操作主观性

(一)Q 方法的发展脉络

作为物理学家和心理学家的斯蒂芬森,敏锐地发现心理学与物理学的差异,物理学研究的是冷冰冰没有生命的物理现象,而心理学研究的是具有主观能动性的人类心理,对它们的研究就必须区别对待。因此,斯蒂芬森主张心理学研究寻求的是人而不是测验项目之间的相互关联,他不断发展和扩充该体系。斯蒂芬森(Stephenson,1980)认为,这种体系更应该是行为主义的,但是他认为自己的行为主义与传统行为主义不同之处是它接受主观性,传统行为主义拒绝所有主观性的心理主义,将主观性与不可靠的心理联系起来,忽视了诸如思维、想象、情感等这样的人类活动。斯蒂芬森(Stephenson,1982)拒绝接受主观性与客观性分离的状态,他接受了本特利的相互作用论和坎特的交互行为心理学的观点,认为心理事件不是存在于内部的心理或外部的身体,而是人与客体之间的关系中,这样就没有所谓的心理与身体的区分,有的只是个体与环境之间具体的交互作用关系,并且这种关系完全可以进行科学的精确研究。他进而坚持认为,信念、情感、观念等具体的行为,能够通过 Q 方法论进行沟通和系统分析,但他的这种坚持曾遭受到广泛的质疑。费布拉罗(Febbraro,1995,pp.145-146)认为:"针对个体的科学研究是不可能的……科学必须寻求一般规律和普遍原理,它不能建立在对个体内部行为或主观性的研究基础之上,虽然 Q 方法论的定性与多变量技术很精密,但以单个个体为基础进行的研究被认为是不科学的。"尽管 Q 方法遭受到批评,但这是可以理解的,因为心理学研究的科学实证精神在心理学领域已经扎根一百多年,这种新鲜事物必然会受到排斥。在斯蒂芬森去世后,他的学生布朗(Brown,1993)坚持不懈地对老师的理论体系进行了发展,在他的努力下,产生了促进该体系发展的新契机,国际主观性科学研究协会每年把来自各门学科和来自不同国家的研究者召集在一起,共同讨论主观性科学及其应用问题。可见,斯蒂芬森创立的操作主观性体系已经在不同学科间引起广泛反响,并逐渐与日常应用结合起来,这种体系仍具有充分发展的空间和潜力。

(二) Q方法的隐性假设

每一个心理学理论都有其自身的假设,有些是显现的,而有些则是隐晦的。例如,从认知主义心理学出发,就包括很多基本假设,如个体既有身体又有心理,且二者不同,人正是生活在这样一个双重世界之中,一个是外部的物质世界以及另一个经验外部世界的内部世界,人的心理就是对外部世界信息的输入、编码、存储和输出过程。如,坎特(Kantor,1976)的交互行为心理学的基本假设是心理学必须研究机体与物体、事件或其他机体之间的交互作用,而不研究抽象的心理学概念。同样,作为一种方法论体系,斯蒂芬森在各种著作中提供了一些信息,阐述了他的体系的原理、假设和语用学,但这些主题并不是直接以假设的形式提出来的,而是作为一种观点提出来的。史密斯(2005)在《当代心理学体系》中,对斯蒂芬森的假设进行了归纳:(1)心理事件是由机体与客体的交互作用场构成的,场在背景中历史性地发展着,采用坎特交互行为心理学中交互行为场的公式 $PE=C(k,sf,r,rf,hi,st,md)$ 这一公式来说明心理事件是交互行为场的函数;(2)心理事件既是主观的又是客观的,从个体自己的观点来看,它们是主观的,从某个其他个体的观点看(自我参照),它们是客观的(他人参照);(3)许多被称为心理、意识或自我的心理行为是主观行为或自我参照行为,因此,让被试测量他或她自己的方法,以及通过保持这些意义并确定个体如何持有这些意义的定量方法,才能更好地理解心理行为;(4)只有当信息是很重要的时候,用实验者确定的意义取代事物对被试的意义的平均法才是适合的。

（三）主观研究范式的客观化改良

一个多世纪以来，实证主义研究范式和评价标准在心理学科中成为难以动摇的科学研究纲领，这与这门学科的不成熟有很大关系的（霍涌泉，王传东，2009）。格根（Gergen，2001）指出，心理学理论研究的最大挑战是需要从实证主义传统中解放出来。虽然心理学的两种文化（自然主义和人文主义）都有效地揭示了人类心理的一部分，但未能揭示完整的心理，自然主义采纳的是物理主义的世界观，方法中心论的科学本质观，自然科学取向，客观主义，还原主义的研究原则，因果决定论的心理学解释框架等是其根本特征（佟冬英，2005），它所能触及的仅是心理学的客观性。而人文主义认为客观研究范式将人"物化"，忽视人性的主观自觉性，没能全面揭示人的心灵，它将人本主义的世界观、问题中心论的科学本质观、人文科学的研究取向、直觉主义的人本学、整体主义的研究路线和非决定论的心理学解释框架等看作是其基本特征，因而主张应肯定人是自主性和创造性的存在，回到经验主体本身，确立人的主观经验的真实性。事实上，心理学的两种范式传统都未能完整揭示人类的心理，始终未能真正完全地跳出二元思维的桎梏，客观研究范式以实证主义为论调，将心理学研究对象物化，走向了客观主义；主观研究范式以人文主义为论调，将心理学研究对象非理性化，走向了主观主义。

斯蒂芬森倡导的Q方法论可以看作是对客观研究范式和主观研究范式调和的一种努力，他发展的Q方法不仅仅是一种心理学研究技术，同时也是一种方法论，有着自己的假设和主张。这种方法论既不同于客观研究范式也不同于主观研究范式，它既追求主观性又不忽视客观性。作为一种科学方法论，Q方法论反对身心二元论，反对客观性与主观性的传统区分，反对行为是神经决定因素的功能。Q方法论的操作主观性拒绝了二元论，也就意味着拒绝了既存在着可被观察和测量的外部行为，又存在着独立的、不能被观察和测量的、仅能从行为上推测出的内部状态的假设。因此，斯蒂芬森（Stephenson，1968）在《意识出去，主观性进来》的文章中用主观性替代了意识。布朗（Brown，1993）就认为："Q方法论可用沟通性的经验主义取代意识的形而上学，它借助这种简单的便利手段为主观性科学奠定了基础。"需要指出的是,传统上主观性常用来指心理或内部经验以及客观性的对立物,但斯蒂芬森(Stephenson,1968)完全将它作为一种观点,并在它具体行为的意义上认为它是完全客观的,能够用完全的科学法则,满足科学方法的每一个规则和程序加以测量和研究。他所指的主观性也就意味着"个人能够对他人或自己谈论的东西呈现出来,它具有完全可以通过操作获得的形式,即不是通过意识、自我等的预先设定,而是通过 Q 分类和因素分析的方法获得",并坚信客观性与主观性唯一的区别就是观点,即从我的观点来看是主观的,从他的观点来看是客观的。在斯蒂芬森(Stephenson,1980)看来,想象与骑自行车一样都是行为,尽管他批评行为主义排斥主观性,但是他仍认为主观性正像行为主义为了实验目的而广泛使用的大白鼠的行为一样是客观的,而且所有的经验都是行为的。可见,斯蒂芬森尽管极力强调主观性在心理学研究中的重要性,但是作为物理学家的斯蒂芬森并没有完全扬弃客观性研究的范式,而是将主观研究范式进行客观化的改良,我们可以称斯蒂芬森其实是在调和客观研究范式与主观研究范式,但这种改良很显然迎合了当下现象学心理学的主体性倾向,同时也弥补了实证主义在对人类心理揭示中存在的短板与不足。

(四)Q 方法作为技术的操作

Q 方法既然已经发展成一种方法论体系,那么它必然是以其具体操作技术为基础的。布朗(Brown,1993)认为,Q 方法作为一种技术,包括形成群集、抽取样本和处理结果三个过程。

首先,围绕一个主题提出一套陈述,称为群集(concourse)。布朗(Brown,1994)将群集视为:"真实的生活资料,从情侣或伙伴善意的取笑,到哲学家和科学家睿智的讨论,到梦中和日记中找到的个人思想。从群集中能够产生出新的意义,酝酿出巧妙的主意,作出发现;它是个体、群体、组织和国家中创造力和同一性形成的源泉,Q 方法的主要任务就是去揭示一个群集的内在结构,即支持群集的思维向量,反过来,思维的向量也是由群集支持的。"集群一般可以通过对被试的访谈获得,也可以由书面的或其他言语材料组成,它既可以是言语的,也可以是图片、音乐、味道的等与方案有关的项目材料。如，在心理咨询中，我们可以询问来访者喜欢什么样的疗法，他们的期望以及他们的疾病等，来获得一个关于行为疗法患者的群集。

其次，群集形成后就要从中抽取被试，将他们分类别组成项目样本，具体要求每个陈述都分别写在一张卡片上，并随即编号，将卡片打乱，让被试从"强烈同意"到"强烈不同意"或从"非常喜欢"到"非常不喜欢"等这样表示程度的形容词，并根据每种指导语条件将卡片进行相应的分类。如果是针对单个被试，那么被试将作其他的分类，如，"根据你现在对于治疗的感受情形"分类，或者被试可以再开始，或者治疗间歇根据"你现在对治疗的感受"来分类。如果同时进行多个被试实验，既可以要求他们做同样的分类，也可以做如单个被试的多种分类。另外，Q方法对被调查者所分各个类别的相对数量也有规定，即处在中间类别的语句数量要多于处于两极的语句数量，使其分布形成一个对称的正态曲线。分类结果通常摆在桌面上，从+5到-5顺序排列，如果所用语句较少，从+4到-4排列，甚至有时可分成三类。它的独特优点就在于，它允许被调查者把他们不熟悉或不确定的选项放在中间类别。这就确保测量结果能与主体自身经验一致地反映他的观点(Stephen,1985)。

最后，在抽取陈述样本、被试对陈述进行分类后，研究者需要对分类结果进行客观化的统计处理。研究者要使用卡片上的编号来标识陈述在分布中的位置，从被决定的因素中计算出一个相关矩阵。在此基础上，通过因素分析来揭示不同的主观性群体，因为因素分析的数值并不能确切告诉研究者每个群体的特征，因此还要返回到包含在相关中的最初Q陈述，考察构成因素的基础陈述，并对被试进行访谈，直接询问被试作出分类的原因是什么。有时候从这些访谈中得到的语句又组成另一个Q研究的集合，这个新的Q研究将进一步增进研究者对研究对象在此课题中反应的理解。

三、Q方法对传统研究方法的超越

（一）评定量表与Q方法

Q方法作为一种将主观研究范式客观化改良的方法，它在很多方面都要优越于客观测量和主观解释，1980年布朗针对客观测量方法，如评定量表提出了不同的观点。第一，在价值涉入上，认为评定量表并没有像使用者阐释的那样脱离了主观性，是一种完全客观的测量方法。其实，评定量表不可能是价值无涉的，量表的编制本身就是在研究者大量的理论基础和思想倾向上建立起来的，在被试对量表进行反应之前，研究者就已经清楚被试的反应将意味着什么，并抱有期望。因此，布朗（Brown，1994）认为这更接近创造而不是测量，这种所谓的客观性测量方法实际上是自欺欺人的表现。第二，在与被试的关系上，传统评定量表被赋予相对稳定的意义，并根据在某些项目上的总体常模来解释对反应的意义。他认为，这样做给予了项目太多的责任，给予对项目的反应太少，忽视了项目和个体间的相互关系，忽视了随着变化的情境而发生的变化。因此，个体的独立观点依赖于量表的先前意义，使得对量表的统计分析在知识方面很少产生实际的进展，因为当要求研究者解释结果时，就不得不再返回到量表建构的主观性上来，项目与个体的关系以及变化着的情境成为了被忽视或者尽量回避的控制变量，从根本上讲，这既无助于客观来揭示心理，也无助主观阐释心理。第三，在结构构成上，评定量表常常从理论结构（推论、结构、比较、描述、假设）开始，并从中演绎出假设，通过建立量表来测量这种预先的结构，使用量表得分界定个体具有的特质，将思维、情感等视为可以用量表间接测量的。布朗（Brown，1993）则坚持认为，Q方法的结构来源于根据主题先进行观察或者访谈，然后形成结构，而不是界定和附加结构。正因为Q方法不预先设定任何假设和常模，所以它更多的是用来发现而不是检验。第四，在研究的效果上，评定量表等客观测验要求一个较高的信度和效度，只有高信度和效度的量表才能大部分地反映个体的心理状态，因此结果需要信度和效度的支持。而Q方法作为一种操作的主观性研究方法，它既不需要信度，也不需要效度，对主观操作来说，没有对或错，不需要绝对的效度概念和信度概念，它的效果依赖于个体特征的阐释。正如斯蒂芬森和坎特认为的那样，每一情境条件都是具体的，没有一种逻辑原则能适用于所有个案，客观研究范式传统的量表用对各种特定行为产生的错觉蒙蔽了我们,而 Q 方法则提供了处于主观性科学归纳框架内的事实,以及过去对成千人进行问卷调查也得不到的理解认识。

（二）R 方法与 Q 方法

赵德雷和乐国安(2003)认为,R 方法是主流心理学求平均式的从样本到总体推论研究方法的统称,这种方法与 Q 方法在某些时候容易混淆,因为它们都使用统计分析技术,但是它们之间的区别还是明显的。第一,二者对误差的理解不同,R 方法关注构成心理事实的平均量,认为样本与样本之间的主观性差异成为误差项,必须尽可能分离和排除。同样,在实验方法中,独特性也成为每一个处理组内的误差项。而对于 Q 方法来说,误差项是个体自己表达的观点,可以通过 Q 分类中形式上的表征而使它成为客观的,误差项成为 Q 方法的核心,它强调发现意料之外的特征,即 R 方法中的误差项,并集中关注这些发现。正如布朗(Brown,1980)指出,在 R 研究设计中,主观性是偶然的、随机分布的,而在 Q 方法中,客观性是偶然的、随机分布的,一个陈述对另一个陈述的相对主观重要性成为测量的目的。这就正如斯蒂芬(Stephen,1985)认为的,这就使 Q 方法处于能够测量个体之间的关系的位置上,而不是把个体之间的关系视为"误差"。第二,对假设的理解不同,在 R 方法中,假设被建构的是单独存在的,是自主的和确定的,而且测量的过程要独立于那个绝对的特质,即测量项目与个体的主观性是分离的、没有关系的。这种假设对使特质之间相互关联来说是必要的。Q 方法则与之相反,它假定测量和意义是相互依赖的,个体赋予 Q 项目的意义正是在分类中形成的。因而,在 Q 方法中变量是个体而不是测验项目,也就是说,在 Q 方法中,个体在分类中测量的是个体自身,在 R 方法中,个体是被自身以外的别人来测量的;在 Q 方法中,个体被分来并被分类到相似的因素中,在 R 方法中,个体是被"平均"过的,个体特征已经不存在了。第三,二者对目的的理解不同,相对于主观性研究方法,R 方法试图集合所有的人类属性,然后将它们整理成"像原子那样井井有条"。斯蒂芬森例举了"大五人格",认为"大五人格"就是通过因素分析来寻求人类普遍的属性,将这些属性按照不同的类别进行归纳,寻求一种共性。然而,Q 方法注重在具体情境中发现人的具体的行为，它不探寻一般性，因而，由 R 方法建构的特质用认为的事件掩盖或取代了实际的自然事件。第四，二者对取样大小的理解也不同，Q 不像 R 那样经常使用大量的样本作为被试，Q 方法能够在一个特征相对独立于其他特征分布的情况下来揭示这个特征，它总是致力于个体和特殊性，是通过个体而不是测验项目的相关，这就使研究可以使用一个较大的测验项目而使用较少的个体进行因素研究，并且这种取自小样本的研究，往往能够获得平均化的传统测验所不能获得的和有价值的材料。

四、Q 方法的应用及启示

自从斯蒂芬森提出 Q 方法以来，该方法在布朗进一步完善的基础上已经广泛应用于自然科学和社会科学的研究，它最常用于传播学、政治学、护理学和发展心理学中。同样，它也适用于经济学、商业、法律、文学研究，以及其他涉及人类行为的学科，如化学、物理学、地质学等。布朗（Brown，1993）曾考察了运用 Q 方法论的许多领域的研究，例如对住院患者的控制、疗养所工作人员的培训、分析决策制定的背景、使难民受到公平待遇、研究道德标准和腐蚀、分析公众对负性丑闻的反应等。在心理学领域，泰勒、德尔普拉托和克纳普（Taylor, Delprato, & Knapp, 1994）使用了一套由儿童参加各种活动的图片组成的 Q 集合，指导儿童让他们理解所要求的分类方式，成功地使该方法应用于学前儿童。库西德和科克伦（Chusid & Cochran，1989）使用该方法证明了家庭主题怎样与职业选择相关，结果表明，家庭主题从旧职业转变到新职业，或者在新职业中产生一个不同的家庭主题。加利文（Gallivan，1995）使用该方法研究了有助于幽默感的特征，最终找到有助于幽默感的四类因素或群体。另外，因为 Q 方法强调单个个案的研究，因此在临床心理学中应用特别广泛，一般可以由患者的病史、对患者的访谈、来自其他方面的信息构成 Q 集群。斯蒂芬森（Stephenson，1980）在临床研究中利用该方法发现，治疗师的 Q 分类显示出的患者的观点，根本不同于患者自己的 Q 分类所显示的观点，治疗师的客观观点往往与患者的主观观点完全不同。

斯蒂芬森指出，临床情境中的这种发现在调整治疗者与患者关系和治疗过程方面应该是非常重要的。但遗憾的是，在国内只有于曦颖等人（2010）对Q方法的内容作过简单概述，冯成志等人（2010）对Q方法在国外临床研究中的应用作过简单介绍，暂时还没有研究者使用Q方法对某一具体心理现象进行研究。

Q方法作为一种心理学方法论的主观性变革，它不仅仅是另一种获得等级评定的方法，它不同于科学心理学传统上的R方法，也不同于纯粹定性研究的主观性阐释。Q方法是一种能够借助分类陈述和各类别的因素分析进行客观沟通的行为，传统统计方法（团体平均数）既迫使被试进入实验者的模型，而不让被试表达自己的观点和看法，又遮蔽了个体的所有主观性，而Q方法却揭示了每个个体共有的观点，但又不共享各人不同的联合想法。因而，Q方法看起来更像是一种技术而不是方法论，尽管心理科学领域中的研究技术已经获得巨大发展（如，认知神经科学中的ERP、fMRI等），但那些技术仍具有不可忽视的局限性，对主观性来说，非常需要像Q方法这样兼具主观性和客观性的手段来进行平衡。受到Q方法的启示，心理学领域近年出现的元分析技术，尽管被称为一种定量方法，但明显具有主观性的倾向，它是一种对分析的分析，借助统计方法，针对同一问题的大量研究结果进行综合分析与评价，从而概括出其研究结果所反映的共同效应，即普遍性的结论。与此同时，随着近年现象学心理学、人本主义心理学、后现代主义心理学等一批强调主观性理论的发展，心理学研究的主观性正不断受到重视，相信随着心理学探索人类心理的深入，主观研究方法应该会拥有与客观研究方法等同的地位。

第四节　心理学方法论的转换与建构

科学的发展和进步依赖于方法的变革，当方法上升到方法论的高度时,它就不再是一种单纯意义上的方法,而是具有了哲学反思性、具体科学指导性以及现实实践性的特征,这三种特征也构成了方法论的三个逻辑层次。哲学方法论从哲学的高度对科学进行科学反思与指导,一般科学方法论包括老三论(系统论、信息论、控制论)、新三论(耗散结构论、协同论、突变论)和新新三论(相变论、混沌论和超循环论),这些横断科学在一般科学层次上对科学理论和方法间接产生影响。具体科学方法作为方法论的第三层次,是实实在在与科学相关联的,在具体层次上的方法拓展与创新,直接影响了理论、技术和方法的革新与进步,直接促进方法论的进步发展。在以上三个层次上的发展才是科学方法论的发展,可见,方法论直接决定着科学的发展方向,决定科学理论的建构,决定着具体科学研究方法的形成,同时它具备的哲学反思性、科学指导性和现实实践性又反作用于方法论本身,促进其进一步的提升。

心理学作为一门科学,但自1879年诞生以来,始终未形成统一的科学观和统一的方法论,方法论的不统一和分裂直接阻碍了心理科学的发展与进步,最直接的表现就是科学主义心理学对心理学的统治,压抑了各具形态的方法论的发展,进而加剧了当代心理学的分裂。心理科学需要发展,根本核心在于科学方法论的拓展和变革,当一种方法论可以将心理学内部分裂消解的时候,那么心理科学离统一也就不远了。那么,从心理学发展的历史来看心理学方法论的发展,我们可以看到心理学方法论随着科学哲学转向已经发生的转变,这种改变将方法论发展成为一种由现代主义向后现代主义的转变,它已经在消解传统科学标准的基础上,向前迈进了一大步,尤其是社会建构论作为后现代哲学的代表,在一定程度上消解了心理学内部的分裂之势。

一、心理学方法论的主体建构与转换

(一)实证主义范式向建构主义范式转换

一个世纪以来,实证主义研究范式和评价标准在心理学科中成为难以动摇的科学研究纲领,这与心理学这门学科的不成熟有很大关系(霍涌泉,王传东,2009)。在对自然科学传统研究范式的殷羡下,科学主义心理学完全倾向了这位"科学标兵"。传统科学方法论是以物理主义的世界观和实证主义方法论为基础的,物理主义世界观和实证主义方法论直接构成了现代科学主义心理学的基本假设。科学主义心理学认为,心理现象是通过感官或借助感官的延长工具可以客观把握到的,只有感官把握到的才是客观的、真实的,否则是虚假的。这就是科学主义心理学彰显的客观主义立场。尽管冯特在建立心理学之初创建了个体的实验心理学和文化的民族心理学,但是后期发展中,实验心理学占据了主导地位,成为心理科学的立法者,它的研究方法是实验内省,利用实验的客观性改造基于主观的内省,虽然在一定程度上是一种进步,但仍被后来的研究者因其主观性而将其取缔,建立了彻底的实证主义的科学心理学。以孔德、马赫、卡尔纳普、波普尔等为代表的三代实证主义在科学心理学方法论上的功绩是不可否认的,但是这种基于自然科学性质的物性研究方法论,究竟是否适合基于人文科学性质的人性研究,是当代理论心理学讨论的焦点之一。

格根(Gergen,2001)指出,心理学理论研究的最大挑战是需要从实证主义传统中解放出来。在科学主义心理学局限性进一步凸显的今天,世界哲学的文化哲学转向和后现代主义时代的来临,为科学主义心理学提出了方法论的挑战。社会建构论是当代西方心理学中的一股重要学术思潮。它认为,知识不是一种科学发现,而是一种社会建构。知识的生产过程不是个体理性决定的,而是一种文化历史的过程,是社会协商和互动的结果。社会建构论心理学是从理性重建到社会建构的范式转换,从实证主义到社会建构论的范式转换。社会建构论清算在知识界占统治地位的标准科学观,质疑那种坚持逻辑与证据的科学合法性、理性主义与客观主义的科学观。它认为,所有的知识不过是人们认为是知识的东西,人的因素、社会的因素对于知识的形成、知识的界定等的影响不容忽视。从社会建构论的观点来看,知识不是对实在的映照或反映,理论也不是经验事实的抽象和概括,而是一种社会建构(叶浩生,2007)。知识具有建构的特性,心理学的概念和理论、定律和结论都具有协商和建构的性质。因此,社会建构论逐渐解构了科学主义心理学的实证主义路线,它以一种社会建构的主体性取代仅仅注重依赖和重客体性的客观物性研究,这在今天的心理学方法论发展中无疑是一种进步,这种进步性体现启示我们,心理学的研究既要体现客观物性,更要体现主观人性。

(二)个体主义向集体主义转换

叶浩生(2004a)认为,科学主义心理学在方法论上体现一种个体主义取向,这种取向根植于西方传统的神学与宗教传统,为了摆脱宗教神学的控制,西方社会赋予了个体的理性、个体的心灵以至高无上的地位。认为人的心灵是理性的和独立的,是一个受自主能力控制的领域,可以进行细致的、有意识的观察和理性的思考。这种个人理性至上的信念逐渐发展成为西方文化的个体主义倾向,给心理学带来深刻影响,导致个体心灵成为心理学的首要研究对象,个体的研究者成为知识真理性的判断标准。从心理学发展的历史来看,冯特的内容心理学和铁钦纳的构造心理学都以研究个体心灵的组合规律为己任。行为主义心理学也未能跳出个体主义的视域,将心理科学发展成为研究个体外显行为的"无头脑"的科学。完形心理学虽然将整体心理视为心理学的研究对象,但是其假设仍旧建构在个体主义文化土壤中,张扬的是个体理性的至高无上。人本主义心理学虽然将主体心灵视为心理学研究的重点,但是仍旧没能从社会性的视野出发,仍将个体心灵假设为个体理性的价值和潜能的提升。认知主义心理学一只脚踏进了行为主义心理学而一只脚踏进了意识心理领域,突出个体的心理与行为机制的探讨而缺乏根植于历史文化中的人的社会性的研究(张海钟,姜永志,2011,pp.24-43)。可见,在心理学的发展历程中,无论是自然科学取向的科学主义心理学,还是人文科学取向的人文主义心理学,缺失的都是社会性心理的探讨,这也必将使心理学研究脱离历史文化根植性,缺少人的主体性文化属性的探讨,肢解心理的社会生成性。

社会建构论心理学,继承社会建构论的传统,它认为社会建构者与社会建构物之间是社会建构的循环,建构主体和客体是社会性的,建构过程是社会过程,被建构物折射建构主体的意志和追求。因此,社会建构论倡导的是一种集体主义方法论原则或群体主义的社会认识论。格根(Gergen,2001)指出:"社会建构论虽有不同形式,但一个共性的观点是,某些领域的知识是我们的社会实践和社会制度的产物,或者相关的社会群体互动和协商的结果。"它强调哲学认识的社会性或群体性,方法论的集体主义原则。而这种集体主义方法论取向则体现在建构科学方法的主体是社会性的和集体的而不是个人的,科学方法的建构过程不仅是心理过程,也是社会过程,它涉及集体合作、沟通、协商、争论、妥协、折中、共识等。因此,被社会建构起来的科学方法也不仅是一个具有逻辑贯通性的真理体系,也是一个充满异质要素甚至逻辑悖论的集合体。格根(Gergen,1985)也曾指出:"我们用以理解这个世界的术语都是社会性的人工产品,是特定历史时期人们交流的产物。从建构论的观点来看,理解过程并不是由自然力量自动驱动,而是处于关系中的人们积极合作的结果。就这一点来说,我们需要考察关于这个世界的各种形式建构的历史和文化基础。"可见,传统心理学方法论无论在理论体系建构、方法论自身建构、心理学观的建构还是关涉研究对象转换,始终都未跳出西方文化的单一视野,这种视野规约了个体主义研究取向,将心灵根植于单一个体主义文化圈,个体主义的强调和集体主义的缺失,将心理学引向缺失历史文化的社会语境的境地,而削减了心理学作为科学的科学地位。而当代社会建构论心理学昭示出的集体主义取向,则将心理学研究方法论从个体主义的单一语境,引向了关涉历史文化的社会语境,从研究对象的客观实在性引向了主体心理的建构生成性,强调心理的关系性存在,这突破了科学主义心理学客观主义实在论的统治,开拓了科学研究方法论的视野。

(三)价值无涉向价值涉入转换

价值涉入问题一直是科学主义心理学避而不谈的问题,从自然科学中直接继承的这种价值无涉或者价值中立传统,曾一度给科学心理学带来了无尽令人瞩目的辉煌成就。自然科学作为研究客观物性的科学,将物理世界作为研究对象,物理世界的客观属性决定了遵循主体的价值无涉是必要的。心理科学作为研究人类心理的人性的科学,关涉到了主体的价值取向问题,究竟心理学研究是不是价值涉入的科学,构成了百年来心理学理论争论的焦点之一。科学主义心理学追随的物性心理研究根植于这样一种本体论假设,即科学心理学同自然科学一样,寻求一种本体论实在,认为物理世界的现象背后有一个终极的本体实在,这个实在我们可以通过价值中立、价值无涉的研究发现其本来面目,这种本质是抽象、普遍的和共有的规律,任何科学的目的都是发现这样一个终极本体实在去加以认识。自然科学存在一个物理实体,而在心理学中存在这样一种"精神实体",心理学的目的就是发现这样一种"精神实体",发现这种实体我们就可以有效地预测和控制人的心理和行为。在这种对精神本体的追问中,心理科学遵循客观主义、还原主义和价值中立的立场,夸大了精神本体对心理学研究的意义。从客观主义出发就导致了主体性的缺失,从还原主义出发就导致了人性的物化,从价值无涉出发就导致了客观主义的强势话语统治心理学。

然而,后现代语境中,心理科学的价值涉入问题和价值无涉问题的争论有了新的进展。在建构主义眼中,知识不是价值中立的主体采用客观的方法所作的发现,而是在社会生活的互动过程中,在人际交往中协商、会话和建构出的一种社会约定,即知识不是罗蒂(Richard Rorty)的"自然之镜",它不是客观地存在于某个地方,等待着我们去发现和证明的东西,也不是一种经验事实的概括和归纳。知识是我们建构和约定出来的。格根持同样的观点,他指出:"或许由建构论对话产生的最富创新性的观念就是,那些我们视为有关这个世界和我们的自我的知识实际上起源于人类的各种交互关系。"(叶浩生,2008b)解释学大师伽达默尔(Hans-Georg Gadamer)认为,理解不只是历史的,同时也是现代的,是历史与现代的沟通。理解不仅以前理解为基础,还应对当前的可能性作出未来的筹划。因而,当解释者以自己的视域去理解文本时,就出现了两种历史视域的对立,只有把这种对立融合起来,把历史的视域融合于现代的视域中,构成一种新的和谐,才会出现具有新的意义的新理解。任何一个文本只有他们与人的理解相结合时才具有活生生的意义,离开了人的理解就没有真正的意义。可见,无论是格根的社会关系中的自我,还是伽达默尔建立在前理解上的文本理解,都是在主体价值定向基础上才有意义的。从语言视角出发，社会建构论者认为语言是唯一的社会实在，其意义依赖于语境，语言规约着文化生活的模式。库恩的范式论对心理学的影响在于心理存在于学科共同体之间的语言沟通、协商之中，学科专业术语是对话、沟通和协商的结果，其来自语言的前结构，被随后普遍化为科学事实，因此心理学研究要从个体理性语言转向公共理性语言，从价值无涉语言转向价值涉入语言。叶浩生（2009a）认为，理论作为一种社会建构既然带有明显的文化历史特征，那么价值观念和意识形态必然影响理论的建构。心理学方法论的建构性也必定是为了符合某一集团的利益和价值取向。因此，心理学研究主体的价值涉入，其实是充分发挥主体"觉"的功能，没有主体性参与建构和理解的科学语言、科学理论和科学方法对人来说都是虚无缥缈和没有价值的，主体性的心理学在建构主义眼中就是价值涉入的科学，在社会历史和关系视域中存在的心理也必定是关涉价值的科学。这一转换开启了关于人类心灵的主体性研究，突破了心理科学客观主义的话语霸权，有利于心理学的多元发展。

（四）主客二分的思维向主客超越的思维转换

以往的心理学家认为，主观研究取向是与客观研究取向相对立的研究传统，但是它们忽略了西方人文主义心理学所根植的文化土壤，无论是实证的主流的科学主义心理学还是人文的非主流的人文主义心理学，它们都没有放弃主客二分的思维形式，既然区分了主观，那就必然承认了客观，实则还是将心灵作为分离的异己来进行研究，当代西方心理学仍未能摆脱二元思维分离的本质。

心理学客观研究范式有两个根本目，一是建立一种普遍适用的实证科学，二是建立一种严格意义的实证科学，这种客观研究范式确实给心理学研究带来了科学的地位，揭开了人类心灵的神秘面纱，操作主义使人类心灵越来越具有可操作化，提供了客观揭示和理解心灵的方式方法和有效的干预技术，合理地揭示了人类心理的一个侧面。但是，这种客观研究范式所坚持的主客分离的思维模式没能完全地阐释具有自觉能动性的人类心灵主观性，它将心理学的研究对象——人的心理与行为视为自然物一样的认识客体,主张主体与客体的截然分离,物理主义的世界观,方法中心论的科学本质观,自然科学取向,客观主义,还原主义的研究原则,因果决定论的心理学解释框架等是其根本特征(车文博,2010,pp.1-5)。因而,这种客观研究范式的自然还原主义导致人性的物化,客观主义导致主体性的迷失,主客二分研究范式限制了心理学的视野,也阻碍了心理学进一步发展。

主观研究范式的心理学研究传统充分彰显了人的主观性,突破了客观研究范式以物为中心的科学主义心理学方法论。作为心理学的生存依据与存在价值的载体,在客观主义研究范式下,人在心理学庞杂的内容下要么成为机器,要么沦为动物,要么变成了神,人被割裂与分解,而主观研究范式则使人的主体真实性得以恢复和彰显,从物性的研究恢复到了人性的研究,体现了存在的价值。但是,主观研究范式以本质直观的内省为研究方式,通过自我意识的内省达到对心理的认识与理解,也很容易陷入主观的心理主义,退回到古老哲学的思辨与内省。它虽然强调对自我意识的本质的直观,但仍缺乏确证性和普遍性,这一点是实证主义心理学最受抨击的软肋。西方的个体主义文化使人文主义心理学过分关注个体,极易忽视整体性,另外,人文主义心理学追求的自我实现的价值也是一种似本能的东西(彭运石,林崇德,佟冬英,2006),极易陷入本能还原论。其实,人文主义的主观研究范式虽然恢复了人的主体性,将人的存在和价值推向了极致,但仍未能摆脱主客二分思维的束缚。主观研究范式恢复的只是心理学研究对象对人性的关注,但仍旧从主体对人性这一客体的认识为出发点,从自我中将人性分离出来,人性在一定意义上说就是客观存在的,只不过主观研究范式者眼中所理解的是主体对主观性的认识。尽管他们自称已经超越于客观研究范式,但却又走向了另一个极端。

杨莉萍(2003a)认为,在建构论者眼中,在认识论上的社会建构论是无主客体的,是相互建构生成性的,是对主客体二分思维的消解。心理现象既不是起源于外来客观的,也不是起源于自身的图式或范畴的主观。相反,心理现象是建构出来的,是特定社会文化的话语建构物。心理现象只存在于人际互动的话语交流中,离开了社会互动,离开的话语,就不存在什么心理现象。心理现象的建构依赖于唯一的语言实在,语言是心理学的核心,它被许多社会建构论者认为是唯一存在的现实。心理被视为一种文化的创造物,一种被话语塑造的副现象。只有话语是真的,任何其他的事情都相对于话语。建构论者还否认语言的镜像功能,主张语言并不是中性的载体,而是具有社会建构的特征。因此,社会建构论的话语现实并不是我们通常所理解的"客观的现实",而是"经验的现实"。社会建构论的"现实"是统一了主客体的"生活现实",而不再是与主体相对立的"客观现实",它对主客思维框架的超越对现代心理学具有重要的方法论意义。这种意义还在于它不从主体和客体的视野出发研究心理现象,认识论上对主体和客体,主观和客观的解构和消解,注定了社会建构论的主客范式的超越。无论是从传统心理学客观研究范式出发,还是从主观研究范式出发,心理学研究注定都忽视了社会历史文化的维度,都将"精神实在"作为原本存在的本体,没有在语言前结构的语境中来揭示人的心理的意义,这种缺失社会性的心理建构依然重复的是客观主义、还原主义、个体主义的基本原则。可见,社会建构论的视野消解了心理学主客对立的研究范式,从主客二元思维对立,到无主客的主客思维消解,都是心理学研究范式的进步,进步的意义在于提供了一种主客二元对立思维转换的框架。

二、心理学研究对象的重构

　　心理学研究方法论的扩展性探索,必定不能缺失对心理学研究对象的探索与扩展,心理学研究对象的发展与变化,始终是心理学科学观和方法论关注的重要方面。纵观心理学发展历史脉络,我们看到的是科学实证主义心理学眼中的心理学研究对象观。由于心理科学中的科学主义心理学始终以一种逻辑话语和理性思维支配心理科学,从心理学产生到相对成熟的百余年内,心理学的逻辑理性也发展到了极致(孟维杰,2011)。物理主义的世界观和实证主义的方法论在理性的时代里,给自然科学带来的辉煌无人可以抹杀,其对研究对象——物理世界的把握是极其到位的。但是,在逻辑理性话语的时代里,心理科学自身并没有认清楚自己的研究立场,没有明确区分出心理世界或精神世界与物理世界的关系,在接纳了物理主义的世界观后,将自己按照科学标准划为科学主义阵营,按照实证的科学标准进行人性的研究。葛鲁嘉(2008)认为这种划分直接分解了人性,将具有"觉"性质的人性看作是没有"觉"性质的客体进行研究,脱离心理的本质来谈研究心理其实是很荒谬的。

自然科学世界观认为,世界原本存在一个抽象的、普遍的本体实在,科学的目的就是发现隐藏在现象背后的终极本体,自然科学的本体就是物理实在,它就放在那里等着人去发现,而心理现象也有本体实在,它就是精神实在,它也在那里等人去发现。从心理科学的历史来看,冯特的内容心理学和铁钦纳的构造心理学实质上是遵循价值无涉和还原论的原则,将心理学研究对象视为发现心理元素的组合规律,实质是化学还原论;精神分析心理学将心理学研究对象集中到潜意识领域,然而潜意识却不过是性本能压抑和升华的表现而已,它遵循的是生物还原论;行为主义将心理学研究对象视为外显行为,然而外显行为最终都可以还原为刺激-反应,最终陷入物理化学还原论和生物还原论;人本主义心理学追寻的是个体内部自我价值和潜能的实现,实质是将生物本能视为心理学研究对象;认知心理学将心理学研究对象视为模拟计算机的信息加工过程,将信息加工过程视为精神实在的发现过程,不可避免地陷入物理还原论。纵观心理学发展历史,都将心理学研究对象还原为一个可以发现的客观本体实在,这种精神实在的客观性,将心理学"觉"的主观性彻底埋没,就算是以研究主观性见长的人本主义心理学也没能跳出客观主义的范畴。

从社会建构论的角度看心理学的研究对象,就会发现那些被认为是精神实体的心理现象(如态度、情绪、记忆、思维、人格等)并不存在一个本体论的基础,所以社会建构论强调了历史性、情境依赖性和与人类活动相关的所有现象的社会语言构成特性。人的心理是社会性、生成性的,是关系中的存在,它通过话语的公共实践获得。心理现象也并不是独立存在的精神实体,它的存在依存于建构它的话语(况志华,2007)。

心理学的理论话语与心理现象之间的关系也并不是理论反映了精神实在,而是理论话语建构了这些实在。因而,从心理是社会的建构这一观点出发,它反对把心理现象当成精神实在,认为不存在所谓的真理,一切都是特定历史文化的社会建构,所谓的心理现象并不是一种内部实在,而是一种话语形式,作为一种话语形式,心理现象不存在于人的内部,而是存在于人与人之间,存在于社会互动的人际交往过程中。既然心理是语言的建构,而语言又并不是对客观实在的中性反映,而是一种根植于特定历史文化中具有文化负载功能的现象,那么心理学研究对象一定也根植于特定的历史文化,或者说心理其实就是文化的建构(张海钟,姜永志,2010b)。可见,一方面,社会建构论将心理现象的客观实在性解构为社会历史文化的建构性,将心理学研究对象的性质彻底改变;另一方面,社会建构论强调的心理的语言建构性,为我们重构了具有历史根植性和文化属性的心理学研究对象观。

三、社会建构论能否整合心理学的分裂

心理学自独立以来就有两种传统,一种传统是实证的科学主义心理学,另一种是文化和民族的人文主义心理学。科学主义与人文主义的对立与统一构成了现代心理学的独特景观。尽管两种心理学传统都有效地揭示人类心理的一部分,但是未能揭示完整的真实的心理。这种不完整和缺失伴随心理学发展,而给心理学带来的就是分裂和不统一的危机。心理学的不统一在本质上其实就是科学观的不统一,科学观又关涉到心理学的方法论,而心理学研究对象的扩展是心理学方法论不可回避的问题。当代心理学的科学观是自然主义的科学观,它采纳的是物理主义的世界观和实证主义的方法论,这在根本上限制了心理学的发展。斯塔茨就曾希望统一心理学科学观于实证主义方法论,显然这种将科学观统一在一种实证主义的观点很难实现。也有学者主张建立大心理科学观,包容所有可能的心理学理论、观点和方法,开放实证主义的边界,建立大心理学观,但是寻求一种包罗万象的心理学理论建树却没有那么容易。

而后现代主义的冲击,却实实在在给心理学的两种传统带来了冲击,后现代主义的代表社会建构论在反基础主义、反本质主义、反个体主义、反主客二分的立场上,以心理是社会话语的建构的观点,为心理学统一开辟了一条路径。这种建构论的立场既消解了科学主义心理学也消解了人文主义心理学的本体论、认识论和方法论,使心理学不再建立在物理主义的世界观和实证主义的方法论之上,也不建立在主观主义和现象学-存在主义的方法论之上。它关涉的是人的关系的存在,不在于是主观还是客观的,关心的是人性所根植的社会、群体、历史、文化的话语建构,一切都不过是特定场域下语言的建构,因此,社会建构论立场的心理学在方法论上的独特视角,有可能消解科学主义心理学和人文主义心理学的内在矛盾和冲突,将心理学的发展引向一个真实反映个体生存环境的心理场域。

第四章　理论心理学研究逻辑体系论要

　　哲学与科学心理学有着天然的关联,作为科学心理学母体的哲学,它的每一次演进和发展都将推动科学心理学的发展。作为科学哲学组成部分的近代语言哲学、人工语言哲学和日常语言哲学的语言学转向,启发科学心理学由实证主义心理学向常识心理学转变,注重关心人类心灵的主观性、常识性,试图挽回实证主义心理学给心理学带来的心灵的物化和人性的缺失。通过对心理学史的分析,我们发现基于哲学的心理学的发展遵循着一条横向维度与纵向向度相互交叉的逻辑主线来演进的。横向维度包括实证主义与人文主义立场及其原则,即客观与主观、还原与生成、机械论与机能论、理性与非理性等。纵向向度包括意识向度、行为向度、机制向度和意义向度。两个横向维度和四个纵向向度共同构成了心理学发展的历史。对两个维度和四个向度的内涵及关系的澄清,将为未来形态心理学发展提供本体论、认识论和方法论上的支持。

　　尽管遵循哲学发展的脉络,我们能够把握其发展轨迹,但是心理学理论研究发现,现代心理科学不仅在研究对象上存在着分歧,而且在理论和方法论取向上也是四分五裂,以致很难用一种逻辑标准将各种理论体系进行归类。西方心理学大多数采用的是时间逻辑分类标准,将理论体系的发展变化通过时间线索呈现,这样的理论分类虽然能帮助我们理顺理论流派的发展脉络,但我们往往因无法比较而抓不住各理论流派的主要特征。近年西方理论心理学界提出以因果关系逻辑为标准的理论分类体系,将心理学理论分为机体中心论、环境中心论、社会中心论和关系中心论,这种标准容易混淆某些相近的理论,出现理论的多向归属和无归属现象。我们提出以内容特征为指向的分类体系,包括意识中心倾向、行为中心倾向、机制中心倾向和意义中心倾向。这种分类标准能部分弥补因果关系分类体系和时间逻辑分类的不足。而进一步开发出能够适应理论快速发展变化的理论分类体系将成为未来理论心理学的研究领域之一。

基于以上问题,我们进一步认为,心理学能够从对实证资料积累的追求中解放出来,转而注重学科自身的理论反思与理论建构,是心理科学逐渐走向成熟的一种表现。随着西方理论心理学的崛起,中国心理学理论研究也逐渐得到重视,出现很多有价值的理论成果,但在心理学元理论和实体理论的建设上,我们仍旧过度依赖欧美心理学,原创性的元理论和实体理论几乎没有。在研究规模、研究领域、研究水准、研究方法乃至研究从业者数量上的差距也使中国理论心理学发展显得步履维艰。然而,西方理论心理学的崛起却可以给中国理论心理学发展带来重要启示,在建构中国理论心理学的过程中,要积极对国外理论心理学的理论思维和理论研究方法进行筛淘,加强原创性的理论建设,处理好理论与实践、引进与创新、反思与建构的关系。

第一节 理论心理学研究体系与哲学的关系

心理学与哲学从来都是不可分割的,现代的科学心理学的发展与现代哲学不同历史形态的演进有着绝对的和必然的关联。科学的心理学作为一门独立学科的出现,公认的是以1879年冯特建立世界上第一个心理学实验室为标志的,那么为什么科学界要以实验室的建立为学科独立的标志,而不是以心理范式的形成为标志,个中缘由需要到科学哲学中去寻求解决之道。

心理学在独立的一百三十年间就曾与哲学有过附属或依附时期,有过互相漠视的排斥时期,有过唇齿相依的合作时期,也有过相互借鉴与发展的共生时期(葛鲁嘉,2009)。在科学心理学没有独立之前,它更多的是依附于哲学形态的心灵哲学中,对人类心灵的性质功能进行思辨或猜想,在哲学的追问中,哲学家非常关注心理问题,不断探讨人类心理的基本性质、主要构成及活动方式,这种心理学在历史上存在了相当长的时间,并且是历史上对人类心理最具有影响的解释和界说。在科学心理学独立初期,为了维护一门学科的科学地位,心理学割裂了与哲学的关联,排斥任何与哲学有关的心灵思考,同时也割裂了自己与丰富哲学资源的关联。但是,心理学终究与哲学有着斩不断的关联,其理论建构不得不到哲学中寻求答案,因此不得不回头重新审视他们之间的关系,进而与哲学进入了合作时期。随着科学哲学的语言学转向及心理学科学化进程中局限性的凸显,哲学再次成为心理学寻求依靠的港湾,同时哲学的转向也必然求助于现代科学心理学的发展,由此进入哲学与心理学的共生时期。心理学的演变与哲学关系的演变,在每一个阶段都会引起学科的巨大转折,或是理论建构,或是研究对象,或是方法论。这种转变仍旧脱离不开心理学研究的资源和土壤——哲学。

一、理论心理学研究与语言哲学

哲学与心理学的关联在心理学作为一门真正的科学诞生的过程中,始终都扮演着重要的角色。科学哲学尤其是语言哲学与心理学的关联,既是现代科学心理学的哲学逻辑起点,也是现代科学心理学根植的历史文化资源,它们共同形成了科学心理学发展的历史脉络。语言哲学是以弗雷格的"逻辑是哲学的出发点"这一命题的提出为标志的,语言哲学的出现是现代逻辑产生的直接后果,现代逻辑为语言哲学的诞生提供了有力的思想工具。在一定意义上说,没有现代逻辑,就没有20世纪的语言哲学。以弗雷格为开端的语言哲学又可称分析哲学、人工语言哲学或形式语言哲学。现代科学哲学之前的哲学之所以不可称为语言哲学是因为,哲学的任务不是对科学语言的逻辑分析,语言的意义问题并没有被哲学家关注。如以孔德为代表的实证主义哲学的第一代,关注的是经验，认为认识只局限于经验范围，任何经验范围以外的现象都是不存在的，如物质与意识、主观与客观等，探讨的主要是经验的感官实在性，真理就是经验之内的感知。穆勒则用联想主义的心理学观点否认因果性规律的客观性，人产生客观规律的观念是由心理的联想引起的。实证主义的第二代马赫主义用世界要素说"中性的一元论"消除了唯物主义和唯心主义的对立。

实证主义的第三代开始了语言哲学的转向，形成了科学哲学的语言学研究传统，人工语言哲学就是实证主义的第三代。而它的创始人正是上述的弗雷格，弗雷格是逻辑主义哲学和分析哲学的创始人，他的哲学思想不仅对逻辑原子主义有较大影响，而且对逻辑实证主义、批判理性主义、日常语言哲学、后期语言哲学都有重大影响。弗雷格与罗素的逻辑原子主义是整个西方世界逻辑哲学的起点，它们为语言冠以科学之名，认为哲学就是对科学的语言进行分析的过程。他们在自己整个思想发展的过程中，始终坚信这样一条基本原则：哲学的主要任务就是对语言的逻辑分析。所谓"逻辑分析"，简而言之，就是以现代数理逻辑为工具，着重从形式方面分析日常语言和科学语言中的命题，以求得出准确的哲学结论（罗素，1990，pp.50-63）。

在弗雷格、罗素和后期的维特根斯坦等人的语言分析基础上，诞生了真正的人工语言哲学流派——逻辑实证主义和批判理性主义或证伪主义。逻辑实证主义的主要观点直接影响到近代自然科学，也直接影响到科学心理学的发展，它们是科学心理学的最主要来源之一。逻辑实证主义的两个根本命题构成了现代科学主义心理学的哲学基础，一个是经验证实原则，另一个就是综合命题或综合真理与分析命题或分析真理绝对区分的原则。以卡尔纳普、赖欣巴哈和亨普尔为代表的逻辑实证主义继承了罗素和维特根斯坦的逻辑原子主义思想。他们也认为，科学哲学的任务是通过对语言的逻辑分析，从科学中清除掉没有意义的论断和伪命题，为有意义的科学论断提供理想的逻辑结构，从而避免一些无意义的形而上学问题的争论。因而认为，科学哲学的中心问题是意义问题。这一命题与经验证实原则密切联系，经验证实原则是一个主观经验主义的原则，其出发点是知识依赖于经验，一个命题是否有意义取决于该命题表示的经验内容能否被经验证实或证伪，只有能够被经验证实或证伪的命题才是有意义的，否则毫无意义。他也同时认为科学是由综合命题和分析命题构成的，综合命题是表述经验事实的命题，分析命题是表述逻辑句法关系的命题。与两类命题对应的是两类真理：综合真理和分析真理。综合真理是被经验事实证实的真理，分析真理是符合逻辑句法的真理。认为综合真理是或然真理，原因是综合真理来自经验事实的归纳，归纳是由过去推知未来，个别推知一般，有限推知无限，因而只能给人或然知识，不能给人必然知识，因为过去经验的重复不能保证今后的重复。分析真理是必然真理，是因为分析真理只表述逻辑关系而不表述事实。虽然赖欣巴哈和亨普尔在某些方面的表述与卡尔纳普有差异，但是基本都持有这样一种语言的逻辑分析观点。

批判理性主义与逻辑实证主义是两个姊妹流派，许多人把批判理性主义认为是逻辑实证主义内部的一个支派，批判理性主义与逻辑实证主义的产生背景相同，都反映了当时哲学上的自然科学的特点。但二者的区别在于，逻辑实证主义是现代物理学和数学化逻辑化的特征在哲学的反映，批判理性主义反映的则是现代物理学发展的否定性或证伪性。在反归纳主义基础上，认为科学理论或命题不可能被经验证实，而只能被经验证伪，这就是经验证伪原则。他认为，经验虽不能通过证实个别命题而证实科学的普遍性理论，但却能通过证伪个别命题而证伪科学的普遍性理论。而在科学划界标准上，波普尔认为科学与非科学的划界标准不是经验证实原则，而是经验证伪原则，一切知识命题只有能够被经验证伪的才是科学的，否则就是非科学。这里的可证伪是指逻辑上的可证伪，凡是在逻辑上可以被经验证伪的命题或理论都是科学理论。因此，波普尔的批判理性主义理所当然地成为科学主义的一个哲学基础。物理主义在一定程度上来源于波普尔的观点，他承认客观物质的存在，承认客观规律的存在，在证伪的立场上与逻辑实证主义遥相呼应，共同构成了现代自然科学的哲学观。心理学作为极力模仿自然科学的新兴学科，用黎黑所谓的"物理学妒羡"以保证自己科学名分的虚荣心下，直接承载了自然科学这种物理主义世界观和方法论来研究不同于物理现象的人类心灵(黎黑,1998,p.28)。

物理主义世界观和实证主义方法论直接构成了现代科学主义心理学的基本假设。科学心理学认为,心理现象是可以通过感官或借助感官的延长工具客观地把握到的;只有感官把握到的才是客观的、真实的,否则是虚假的。这就是科学主义心理学彰显的客观主义立场。尽管冯特在建立心理学之初创建了个体的实验心理学和文化的民族心理学,但是后期发展中,实验心理学占据了主导地位,成为科学心理学的风向标,它的研究方法是实验内省,利用实验的客观性改造基于主观的内省,虽然在一定程度上是一种进步,但仍被后来的研究者因其主观性而将其取缔,建立了彻底的实证主义的科学心理学。如行为主义把只有能用工具或感官所把握到的行为作为心理学的研究对象,而抛弃意识研究,将心理现象理解为一种物理和化学刺激,引发另一种物理和化学的反应,这种以人工语言哲学为哲学基础的论调,肢解了人的心理,将人的意识排除在心理学研究之外,形成自20世纪心理学中近半个世纪的"无头脑的"心理学研究。

作为20世纪盛行半个世纪的主流心理学,行为主义直接采纳了自然科学研究的主张,物理主义世界观是有关世界图景的认识,实证主义是获取科学知识的唯一有效途径。在心理学研究中就构成了对心理现象的物理理解和对心理学研究方式的实证主义方法中心论。但是这种心理学研究忽视了这样一个重要问题,那就是人类的心理与物理现象既有根本相同之处也有绝对区分之处,相同之处在于人类的心理与物理现象一样是属于自然的已成的存在,区别之处在于人类的心理具有"觉"的性质。所谓觉就是人类的心灵具有自我觉知、自我理解、自我建构的自我意识,它受个体主观性的影响和制约,不同于物理主义所认为的物理现象。物理主义的世界观和实证主义的方法论,作为研究没有思想和意识的物理现象来说是成功的,取得了自然科学研究的突出成就,但是,因为心理的"觉"的复杂性质,决定了不可能用这种方式加以研究,其根本局限在于肢解了人类的心灵,无视心灵的性质,脱离了日常生活,成为了空洞的学术研究,因而不可能揭示人类心灵的全貌,而只能揭示人类心灵的一部分(葛鲁嘉,2002)。正因为人工语言哲学过度重视对语言的逻辑分析,过分倾向于采用经验证实或证伪的方法,过度依赖于逻辑的经验还原,而使哲学脱离生活,导致语言哲学内部的分离,因此就有哲学家认为解决问题的根本在于建立日常语言哲学而补充人工语言哲学。

二、理论心理学研究与语言哲学的发展变化

作为近代科学哲学影响较大的日常语言哲学和逻辑实证主义思想都源于英国新实在论的摩尔和罗素。日常语言哲学的直接思想来源于摩尔,摩尔主张通过常识的观点来解释语言的意义,这种观点得到维特根斯坦的继承和发展。逻辑实证主义与日常语言哲学都是语言哲学,都属实证主义,是实证主义的第三代。他们都断言讨论经验范围以外的问题是形而上学的,都主张对语言进行分析。由于逻辑实证主义属人工语言哲学,它反对日常语言哲学,认为日常语言含糊,逻辑混乱,他是造成表述不清的形而上学问题的根源,主张放弃日常语言,仿照数理逻辑,创造人工语言哲学,只有使用这种语言才能消除科学表述中的含糊和歧义,彻底清除唯心主义与唯物主义的对立和形而上学。逻辑实证主义的这种主观经验主义的主张在理论上遇到了很多无法克服的问题,日常语言哲学就是试图克服这种困难而另创的一种实证主义语言哲学。他主张日常语言是完善的,称为日常语言哲学,认为形而上学的根源不在于日常语言本身,而在于人们没有正确地了解、使用日常语言的规则和方法,错误地使用了日常语言,还认为,日常语言与生活密切相关,远非人工语言所能替代。

维特根斯坦则是日常语言哲学的集大成者。他认为,语言是与人的活动不可分地联系着的,对于现实中使用的语言是不能抽象地作出普遍释义的,语言不是静止的逻辑构造的产物,只有将语言与人的活动联系起来才能理解语言的意义,因此应该不问意义,只问用途。他还把语言比喻为游戏,语言游戏必须遵循游戏规则来进行,而且强调语言的社会性,反对语言的私有性。同时把语言比作工具,离开语言的日常使用,孤

立、静止地去考察语言及其语词的意义,是不会有正确理解的,工具只有在使用中才有意义。因此,只要能够根据不同语言游戏规则正确理解运用语言,就不会给人们理解上带来混乱。英国哲学家赖尔受逻辑实证主义的影响,后转向语言哲学并发展了维特根斯坦的后期思想,认为传统哲学的形而上学根源在于错误地理解和使用日常语言,因而正确地使用日常语言以消除误解,是日常语言哲学的任务。因此,哲学的任务是从语言的习惯用法中找出经常发生的误解和荒谬学说的根源。

这些思想促使赖尔、奥斯汀和斯特劳森等人对日常语言的分析研究。从哲学家的思想发展线索来看,日常语言学派经历了一个分析表达心灵活动的概念,到分析日常语言的用法再到通过分析自然语言的逻辑结构达到揭示思想结构的过程。这表明,日常语言哲学家不满足于把哲学的任务仅仅限定在澄清语言意义的活动,而是提出通过语言研究达到理解认识结构的要求。这种要求的提出尽管是在语言研究的层面上,但它毕竟不同于维特根斯坦对语言和哲学任务的理解。一方面,在斯特劳森和达米特这些哲学家看来,虽然认识论问题最终必将转换为语言问题,但在讨论感觉、经验和事实的时候,我们又不是仅仅停留在语言表达的层面上,而是试图寻求语言中的思维内容;另一方面,在他们看来,语言研究绝不是哲学的最终目的,哲学的目的总是要通过概念分析和意义分析达到对世界的理解和认识。在这种意义上,后期的日常语言学派不仅继续着自维特根斯坦开始的语言哲学转向,更重要的是最终完成了这一转向,使得英美哲学沿着这一转向开辟的哲学道路不断推进。石里克在他的哲学宣言《哲学的转变》中把逻辑哲学论时期的维特根斯坦看作是实现语言哲学转向的第一人,而最后完成这个转向的则是受到维特根斯坦后期思想影响的英美日常语言学派(维特根斯坦,1996,pp.20 - 43)。这个历史事实充分显示了维特根斯坦哲学在语言学转向中的重要作用。

语言哲学从人工语言或形式语言向日常语言的转向,既是前者的推动,也是对前者的批判和继承。问题是人工语言哲学对逻辑语言的过度依赖使得它完全脱离日常生活,与日常生活产生了一种不可通约性,成为象牙塔的学问。科学心理学作为哲学转向的跟随者,直接表现为对科学心理学追求客观心理规律和心理学普适性的不满上,人工语言哲学影响下的科学心理学坚持自然科学主义的研究立场,全盘接纳自然科学的研究方法论和哲学基础,物理主义的世界观、主客二分的研究方式、机械唯物论、因果决定论、还原主义充斥在研究心灵的心理学研究中。将心理学的研究对象——人的心理与行为视为自然物一样的客体,主张主体与客体的绝对分离,物理主义的世界观,实证方法中心论的本质观,客观主义和还原主义的研究原则,因果决定论的心理学解释框架作为根本特征。尽管它剥去了人类心灵的神秘面纱,人的客体特征越来越具有可操作性,但另一方面又导致人性的物化和人性的迷失,阻碍了心理学的进一步发展。

因此,语言哲学的日常语言哲学转向给心理学研究带来了一种新的思维方式。美国社会心理学家海德一生致力于建立日常心理学或常识心理学,他坚信常人都有基于自己文化环境而对自己和他人的心理进行推测、归因的能力。周宁(2005)则区分出实证话语和常识话语两种心理学形态。认为心理学的中心话语是实证话语,常识话语被严重边缘化了。受西方实证主义哲学和自然科学主义的影响,实证话语的心理学主要从客观经验的层面来界定心理学,以研究的技术手段为核心,解决了客观经验的素材问题,强调技术、手段,突出研究方法的中心地位。葛鲁嘉则立足心理学的文化资源,认为常识心理学是存在的,它是常人对心理行为的性质、构成、功能和根源的归类、假定、猜想、解释和干预,它是作为了解人类心灵的最基本的心理资源,应该加以重视和挖掘(葛鲁嘉,2004)。基于人工语言哲学形态的主流实证主义科学心理学的局限,西方心理学已经在一定程度上接受了常识的日常语言哲学观点。如东方的禅宗心理学已逐步受到科学主义心理学家的重视,西方科学主义心理学家认为通过禅宗心理学的主观感应可以扩展心灵,能通过常心达到对本心的体认,将人的本心、本性和佛性贯通,强调直指人心,明心见性,见性成佛,提升心灵的精神境界,最终弥补西方科学主义心理学的主客分离和实证主义研究造成的人性缺失。

现代语言哲学从人工语言到日常语言的变换，其实是科学哲学内部矛盾调和的结果，日常语言哲学之后的后期语言哲学就是上述两种语言哲学调和的产物。后期语言哲学以形式分析的方法（数理逻辑的方法）研究日常语言，从而逐渐填平了人工语言哲学与日常语言哲学严格区分的鸿沟，也使心理学再次出现一种转向，同时产生了认知心理学研究思维的转变。认知心理学在接受人工智能、神经科学、语言哲学等学科基础上，采纳了包容发展的模式。认知心理学一方面继承了人工语言哲学的逻辑研究传统，将人类心理比作计算机程序，通过信息符号的加工、保存、提取来揭示人类心理机制，另一方面面对人类心理的意识，立足生动的、具体的人的心灵活动，包容了人类心灵主观的常识的一面（周宁，2004，pp.1－10）。

正因为西方科学心理学全盘接纳了实证主义哲学的划界标准，才有前文提及的疑问，即以冯特科学心理学实验室作为科学心理学诞生的标志。分析可知，主流的科学主义心理学作为心理学的强势话语必然与所谓的强势话语形态的哲学强强联合，这就表现在科学哲学早期语言哲学转向的初期，即人工语言强势压倒其他形态哲学话语。当然随着近几十年科学哲学的进一步发展，语言哲学转向仍在继续，当下已经演变到人文主义哲学时代，即现象学、存在主义和解释学作为新兴话语形态逐渐浸润着"古老"的科学心理学，人文主义取向的哲学及心理学正逐渐争取主动，正在掀起一场科学主义与人文主义的革命的序幕。但作为科学哲学最基本的人工语言哲学与日常语言哲学，在二者合流之后仍具有强大的生命力，仍将对自然、社会及人文科学各个领域产生持续和深远的影响。

第二节　理论心理学研究体系的逻辑发展演变

最近二十年，理论心理学在心理科学内部的复兴，已经在某种程度上预示着对心理学假说和预设的批判反思与重新建构将跻身主流心理学的视野。理论心理学从非经验的角度,通过分析、综合、归纳、类比、假设、抽象、演绎和推理等多种理论思维的方式,对心理现象进行探索,对心理学学科本身发展中的一些问题进行反思(霍涌泉,梁三才,2004),最终的目标是增强经验研究方法的清晰度和哲学的反思性。这一具有理论反思自觉性学科的兴起让我们可以有充分的自信迎接实证主义的诘难,整合后现代的心理学科学体系。其实,心理学发展的历史并不是一个线性单一维度的发展史。考察究心理学的历史,我们会发现有两条线索伴随着心理学学科的发展,一条是横向维度,一条是纵向向度。所谓横向维度是指那些始终伴随心理学各个理论流派发展,对心理学科学观、方法论产生重大影响的实证与人文、量化与质化、主观与客观、还原与建构、决定论与机能论、理性与非理性等具有本体论、认识论和方法论特征的范畴。所谓的纵向向度是指那些围绕着人的心理现象这一逻辑主线而建构起来的各心理学理论流派及其研究取向,包括内容心理学、构造心理学、精神分析心理学、格式塔心理学、行为主义心理学、人本主义心理学、认知主义心理学等。

之所以将具有本体论、认识论和方法论特征的范畴,即实证与人文、量化与质化、主观与客观、主体与客体、还原与生成、决定论与机能论及理性与非理性看作是横向的维度,是因为不管是心理学也好,还是其他自然科学和社会科学也好,这两种对立的维度或视角都对学科本身的重大发展变化、转换生成等产生根本性的深远影响,这种横向的影响对一个学科来说是恒久性的而不是短暂性的,如还原论与建构生成论始终在各心理学发展中进行不断的争论,心理现象的主观性与客观性在每一个理论流派中何尝不是争论的焦点。而将那些围绕着人的心理现象这一逻辑主线而建构起来的各心理学理论流派及其取向看作是一条纵向的线索,我们的考虑是这些理论流派及其取向都是遵循自上而下或者自下而上的纵向逻辑时间线索建构起来的,每一个理论流派及其取向都是在对前一个或多个流派的批判反思基础上进行建构的,因此这是一条纵向的主线。而心理学发展的历史不外乎存在于这两条主线中,横向维度灌注在心理学理论发展始终,纵向向度推进心理学向人类心灵深处迈进。

一、理论心理学研究体系的横向逻辑发展

科学的发展和进步依赖于方法的变革,当方法上升到方法论的高度时,它就不再是一种单纯意义上的方法,而是具有了哲学反思性、具体科学指导性以及现实实践性的特征。孟维杰(2011)认为心理学方法论是心理学一般方法的基本理论和学说,它是一种方法学的体系,包括哲学方法论、一般科学方法论和具体方法三个层次,心理学的方法论关涉到心理科学的发展方向、科学观、理论和方法的建构。心理学史研究表明,心理学自独立以来就坚信心理学应该是与自然科学具有同等地位的科学,科学性一直是心理学追求的目标。科学的标准就是自然科学秉承的物理主义世界观和实证主义方法论。物理主义是有关世界图景的一种基本理解,实证主义则是一种有关知识获取的基本立场(葛鲁嘉,2005a)。物理主义的研究遵循主客分离、还原主义、自然主义世界观、价值中立等原则和立场。物理主义坚持人、人的心理与行为乃是自然世界的一部分,它们有着某种先定的、普适的、凝固不变的本质或运动规律。人类认识的基本任务,在于揭示自然世界的本质与规律,进而实现对自然物的预测与控制。近几十年,实证主义立场心理学的哲学基础已经被科学哲学的后实证主义和历史主义动摇,但是,实证主义立场的心理学从过去到现在仍然有顽强的生命力,正如美国心理学会前主席斯塔姆所言:"为什么实证主义立场的心理学在科学哲学中被批判得千疮百孔,而'仍阴魂不散'具有这么大的影响力。"(Gergen, 2001)其原因在于按照自然科学模式进行的心理学研究也是一种有效的心理学研究方式,只不过它的效度是有限的,并不能揭示人类心灵的全部,只能揭示人类心灵中很有限的可被经验并量化到的心理现象。不能被实证主义心理学揭示的那部分心理现象,我们或许可以从人文主义立场的心理学中找到答案。这也正是实证主义立场的心理学与人文主义立场的心理学所喋喋争论不休的主要原因,只是二者的观点狭隘到只看到自己的长处而忽略

了对方的长处。

实证主义与人文主义的早期分野是心理学维度两极性的根源与本质，量化与质化、主观与客观、还原与生成、理性与非理性都是由这一具有哲学本体论、认识论和方法论的对立决定的。心理学从哲学母体脱离出来的一百多年时间，在哲学的影响下以及对近代自然科学辉煌成就的殷羡下，形成了心理学发展的不同研究传统，即实证主义研究传统和人文主义研究传统。实证主义心理学接受实证主义哲学和逻辑经验主义哲学的影响。孔德认为，一切科学知识必须建立在来自观察和实验的经验事实基础上，经验是知识的唯一来源和基础，这种把知识局限在主观经验范围内，不讨论经验范围以外是否有事物存在的原则，就是他的实证主义原则。以卡尔纳普为代表的逻辑经验主义继承了罗素和维特根斯坦的逻辑原子主义思想，从知识依赖于经验出发，认为一个命题是否有意义取决于该命题表示的经验内容能否被经验证实或证伪，只有能够被经验证实或证伪的命题才是有意义的，否则毫无意义（叶浩生，2007a）。这种客观性和经验的证实原则直接被早期科学心理学承载，从而进一步激发了心理学对科学化的追求。在对自然科学科学性的追求中，冯特首先采用自然科学量化研究方法进行了心理学研究，并形成了心理学的科学传统，行为主义创始人华生也宣称心理学是一门纯粹的自然科学而不是社会科学或人文科学，将意识研究从心理学中除名恰恰就是为了保证心理学自然科学的客观性、可操作性和精确性。

我国哲学家夏基松（2010）在《现代西方哲学教程新编》关于近代科学哲学的讨论时指出，人文主义心理学传统直接来自胡塞尔的现象学和海德格尔、伽达默尔的存在主义哲学。胡塞尔认为应该提出一种在研究中能符合人的独特存在的科学，直指人的主观意识性，反对将人及心灵客体化。实证主义将人的心灵与物质对等起来，损害了人的精神生活，使人的生存失去了尊严，失去了意义，精神变得枯竭。他的现象学将纯粹自我意识和先验主观性作为哲学研究的对象，将人心灵的主体性提高到了前所未有的地步，主张通过现象学的本质直观来认识纯粹的自我意识。科学哲学的后实证主义转向和人文主义的现象学-存在主义哲学对主体的关注,已经使心理学研究具备了跳出客观经验证实束缚的可能。正是在现象学和存在主义的立场上,他们反对对完整的人进行抽象的分割和歪曲,和以坚持客观性为名而抛弃人的主观性的研究。主张应肯定人是自主性和创造性的存在,回到经验主体本身,确立人的主观经验的真实性,研究人的价值、尊严、自由、责任、选择、意义等与人的现实存在有关的问题。由于实证主义传统将人"物化",忽视人性的主观自觉、觉知和觉解的性质,没能全面地揭示人的心灵。后实证主义科学哲学家汉森的观察负载理论、库恩的范式论、拉卡托斯的科学研究纲领理论、费耶阿本德的无政府主义认识论、劳丹的新实用主义的研究传统理论等科学哲学理论早已证明经验是负载理论的,理论并非来源于观察与实验等经验操作活动,理论已不是经验事实搜集之后的概括和归纳(姜永志,2012),这从根本上动摇了实证主义的立论之基,动摇了实证主义强调研究对象的可观察性、笃信客观普适性真理、坚持以方法为中心、信奉价值中立的立场以及固守人为机器模型的原则以及坚持自然科学的原子论、还原论、客观论、决定论和定量分析这些立场(高峰强,2002)。

显然,将人类心灵世界按照物理世界的客观存在来进行研究,企图通过简单的公式、定理和推论来解释全人类的心理,这显然是无法实现的。后实证主义对实证主义的反驳以及非理性思想的发展,科学研究已经由客观性向主观性过渡。可以看出,无论是实证主义立场的心理学还是人文主义立场的心理学,在心理学发展历史中都始终处在激烈的交锋对决之中,典型的事例是冯特心理学思想体系中将心理学分为研究低级心理现象的实验心理学和研究高级心理现象的民族心理学,这两种研究传统正是实证主义心理学与人文主义心理学分野的早期雏形。当代认知心理学显然也受到这两种传统的影响,在认知神经科学与现象学基础上发展起来的神经现象学,就试图通过寻找将主观性转化为客观性的方法和路径,既关注对大脑和神经的研究,同时也关注对心理现象的意义研究。

可见,实证主义心理学与人文主义心理学的对立与统一,体现的就是二者各自秉承的原则和立场的对立与统一,客观与主观、客体与主体、还原论与生成论、决定论与机能论构成了心理学发展中横向维度的全部内容,这一横向维度既具有认识论也具有方法论的特征,实证主义心理学立论之基就将心理现象等同于客观物理现象,物理世界的物理现象可以通过证实原则,从具体研究归纳出一般规律,从而揭示物理世界的普遍规律。而实证主义心理学则将心理现象等同于物理现象,认为这样就可以对客观的心理现象进行客观的、可操作的、量化的研究,通过经验还原的方式,归纳总结出人类心理的普遍规律,从而发现人类心理的普适性运作方式。然而,这仅是一厢情愿的独白,狄尔泰的科学解释学指出,我们并不是要反对实证主义心理学的科学立场,而要反对心理学将实证主义研究范式作为唯一合法的方法论范式,人类复杂的心理也应该放置到更广阔的意义视野中来理解。人类的心理并不是放置在那里等着别人去把握,而是具有主体间的自觉性和意向性。20世纪,以量子力学和相对论为代表的新物理学的迅猛发展,充分揭示了物质存在也具有相对于某一标准的属性,传统物理学声称的客观确定性和规律性,实际上是难以实现的目标。现代物质科学研究迈入了一个重视复杂性问题与不确定性问题的新阶段。爱因斯坦说过,像场方程这样复杂的公式,是无法从经验材料中归纳出来的,"适合科学幼年时期的经验归纳法,正在让位给科学理性的和探索性的演绎法,纯粹思维在某种程度上可以把握实在,现代科学明显地呈露出理性主导、经验趋淡的大趋势"(霍涌泉,段海军,2010)。心理学主体通过主观思维操作可以发现普遍规律这一事实,消解了原本水火不相容的客观与主观、客体与主体、还原论与生成论、决定论与机能论的对立。

二、理论心理学研究体系的纵向逻辑发展

通过对心理学发展史中心理学各大流派及理论的分析,依据心理学研究对象的划归标准来进行分类,可以区分出心理学发展的四大向度,这四大向度基本上是遵循一条历史的逻辑线索来演绎和发展的。

第一是意识向度,主要包括内容心理学、构造心理学、意动心理学和精神分析心理学的理论及观点。这些心理学理论体系都将心理学研究

指向机体内部的意识、潜意识或还原为大脑的机能,主张对心理现象的解释以机体内部作为出发点。在心理学成为独立的科学门类之前,古老的哲学就通过思辨的方式探讨意识。唯理论者笛卡尔认为,灵魂(意识)是精神实体的属性,知觉、思维、意志、愿望等是意识的形式,是精神实体的表现形式。对直接感受到的各种心理现象而言,意识是一个类概念。在笛卡尔的理论体系中,意识是一个只能进行自我观察的、封闭的内部世界。经验论者洛克认为,意识是一切精神现象的共同特性,它表现在观念、思维、情感、需要和意志行动中。在洛克所说的内部经验里,人只不过是与意识的个别的、具体的内容发生关系。对这些内容而言,意识是一种共同的东西,是这些内容的共同特性。赫尔巴特把观念看作意识的基本要素,意识是同时活动着的一切观念的总体。他提出意识域的概念,认为观念具有相吸、相斥的力量,观念必须具备一定的强度,才能深入意识中,占据意识中心的观念只容许与它自己可以调和的观念出现于意识中,而将与它不相调合的观念抑制下去。在心理学从哲学中独立出来成为一门科学以来,各种心理学派都依据自己的立场、观点提出对意识的看法,张海钟和姜永志(2011)在《当代理论心理学概论》一书中对一些学者关于意识的观点进行归纳,有学者认为意识是一种灵魂观念的残余,是心理学还没有完全肃清的灵魂观念的表现。冯特和铁钦纳认为意识和心理等同,心理学是研究意识的科学。行为主义者主张心理学不应研究不可观察和经验证实的意识,而应研究可观察和经验证实的纯粹行为。还有学者持副现象论观点,认为意识是心理活动的一种附带现象,心理学研究的心理主要是行为的活动过程,虽然也有意识伴随,但意识不起什么作用,只不过像人在灯光下产生的影子而已。弗洛伊德则持意识是潜意识压抑后的释放物的观点。意识研究的历史作为早期科学心理学最主要的一个研究领域备受重视,将早期的心理学定位为意识心理学也不为过。不管是冯特、铁钦纳、布伦塔诺研究的意识也好,还是精神分析的弗洛伊德研究潜意识也好,这些理论及其观点主张都将意识作为心理学领域最值得探究的人类心理现象。所以我们说,意识是一个观念会战的特殊战场,意识与心理的关系问题就在哲学会战与心理学会战的辩论中成为学术界无法真正解决的问题之一。这一意识向度是人类向心灵探究发出的第一声号角,这将为心理学历史中其他向度的建立提供一个重要参考和批判的基点。

第二是行为向度,主要是行为主义心理学的理论及观点,这一心理学理论体系的早期理论都将心理学研究指向外显行为,行为主义者共同遵循实证主义主客二分、客观主义、还原论、机械决定论的理论预设和原则立场,对机体外显行为进行细致的研究,主张按照刺激-反应的行为模式解释心理现象。后期理论部分地关注到机体内部心理因素的影响,形成了 S-O-R(刺激-机体-反应)这一心理行为研究模式,这可以看作向第三个向度的过渡,但仍没能改变行为主义的科学实证方法论。行为向度是人类向心理世界探究的第二声号角,行为主义在对第一向度的意识进行批判的基础之上,形成了将意识排除出心理学之外的第二向度。本着对自然科学精神的绝对追求,行为主义者只强调心灵的外显行为,抛弃了古老哲学和意识心理学对意识问题的极大关注。然而将行为作为心理学研究对象虽然具有明显的模仿成熟物理学的嫌疑,但华生及其追随者在美国实用主义的土壤中,将自然科学精神完全灌注到心理学的研究中,使心理学的科学地位得到显著提升。新行为主义在对古老行为主义进行修订基础上也引进了中介变量来缓解极端行为主义的自身矛盾,赫尔的驱力理论、托尔曼的目的行为说等,秉承了行为主义典型的自然科学精神,促进了心理学研究领域由行为向意识的回归。行为研究一度成为统领心理学的风向标,也说明了行为研究在人类探究心灵过程中具有的巨大影响力。

第三是机制向度,主要包括认知心理学、认知科学及认知神经科学的理论及观点,它们主要以分析机体内部信息加工机制为主要目标,以揭示机体心理现象的神经生物机制和社会心理机制为己任,寻求能够解释人类心理现象的客观基础,最终要建立人类普遍心理机制的理论。20世纪中期,世界科学史上诞生了探索人类智慧产生和发展的前沿尖端科学——认知科学,它受到计算机科学、语言学和神经科学等学科的影响,它是关于人类心智的多学科、跨学科的合作性研究,由心理学、计算机科学、语言学、人类学、神经科学和哲学六个领域的学科组成。认知心理学作为认知科学的核心学科之一,对人类认知活动过程及心理机制进行探讨。从广义来讲,认知心理学主要探讨人类内部的心理活动过程、个体认知的发生发展,以及对人类心理事件、心理表征和信念、意向等心理活动的研究。从狭义来看,认知心理学则是以信息加工理论观点为核心的心理学,主要是以个体心理结构与心理过程为研究对象,探讨人类心理的认知加工过程,揭示人类认知过程中信息加工的内部心理机制,即信息的获得、存储、加工、提取和运作。对人类心理内部机制的探讨主要建立在以下六个假设之上:人是一个符号运作系统;人类的认知系统是一个多阶段、多层次的信息传递系统;人类信息加工能力的有限性;人是一个具有习得与发展有效认知策略的系统;人是一个新旧图式整合、建构、重构而获得知识的系统;人是一个不断发展的监控认知系统(梁宁建,2004,pp.1-9)。这些假设共同将人的心理看作是一个信息加工的内部系统,对这些内部心理机制的探讨成为机制向度这一心理学取向的主要目标。

这一向度的心理学没有统一的理论流派,主要包括两种研究取向:一是以布鲁纳和皮亚杰等为代表的认知结构主义,从知识结构与认知结构的角度阐述个体知识获得的内部心理机制;另一个是以安德森、西蒙等为代表的信息加工心理学,坚持以计算与信息加工的观点研究并分析个体认知活动的具体心理机制与规律。随着这两种研究取向的不断发展,它们显然已经成为认知科学最为核心的分支学科,近年它们主要面临两大基本任务:一是要阐明人的大脑工作原理,思维的本质,探索人类智能的本源;二是设计出具有大脑某些神经计算性质的人工智能系统,即神经网络计算机。同时,认知心理学在与神经生理学和影像技术相结合过程中,形成了认知神经科学。神经生物学、微电子技术和神经影像学技术的高速发展,为认知神经科学对人类心理的机制研究提供了诸多技术支持。通过实验心理学与神经影像学的紧密结合,认知神经科学从时间分辨和空间分辨的两个重要指标来考察人类认知的脑活动机制问题。根据哈瓦德的观点,认知神经科学的主要特征是采用高科技脑成像技术和计算机神经模拟技术，阐释人的认知活动、心智能力与脑神经的复杂关系，主要有神经影像学技术路线、心智主义路线、神经模块化主义路线和认知动力主义路线等几条研究路径(霍涌泉，2009)。从认知心理学到认知科学，再到认知神经科学，机制向度将人类心理机制的研究作为探索人类复杂心理的主要表征方式，这一时期的心理学研究将行为研究排挤到心理学研究的边缘地位，在对行为心理学"无头脑"研究路线的批判基础之上，这条关注机制向度的路线似乎走得更远。甚至有学者(Goldman & Vignemount, 2009)指出，未来的心理学很有可能统一于关于人类心理机制研究的认知心理学。可以预见，心理学史中的这场第三次革命(认知革命)在未来仍将对心理学产生深远的影响。

第四是意义向度，所谓意义向度，是将研究的关注点聚焦于人与世界交互作用过程中的意义，这一维度的主要任务是揭示心理事件的意义，强调在机体与环境的交互作用中解释心理事件的意义，认为纯粹将心理事件还原来进行研究的做法是脱离人类现实生活的空洞的和无意义的研究。传统心理学(行为主义心理学、精神分析心理学、人本主义心理学和认知心理学等)将心理事件简单归结为内部或外部因素，这种简单的线性因果推论其实就是将心理事件还原成神经网络、潜意识冲动、动机、本能、驱力、社会和文化等机体内部或外部刺激，却忽略了"个体在世界之中"这一命题。对"个体-世界场"的强调展示出心理学意义向度的"个体在世界之中"这一命题，即强调个体与情境因素交互作用中的意义(史密斯，2005)。个体本身不能创造意义，情境本身也不能创造意义，只有二者的关系才可以创造意义。海德格尔在基尔凯戈尔(Søren Kierkegaard，常译"克尔恺郭尔")存在主义哲学的"存在就是非理性的主观经验"的观点上，追寻存在与此在的意义来否定主客体的二元对立，建立超越主观和客观的哲学，将人的主观性提高到本体论哲学的高度。

意义向度的心理学作为当代心理学研究的新视角，具有方法论的意义。但这一研究向度也没有统一的理论流派，而是在对心理学要么只关注意识，要么只关注行为，要么只关注内部心理机制的反叛基础上，试图建立要超越传统心理学的意义心理学。这一向度主要包括辩证心理学、交互行为心理学、现象学心理学、文化心理学等分支学科。布鲁纳和奈瑟曾明确指出,文化取向的心理学具有深刻的方法论意义。现代认知心理学的一大失误是在开始阶段从"意义"转向"信息",意义概念被替换成计算能力。目前,要还心理学以原貌,要使认知革命复归于"意义建构",必须使心理学植根于文化,围绕着这些使人与文化相联系的意义形成和意义使用的过程来组织科学理论。可见,意义向度作为当代心理学研究的一种全新视角或一种新的方法论研究范式,对主流的心理学也具有巨大的吸引力。尽管当代心理学的发展趋势是致力于探讨心理机制的认知神经科学,但在认知神经科学内部也已经分化出如神经现象学这样一个强调意义和解释的分支学科。神经现象学首先承认神经活动是意识产生的生物学基础,其次希望通过第一人称方法(即古老的口语报告和自我观察法)与第三人称方法(即客观实证主义方法)精密地分析意识结构的现象学解释及其对应的神经活动模式。经现象学描述后的神经科学分析可以激发对现象学意义解释的修正和改进,可以帮助被试知觉到在现象学上难以获取的经验意义(陈巍,郭本禹,2011)。意义向度对心理学的影响显然已经由人文主义心理学扩展到实证主义心理学,尽管主流心理学仍对心理机制的研究乐此不疲,但神经现象学的兴起无疑对心理学具有重大方法论意义,意义向度对心理学的冲击也必将持续,对心理学的未来发展也必然产生深远影响。

三、理论心理学研究体系发展的逻辑轨迹

综上所述,心理学的横向维度与纵向向度显然是一种交互纵横的关系,在每一个对人类心理与行为进行积极探索的研究领域,我们都能发现二者对心理学发展产生的巨大影响。无论从心理学基础理论研究出发,还是从心理学应用研究来看,二者在心理学的发展历史中无不起着巨大作用。从二者的关系来看,主要表现在两个方面,首先二者在发展中是相互包容与合作的关系,如意识、行为、机制和意义四个向度的发展都与心理学各理论流派发展相互依存,意识研究是心理学在建立之初确立的研究领域,之后尽管被行为主义抛弃近半个世纪,但它终归还是回

到心理学大家庭；行为研究是行为主义心理学开辟的研究领域，统治心理学界近五十年且成果卓著；机制研究是认知心理学及其交叉学科研究的领域，它是心理学科学化的最典型代表；意义研究则是后现代哲学兴起之后，在心理哲学文化转向的背景下出现的，目前已经成为心理学研究的一种新趋势。事实上，每一个研究领域的开拓基本都是在对前者研究的基础上进行的完善，心理学的发展正是以这种阶梯式的渐进方式发展，心理学研究的向度与维度从来都不是分离的而是相互包容和兼收并蓄的。其次，二者都具有心理学方法论的意义，实证主义与人文主义，即客观与主观、客体与主体、还原论与生成论、决定论与机能论、理性与非理性等命题都是每个心理学理论流派发展的动力和源泉，每一个理论和流派都是在对这一具有本体论、认识论和方法论意义上的争执、辩论和对立中不断发展起来的。如，早期行为主义完全信奉自然科学的世界观和方法论，希望将心理学建设成一门纯粹的自然科学，然而心理学史研究表明，托尔曼因不满经典行为主义将心理还原为刺激-反应模式而建立了行为目的说，认为行为中包含的不只是一些生理过程，从肌肉抽搐中并不能推演出行为，这在一定程度上是对物理还原主义和决定论的批判。

可见，当代心理学在两种文化视域或者研究传统中正努力寻求一种整合科学心理学的途径。如，作为意义向度的交互行为心理学一直以来都反对传统心理学单一线性因果关系（Kantor，1976），强调双向性的多变量因果关系，这一理论的最终目的正是消解心理学中横向维度的两极对立。它主张，心理只有在交互作用中对主观与客观、主体与客体、理性与非理性进行交互的消解基础上，才能最终理解人类的心理现象，这一观点对近代认知神经心理学也产生了巨大影响。因此，作为意义维度的辩证心理学和交互行为心理学，在对促进传统心理学自身理论和方法论变革中起到的作用是不容忽视的，现代心理学很多研究都已经考虑到机体与环境（既包括历史经验也包括具体情境）相互作用对人心理产生的影响，在推动心理学方法论进步上，传统心理学无疑是从辩证心理学和交互行为心理学中得到启示并从中受益。但是，我们更应该清楚地看到,尽管当代心理学研究对意义的研究兴趣正浓,我们也不能忽视心理学自身理论体系的不足。表现尤为突出的是,当代心理学始终未能跳出二元论的束缚,心理学发展的未来趋势需要的是使心理学真正从"独白"走向"对话",从"分离"走向"融合"。近年来在心理学多元化浪潮中,心理学的多元发展则为心理学发展带来了新的希望,多元化的心理学并没有导致心理学的进一步分裂,学科愈来愈精细化反而促进了学科深入的发展,而这种发展的趋势就是心理学的未来发展的"第三种文化",它在理念上倡导对话的精神,倡导并践行整体性、包容性、开放性,在实践中促进合作的行动,既注重科学的尺度也注重人文的尺度,既相互理解、尊重也保持必要张力,使心理学能够在纵向发展与横向发展中寻求契合。

第三节　理论心理学研究体系的分类发展演变

心理学在一百多年的发展中,已经发展形成各具形态的理论体系,且每一理论体系都较为全面地揭示某个时代人们普遍的心理现象,然而心理学理论的庞杂使我们难以区分理论与理论之间的关系。按照传统的时间逻辑标准来区分,很多人习惯将心理学理论体系区分为构造主义心理学、机能主义心理学、行为主义心理学、精神分析心理学、格式塔心理学、人本主义心理学以及认知主义心理学等(当然还应包括当代心理学有影响的其他取向)。人们已经习惯按照时间线索对心理学的理论体系进行分类,但是这样的分类通常会使我们混淆体系之间的联系,如认知心理学与人本主义心理学的产生时间也存在重合,行为主义心理学更是横跨了几个理论学派而仍具影响力。这样看来,理论的时间线索似乎并不能完美地揭示理论之间混杂的关系,尤其是当代心理学多元化发展趋势已经出现,心理学的社会论取向、生态环境论取向、文化论取向、神经科学取向等并行发展(车文博,2010,p.50),这使我们更加应接不暇。

心理学发展的历史，自古就存在自然科学倾向的心理学与人文科学倾向的心理学两种竞争的取向，它们在心理学体系中始终处在彼此竞争又难以隔离的状态。虽然实证主义曾因生态效度的问题不断受到攻击，但人文主义却同样因为解释力的问题，无法取代实证主义。在当代心理学理论体系中，以实证主义与人文主义进行简单的理论体系分类似乎是可取的，但这样又会出现方法的模糊交叉，因为实证主义现在也开始注重人文主义的现象学和解释学方法，而人文主义也在使用实证主义的调查和实验法，这种交叉又会使理论分类体系陷入痛苦的纠结之中，所以简单的二元分类方法并不完全适用于心理学的理论分类。

受实证主义因果关系论的启发，西方理论心理学界提出可以通过因果关系将心理学理论进行归类，通过确定因果关系在每种体系中的位置。史密斯（2005，pp.248 – 254）将心理学理论体系大致分为四类：（1）机体中心论体系，因果关系以机体为中心；（2）环境中心论体系，因果关系以环境为中心；（3）社会中心论体系，因果关系以社会建构为中心；（4）关系中心论体系，因果关系以关系为中心。按照这样的逻辑标准，大部分心理学理论都能以因果关系归为这四类中的一类，但我们发现这种分类仍使少数理论体系无法进行清晰的归类。如，近十几年发展的环境心理学主要关注环境对人的心理的影响，但却使用相互联系的观点定义自身，既可以将它分为环境中心论也可以分为关系中心论。虽然这样的理论分类体系可以使我们明晰不同理论体系的归属，但我们仍为那些不能归为某种类别的新出现的理论取向而感到惋惜。因此，本节在评述这四种因果关系分类体系的基础上，试图以心理学研究内容为指向，提出一种新的理论分类体系，作为对因果关系分类体系不足的补充。

一、因果关系分类体系

（一）心理学的机体中心论

机体中心论起源于18世纪欧洲大陆的德国、法国和苏格兰的唯理论哲学。它假设我们生存在物理世界与精神世界的双重世界之中，内部世界经常被转化为生物基础尤其是大脑，然后产生行为，而且这种行为是自身引发的。机体中心论通常可以用伍德沃斯 S→O→R 这样的形式来表示,这一公式能够表示与机体中心论相同的因果关系线性心理结构。其中,S 是引起反应的环境刺激,提供信息输入到 O(机体的大脑),R 是反应输出或行为。而 O 也可以被称为经验、自我、信息加工、认知、伊底、动机、神经网络或其他介于二者之间的心理结构。这一体系可包括认知心理学、进化心理学、人本主义心理学和精神分析(主要是弗洛伊德的经典精神分析)等。就机体中心论而言,中介变量总被称为意识、心理、大脑或者信息加工而不是环境刺激。心理学机体中心论总是以诸如神经网络系统和计算机程序(认知主义心理学)、自我实现(人文主义心理学)以及本能(进化心理学和精神分析)的假设开始其研究的,并根据这些假设来解释研究的结果(Goertzen,2010)。认知主义心理学始终是机体中心论的主导者,它假设心理机制类似于计算机程序,而不是驱力和本能(Goldman & Vignemount,2009)。人本主义心理学将因果关系归为自我,而自我是由人本身的本能引起的,如强调人先天具有自我实现的潜能。它几乎没有给社会因素留有余地,具有典型的机体中心论倾向。弗洛伊德的精神分析理论通过生物学和物理学的还原,将伊底(id)看作是人格发展的内部驱力,不注重主体之外的客体对人格的影响。虽然在弗洛伊德之后,精神分析开始关注文化、社会和环境等客体对人格的影响,但这些理论也都受到弗洛伊德或是驱力或是本能或是潜意识的影响,仍保留着机体中心论的某些特点(Cabaniss & Roose,2005)。进化心理学引进了认知心理学的机制问题,认为不是行为被选择而是心理机制和本能被选择,强调每一种心理机制的生成都是生物本能对环境的适应进化而来的。这些理论流派的显著特征是,都强调个体自身的内部驱力或本能影响个体的心理与人格。但是,这些理论似乎并不安于被归为机体中心论,如认知心理学也具有环境中心论的取向,认知心理学的方法论奉行的是行为主义心理学的经验主义和操作主义,这就不可避免地使认知心理学与外部可观察的行为扯上关系。而进化心理学虽然强调生物的进化本能,事实上它也强调环境在生物心理机能进化中的作用。机体中心论可以在一定程度上将各理论体系概括为具有某种典型特征,但它不具有随着理论发展而发展的灵活性。

（二）心理学的环境中心论

环境中心论延续了 17 世纪英国经验主义对环境的强调，即环境是个体的塑造者和指导者，同时它也秉承了实证主义坚持将科学限定在可观察的事物，而且只有经过经验证实才是科学的观点（维特根斯坦，1945/2001，p.127）。环境中心论以观察开始其研究，并将观察到的事物归类为结构（Droseltis & Vignoles, 2010）。环境中心论通常可以用 S→R 这样的形式来表示，其中 S 表示刺激，R 表示行为反应，但随后又提出可以用三个词语的依随事件 SD→RO→SR 表示（SD＝辨别刺激，RO＝操作反应，SR＝强化刺激）的心理行为模式，这种模式成功地替换了早期简单的 S→R 行为模式。心理学环境中心论认为，行为是根据其后果（强化原理）来选择的，由于强化反应的高度一致性，单个机体能够提供实现预测和控制行为的可靠材料。相对于依随支配的行为（强化行为），依随支配的行为是由说话者对依随的语言描述塑造的，而不是由实际的强化依随塑造。环境中心论通常包括行为主义心理学和生态行为科学（生态心理学）。行为主义心理学在统治主流心理学半个世纪的时间里，始终坚信自己是属于自然科学体系，遵循着实证主义的方法论路线，通过可观察的外显行为推测人的心理。这体现在行为主义的三个假设：(1) 心理学的研究对象仅仅是可见的行为；(2) 心物二元论是无效的，唯一有效的只有物质世界；(3) 环境是行为的原因。这三个假设作为行为主义心理学的元假设体现了其对外显行为及其环境的关注（叶浩生，2007b）。尽管行为主义常被看作是肌肉收缩和腺体分泌的生物学研究，但行为主义从意识的关注转向行为的关注，确实为心理学带来了从未有过的荣誉和辉煌，这应归因于其经验主义倾向的方法论。生态行为科学是另一个关注机体之外客观环境的心理学理论体系。相对于行为是无秩序的，仅有统计规律性的假定而言，社会环境与物理客体之间的共同关系使行为模式成为可预测的，生态行为科学强调行为是环境的函数。它还强调是行为而不是心理结构提供了理解人们心理的证据，行为和其他环境事件一起为我们提供了关于世界的因果关系，而且行为与环境相互依存,不能被还原为其他水平的事件(易芳,俞宏辉,2008)。虽然生态行为科学在一定程度上过度关注环境背景而忽视个体差异,但它强调行为与环境的依存性,而不是单向的决定论,仍保持了很强的环境中心论观点。在对环境中心论的归纳中,我们发现环境心理学并未入列,事实上环境心理学没入列的条件很简单,用卡鲁斯、博纳尤托和博纳(Carrus, Bonaiuto, & Bonnes, 2005)的话说:"环境心理学是关心个体与环境之间交互作用的学科,强调对行为与建筑物、自然环境之间相互关系的研究。"可见,在因果关系分类体系中,环境中心论与关系中心论在某种程度上经常会引起混淆。

(三)心理学的社会中心论

后现代主义产生于20世纪60年代对启蒙时代"现代"思维传统的批判,它将人置于世界的核心位置,认为人是理性的动物,人能够运用他们的理性力量获得知识,推进人类发展。社会建构论是社会中心论的唯一体系,是20世纪后期后现代哲学发展的产物。格根(Gergen, 2001)曾指出,心理学理论研究的最大挑战是需要从实证主义传统中解放出来,而社会建构论心理学正是从理性重建到社会建构的范式转换。社会中心论可以用群体→R这一形式表示,R代表个体对世界的建构(结果)。从社会建构论的观点来看,知识不是对实在的映照或反映,理论也不是经验事实的抽象和概括,而是一种社会建构,强调知识具有建构的特性,心理学的概念和理论、定律和结论都具有协商和建构的性质,逐渐解构了科学主义心理学的实证主义路线,它以一种社会建构的主体性取代仅仅注重依赖和重客体性的客观物性研究(叶浩生,2009a)。这种建构论的立场既消解了科学主义心理学也消解了人文主义心理学的本体论、认识论和方法论,使心理学不再建立在物理主义的世界观和实证主义的方法论之上,也不建立在主观主义和现象学-存在主义的方法论之上。在社会建构论者眼中,心理现象既不是起源于外来客观的,也不是起源于自身的图式或范畴的主观,而是话语建构出来的,心理现象只存在于人际互动的话语交流中,离开了社会互动和话语,就不存在什么心理现象。后现代主义的社会建构论心理学在反基础主义、本质主义、个体主义、主客二分的立场上,以心理是社会话语的建构的观点,为心理学理论发展提供了一个新视角(李增芬,霍涌泉,2010)。但是,社会建构论心理学对话语和意义建构的极端强调,同时也将自己的理论推向了意义建构的深渊,使社会建构论成为一种无限循环论证的心理学模式。社会建构论心理学强调心理是话语的建构的观点,同样使它容易被视为环境中心论或者关系中心论,对社会的强调事实上也是对环境和关系的强调。例如,人通过理性建构了心理和世界,心理和世界的发展同样也建构了人自身的理性,而这样一种无限循环的关系强调了环境和关系在心理事件中的作用。

(四)心理学的关系中心论

心理学的关系中心论,或者我们也可以称其为情境交互作用中心论。关系中心论强调关系和相互依存而不是线性因果关系,更不是环境或机体自身构成心理事实。它强调相互关系在心理事实建构中的作用,因而摒弃了机体中心论主张的二元论和还原论。这一体系通常可以用S↔R的形式表达,双向箭头表示外部刺激与机体反应之间的关系不是输入与输出关系,也不是线性因果关系,而是相互依存或相互作用的关系。无论这种关系是显性的还是隐性的,正是这种相互作用构成了我们的心理事实。关系中心论还强调交互作用的发生,需要在诸如环境、背景、历史事件等的交互影响下产生,而不是假设存在的心理、认知和本能中。关系中心论最典型的两个理论是辩证心理学和交互行为心理学(也包括环境心理学和社区心理学等新取向)。辩证心理学是美国心理学家里格尔(Riegel,1976)提出来的,强调应以冲突和矛盾作为心理变化基础的,应将个体与环境视为相互联系和相互影响的关系,社会事件不单纯发生在个体或群体之内,而是发生在二者的关系之中。安尚(Anchin,2008)还认为,"我们必须运用辩证法远离机械论,否则人类的活动将失去意义,所有的个体特征都将消失"。辩证心理学的核心在于,声称个体与世界包含在一个"个体-世界场"之中。在这个"个体-世界场"中,个体和世界是统一的、相互依存的,整体各部分共同的发展与交互作用共同构成个体的心理事实。交互行为心理学是由美国心理学家坎特(Jacob

Robert Kantor)在20世纪20年代创立的,但直到近年才被关注。坎特(Kantor,1976)认为,他的交互行为心理学主要是研究可观察事件的一种心理学理论体系,而不是像其他心理学理论体系,将心灵、意识、记忆、思维、驱力、信息加工等抽象概念作为心理学研究对象。该理论认为,在可观察的心理事件中,大量相互依存的事件构成一个交互行为场,个体与世界之间的相互作用构成了心理事件的行为场。在这个交互行为场中,生物因素、物理化学因素和文化因素都参与到心理事件之中,在相应的交互行为场中,心理事件只能由本身水平的功能和原理来解释,不能还原为构成这一交互行为场的其他因素。

基于辩证心理学与交互行为心理学的相似之处,关系中心论可以概括出以下三个共性:(1)强调双向性,传统心理学大多强调S→R或者S→O→R的心理反应模式,但辩证心理学和交互行为心理学却试图用S↔R来取代传统心理反应模式;(2)反对传统心理学线性因果关系,反对简单地将心理事件归结为内部因素(心灵主义、神经元、大脑结构、驱力、思维等)和外部因素(历史文化、周围环境、客观他人),认为机体中心论和环境中心论将心理事件简单归结为内部或外部因素,这种简单推论将心理事件还原成了神经网络、潜意识冲动、动机、本能、驱力、社会和文化等机体内部或外部刺激,却忽略了"个体在世界之中"这一命题;(3)强调变化是心理事件的主题。辩证心理学提出心理事件是由命题→反题→合题→命题→反题……这样一个无限循环的发展过程构成的观点,交互行为心理学强调交互行为场的变化决定了心理事件本身也将随之变化的观点(姜永志,2013)。在当代心理学的发展中,越来越多的研究者已经承认,心理与世界是处在相互作用中的,如作为机体中心论的认知神经心理学,已经开始关注文化差异对个体神经系统及心理发展产生的巨大影响,文化神经心理学的出现就是心理学关系中心论的又一例证(韩世辉,2011)。

我们也发现,诸如叙事心理学和现象学心理学这样关注文本和意义的研究取向,并不能准确地归为上述四种分类体系,文本和意义明显趋向于社会中心论,现象学心理学强调意义行为是由人与客体之间的关系构成,心理事件不能还原为生物和物理事件的观点又使得它与关系中心论有着关联。尽管上述四种体系基本可以概括心理学各理论流派的显著特征,但心理学的发展和变化,以及各流派的内部演变,都使这一理论分类体系难以适应现实要求。如,精神分析自弗洛伊德以来,历经三次较大的修正,在经历了早期阿德勒与弗洛伊德分道扬镳建立各自的理论体系,霍妮(1988)社会文化学派对精神分析的外部指向的确认,克莱因客体关系理论将精神分析确认为一种关系取向(王国芳,2007),谢弗(Schafer,1970)代替弗洛伊德元心理学的动作语言,以及斯蒂尔(Steele,1979)将精神分析与解释学融合,新精神分析似乎达成了一个默认共识:精神分析已经从驱力与冲突的内部指向,转为强调促使个体心灵愈合的外部客体及其关系的解释。当代精神分析的理论和方法几乎完全祛除了传统精神分析的本质特征,远离了它的生物学和物理学假设。按照因果分类体系的划分,当代精神分析既可以认为是机体中心论、环境中心论、社会中心论,还可以看作是关系中心论。心理学理论发展与融合的趋势日趋显现,而这种理论分类体系也存在着很大的局限性。在下面,我们将试图以心理学研究对象发展轨迹为逻辑线索,从研究内容上对心理学的理论体系进行分类,希望这种分类体系可以弥补上述因果关系分类体系的不足。

二、心理学理论研究分类体系的理论建构

通过对心理学史中心理学各大流派及理论的分析,从心理学研究内容的指向进行分类,可以将心理学理论体系区分为四个体系:意识中心取向、行为中心取向、机制中心取向和意义中心取向。这四个体系可以从内容指向上涵盖心理学发展中较大的理论流派,而且不会出现因果关系分类体系由于时间交叉而出现的模糊和混淆。虽然这种分类体系也会出现个别理论归属于两个或多个类别的情况,不过这种分类的方式却对现象学心理学、叙事心理学和社会建构论心理学,以及认知心理学、认知神经心理学等进行了较为明晰的归类。这种分类体系旨在弥补因果关系分类体系的某些不足,并试图对其进行某种程度上的超越。

（一）心理学的意识中心取向

意识中心取向是以意识为研究指向的心理学理论体系，主要包括早期的内容心理学、构造心理学、意动心理学和精神分析心理学的理论及观点，这些心理学理论都将心理学研究指向机体内部的意识、潜意识或还原为大脑的机能，主张对心理现象的解释以机体内部作为出发点。在心理学成为独立的科学门类之前，古老的哲学就通过思辨的方式探讨意识。唯理论者笛卡尔认为灵魂（意识）是精神实体的属性，知觉、思维、意志、愿望等是意识的形式，是精神实体的表现形式。在笛卡尔的理论体系中，意识是一个只能进行自我观察的、封闭的内部世界。而英国经验论者洛克眼中的意识是一切精神现象的共同特性，它表现在观念、思维、情感、需要和意志行动中。对这些内容而言，意识是一种共同的东西，是这些内容的共同特性。在心理学从哲学中独立出来成为一门科学以来，心理学各流派都依据自己的立场、观点提出对意识的看法。

张海钟和姜永志（2011，p.28）就曾心理学各流派对意识的观点主张进行了归纳：（1）意识是一种灵魂观念的残余，是心理学还没有完全肃清的古老的灵魂观念的表现；（2）意识和心理等同，心理学是研究意识的科学；（3）心理学不应研究不可观察和经验证实的意识，而应研究可观察和经验证实的纯粹行为；（4）意识是心理活动的一种副现象，心理学研究主要是行为的活动过程，虽然也有意识伴随，但意识不起什么作用，只不过像人在灯光下产生的影子而已；（5）意识是潜意识压抑后的释放物的观点。意识研究作为早期科学心理学最主要的一个研究领域备受重视，早期的心理学被定位为意识心理学也不为过。不管是冯特、铁钦纳、布伦塔诺对意识的关注，还是弗洛伊德对潜意识的关注，这些理论及其观点主张都将意识作为心理学领域最值得探究的心理现象。因此，意识是一个观念会战的特殊战场，意识与心理的关系问题就在哲学会战与心理学会战的辩论中成为学术界无法理清的问题之一。意识维度是人类向心灵探究发出的第一声号角，这将为心理学历史中其他维度的建立提供重要参考和批判的基点。我们也发现，尽管以意识为研究内容的心理学理论都可以清晰地归纳其中，但当代认知心理学虽然将大脑与计算机进行类比，以心理机制的生物学基础为主要研究指向，事实上它关注的一个方面也包含意识的成分，不过从整体来看，认知心理学更多的还是倾向于机制中心取向而不是意识中心取向。

（二）心理学的行为中心取向

心理学的行为中心取向是行为指向的心理学理论体系，它主要包括行为主义心理学 S→R 取向的理论观点。行为中心取向的早期理论（主要是指行为主义心理学）都将心理学研究指向外显行为，遵循实证主义主客二分、客观主义、还原论、机械决定论的理论预设和原则立场，对机体外显行为进行细致的研究，主张对心理现象的解释按照刺激-反应的行为模式。后期理论部分地关注到机体内部心理因素（动机、意志和情感）的影响，形成了 S→O→R 心理行为模式，这可以看作是向机制中心取向的过渡。心理学的行为中心取向是人类向心理世界探究的第二声号角，行为主义在对意识进行批判的基础上，形成了将意识排除出心理学后的第二个维度。本着对自然科学精神的绝对追求，行为主义者只强调心灵的外显行为，抛弃了古老哲学和意识心理学对意识问题的极大关注。然而将行为作为心理学的研究对象虽然具有明显的模仿成熟物理学的嫌疑，华生及其追随者在美国实用主义的土壤中，使心理学的科学地位得到显著提升。新行为主义在对古老行为主义进行修正的基础上也引进了中介变量来缓解极端行为主义自身的矛盾（赫尔的驱力理论、托尔曼的目的行为说等），秉承了行为主义典型的自然科学精神，促进了心理学研究由行为向意识的回归。交互行为心理学与辩证心理学比行为主义的高明之处在于，它们并没有明确心理因素对心理的作用，只是承认心理只有在"个体-世界场"中才有意义，而"世界场"作为心理与行为指向的客观环境必然影响心理的变化，事实上它们可以被看作是类似于托尔曼行为目的说一样的行为主义新发展。

（三）心理学的机制中心取向

心理学的机制中心取向是以分析心理机制、社会机制和生理机制为指向的心理学理论体系，主要包括认知心理学和认知神经心理学的理论和观点。机制中心取向将分析机体内部信息加工机制作为主要研究方向,将揭示机体心理现象的生物学神经机制和社会心理机制为研究目的,寻求能够解释人类心理现象的客观基础,最终为建立人类普遍心理机制提供实证支持。心理机制研究由心理学、计算机科学、语言学、人类学、神经科学和哲学六个领域的学科组成(霍涌泉,梁三才,2004)。认知心理学作为认知科学的核心学科之一,对人类认知活动过程及心理机制进行了广泛探索。从广义来讲,认知心理学主要研究人类内部的心理活动过程、心理现象的生物学机制、个体认知的发生发展,以及对人类心理事件、心理表征和信念和意向等。从狭义来看,认知心理学是以信息加工理论观点为核心的心理学研究,主要是以个体心理结构与心理过程为研究对象,探讨人类心理的认知加工过程,揭示人类认知过程中信息加工的内部心理机制,即信息的获得、存储、加工、提取和运作。对人类心理内部机制的探讨主要建立在以下六个假设之上:(1)人是一个符号运作系统;(2)人类的认知系统是一个多阶段、多层次的信息传递系统;(3)人类信息加工能力的有限性;(4)人是一个具有习得与发展有效认知策略的系统;(5)人是一个新旧图式整合、建构、重构而获得知识的系统;(6)人是一个不断发展的监控认知系统(梁宁建,2003,p.87)。这些假设共同将人的心理看作是一个信息加工的内部系统,对这些内部心理机制的探讨成为机制中心取向的主要目标。

事实上,机制中心取向的心理学理论体系并没有统一的理论流派,而主要是以两种研究取向的形式存在:(1)以布鲁纳(Jerome Bruner)和皮亚杰(Jean Piaget)等为代表的认知结构主义,从知识结构与认知结构的角度阐述个体知识获得的内部心理机制;(2)以安德森(John R. Anderson)和西蒙(Herbert A. Simon)为代表的信息加工心理学,坚持以计算与信息加工的观点研究并分析个体的认知活动的具体心理机制与规律。随着这两种研究取向的不断发展,它们显然已经成为认知科学最为核心的分支学科,近年它们主要面临两大基本任务:(1)阐明人的大脑工作原理和思维的本质,探索人类智能的本源;(2)设计出具有大脑某些神经计算性质的人工智能系统,即神经网络计算机。近年来,认知心理学在与神经生理学和神经影像技术相结合的过程中,形成了认知神经心理学。神经生物学、微电子技术和神经影像学技术的高速发展,为认知神经心理学对人类心理的机制研究提供了诸多技术支持。通过实验心理学与神经影像学的紧密结合,认知神经心理学从时间分辨和空间分辨的两个重要指标来考察人类认知的脑活动机制问题。根据哈瓦德的观点,认知神经心理学的主要特征是采用高科技脑成像技术和计算机神经模拟技术,阐释人的认知活动、心智能力与脑神经的复杂关系,主要有神经影像学技术路线、心智主义路线、神经模块化主义路线和认知动力主义路线等几条研究路径。另外,认知心理学与神经科学、医学、生物学、信息科学、语言学、教育学和哲学等多个学科建立了广泛联系,正试图从多个角度探讨和揭示语言、学习、记忆、思维、情感、社会行为等脑的高级功能,这种具有明显生物学特征的跨学科研究取向借助最新的神经影像学技术,从基因——分子——突触——神经元——神经网络——神经系统——心理现象——社会行为等不同层面揭示人类心理与行为的完整过程,正在朝着一门整合心智、脑与教育的"超学科"方向发展。目前已在脑结构及功能与学习机制、脑可塑性与敏感期、文化和环境与脑学习机制、阅读能力与脑学习机制、数学能力与脑学习机制等几个领域取得丰富成果。从目前发展趋势上来讲,这一具有明显的生物学特征的研究取向,也正使得来自脑科学的证据越来越被应用到广泛的心理与教育实践中。从以上的讨论中,这一取向更多应属于机制研究取向。

从认知心理学到认知科学,再到认知神经心理学,机制中心取向将人类心理机制的研究作为探索人类复杂心理的主要表征方式。甚至有学者指出,未来的心理学很有可能统一于人类心理机制研究的认知神经科学上。机制中心取向与因果关系分类体系中的任何一种类别相比,几乎不存在重叠之处,它可以精确地将研究机制的心理学理论流派划归其中,而不与其他分类相冲突。因而,机制中心取向可以弥补因果关系分类体系,简单地将认知取向的心理学归为机体中心论而造成的定位不准确。

(四)心理学的意义中心取向

心理学的意义中心取向是以意义为指向的心理学理论体系,它将研究的中心聚焦于人与世界交互作用中的意义。它的主要任务是揭示心理事件的意义,强调在机体与环境的交互作用中解释心理事件的意义,认为纯粹将心理事件还原来进行研究的做法是脱离人类现实生活的空洞的和无意义的研究。意义中心取向主要包括辩证心理学、交互行为心理学、现象学心理学、社会建构论心理学、叙事心理学和文化心理学等分支学科。传统心理学理论流派(行为主义心理学、精神分析心理学、人本主义心理学和认知心理学等)将心理事件简单归结为机体或环境,这种简单的线性因果推论其实就是将心理事件还原成了神经网络、潜意识冲动、动机、本能、驱力、社会和文化等机体内部或外部刺激,却忽略了"个体在世界之中"这一命题。对"个体-世界场"的强调展示出心理学意义向度的"个体在世界之中"这一命题,即强调个体与情境因素交互作用中的意义(Stam,2000)。个体本身不能创造意义,情境本身也不能创造意义,只有二者的关系才可以创造意义。海德格尔(Martin Heidegger)在存在主义哲学"存在就是非理性的主观经验"的观点上,追寻存在与此在的意义来否定主客体的二元对立,建立超越主观和客观的哲学,将人的主观性提高到本体论哲学的高度。意义中心取向作为当代心理学研究的新视角,它也没有统一的理论流派,而是在对心理学关注意识、行为、机制的批判基础上,试图建立要超越传统的意义心理学。霍涌泉和刘华(2007)也明确指出,意义取向的心理学具有深刻的方法论意义。现代认知心理学的一大失误是在开始阶段从意义转向信息,意义概念被替换成计算能力,而要还原心理学的原貌,使认知革命复归于意义建构,必须使心理学植根于文化,围绕着这些使人与文化相联系的意义形成和意义使用的过程来组织科学理论。意义中心取向作为当代心理学理论体系的全新视角或方法论范式,对主流的心理学也具有巨大的吸引力。虽然现代心理学以认知神经心理学的机制探讨为侧重,但在认知神经心理学内部也已经分化出如神经现象学和文化神经心理学等分支学科(陈巍,郭本禹,2011)。在因果关系分类体系中,辩证心理学与交互行为心理学归属为关系中心论,社会建构论心理学归属为社会中心论,现象学心理学、叙事心理学和文化心理学却没有明确的归属。在意义中心取向中,可以将它们都强调文本和意义,而将它们分类到意义中心取向中来,这又整合了关系中心论和社会中心论,使各理论的特征更加凸显,归属更加明确。

三、心理学理论研究分类体系的发展完善

当代的心理学,不仅在研究对象上存在着分歧,而且其理论和方法论取向都是四分五裂的,我们很难用一种逻辑标准将各种理论体系进行归类。从西方心理学史和中国心理学史的逻辑上看,大多数研究者采用的是时间坐标的逻辑,将理论体系的发展变化通过时间线索呈现,这样的理论分类虽然能帮助我们理顺理论流派的发展脉络,但我们往往因无法比较而抓不住各理论流派的主要特征(姜永志,2013)。近年来西方心理学界提出以因果关系特征为标准的理论分类体系,这种分类标准可以使我们清晰地了解理论之间的因果关系,但是往往容易混淆某些相近的理论(如生态心理学和环境心理学)。在本节中,我们根据心理学史的发展脉络,提出可以根据心理学研究内容指向进行理论分类,这种理论分类关注的不是时间顺序,也不是因果关系,而是理论内容指向的特征,通过对特征的比较进行分类可以很清楚明辨各理论的差异,便于对某一理论的具体掌握。在因果关系分类体系中,最容易出现的问题是理论因果关系界定不清晰而导致理论的多向归属和无归属现象。在以内容特征为指向的分类体系中则在很大程度上避免了这种多向归属和无归属的现象,如,机制研究只有认知取向的心理学,意义研究则迎合了后现代哲学取向后出现的现象学心理学、叙事心理学、辩证心理学、文化心理学等。而且这种分类逻辑在一定程度上还整合了机体中心论、环境中心论、社会中心论和关系中心论,使理论归属更加明确。但不得不承认的是,心理学理论的发展变化使得每一种典型的理论内部都时刻发生变化,如精神分析在弗洛伊德时代是机体中心论或意识中心论,但到了斯蒂尔时代,精神分析与解释学进行了融合,这时的精神分析显然既具备了机体中心论和意识中心论的特征,也兼具了意义中心取向的特征。在这种情况下,就不能简单对其进行归类,否则又会造成理论分类的混乱。

而明智的做法应该是以理论的本质特征为基础,对其进行以内容指向的分类而不是时间历史逻辑和因果关系逻辑。尽管我们初步构建的心理学理论分类体系,能够部分地弥补因果关系分类体系和时间逻辑分类的不足,但这种分类体系在面对理论快速发展时仍会显得捉襟见肘,因而开发出一种能够适应理论快速发展变化的理论分类体系将成为未来理论心理学的研究领域之一。

第四节　中国理论心理学研究体系的发展演变

　　西方理论心理学的崛起是心理学发展历程中具有重要意义的事件,心理学从对实证主义的绝对追求中解放出来转而注重心理学自身的理论建设,也是学科逐渐成熟的一种表现。20世纪六七十年代之前的心理学是按照实证主义路线来进行建构的,心理学注重实证资料的积累轻理论建设,通过实证资料的累积发展出很多实体亚理论,对心理学的发展作出了卓越的贡献。但是,心理学缺乏对自身理论的批判和反思以及对心理学发展起指导作用的元理论建设,实证主义心理学对数据的过度依赖并未促进心理学的统一,反而使心理学离常规科学越来越远。科学发展史表明,任何成熟的学科都是按照两种模式发展的,一种是通过经验观察的数理逻辑等理性思维建立起来的自然科学模式,另一种是通过概念驱动的抽象逻辑等非理性思维建立起来的社会与人文科学模式。发展较为成熟的物理学和化学就有理论物理学和理论化学,而心理科学无疑也需要理论心理学。

　　在欧美国家,理论心理学是一门具有独立学科建制的心理学分支学科,对促进心理学的理论批判、理论反思、理论整合及理论建构具有重要作用,三十多年的发展历程也彰显了理论心理学对心理科学的重要价值。中国心理学在20世纪中后期也注重过对理论的探讨,但是后来由于对西方心理学自然科学研究模式、研究方法、研究领域的追求以及中国心理学理论研究者的流失等问题,中国心理学的理论研究被忽视和边缘化了。近几年随着西方理论心理学的崛起,中国心理学理论研究逐渐得到重视,出现很多可圈可点的理论成果,但在心理学元理论和实体理论的建设上,我们仍旧过度依赖欧美心理学,原创性的元理论和实体理论几乎没有或者很少,对心理学研究的理论反思、理论批判和理论整合还远远不够,也使中国心理学在各个领域的发展都显得步履维艰。从西方理论心理学崛起的三十年发展来看中国的心理学理论建设,那么中国有理论心理学吗?如果有,中国该怎样建设自己的心理学理论体系?这是关乎中国心理学如何能够在内外部压力影响和契机中寻求建立独立自主心理学体系的问题。

一、西方理论心理学的崛起与中国心理学理论研究

在科学心理学诞生以前,心理学曾是哲学研究的领域,哲学通过非经验的哲学思辨方式,探讨人类心理的发生发展和变化规律。翻看任何一本心理学史教材我们都会发现,在冯特以前的哲学著述中充满了对心理现象的描述。在古希腊、罗马早期,泰勒斯(Thales,约前624—前547)认为水是万物的本原,其思想是古希腊最早唯物主义心理学的开始。毕达哥拉斯(Pythagoras,约前580—前500)则区分了身体与灵魂,把灵魂分为理性(reason)、智慧(wisdom)和情欲(lust)三部分,认为只有人的灵魂三者齐备,动物只有后二者而没有理性,其思想是古希腊唯心主义哲学的开始。在古希腊、罗马中期,柏拉图(Plato,前427—前347)把灵魂分成三个部分(理性、意气和情欲),这是西方心理学史上最早的知、情、意的心理现象三分法(后来康德明确提出)。在近代,联想主义心理学代表人物霍布斯、洛克、贝克莱、休谟、哈特莱、布朗、詹姆斯·穆勒以及经验理性主义心理学思想代表人物斯宾诺莎、莱布尼茨、沃尔夫、提顿斯、康德、赫尔巴特、陆宰等,也都从不同的角度对人类的心理进行过阐释,但他们都被称为哲学家而不是心理学家。直到冯特利用实验量化的研究方法将心理学从哲学中独立出来以后,心理学走上了按照科学的经验理性逻辑来进行自身建构的道路。在接受了自然科学的世界观和方

法论之后,这时的心理学认为所有的命题、陈述和理论观点都必须依据经验,从经验观察中提炼和抽取,任何理论概念表述的都必须是经验观察获取的事实和内容,只有能被经验观察证实或证伪,才是有意义的,否则就是无意义的和非科学的(夏基松,2010,pp.98-106)。以科学自居的心理学试图将心理学建设成为完全的自然科学,行为主义者华生就自信地认为心理学应该是一门纯粹的自然科学。通过对心理学发展历史的分析发现,以自然科学模式建立起来的心理学虽然给心理学带来了崇高的科学地位,但是它未能像其他自然科学一样带给心理学一个统一的心理学科学体系,而是出现了愈来愈严重的离心和分裂现象。有研究者(叶浩生,2003a)指出,心理学目前的离心和分裂现象出现的主要原因是心理学缺乏一个将各种实证资料统合起来的元理论,缺少对众多纷杂实验数据的高度抽象概括,缺少对各实体理论的批判、反思和筛选。因此,心理学需要一门类似于元物理学、元化学、元数学等从非经验的角度,通过分析、综合、归纳、类比、假设、抽象、演绎或推理等多种理论思维的方式,对心理现象进行探索,对心理学学科本身发展中的一些问题进行反思的学科。

在经验主义者眼中,用经验实证原则衡量理论心理学,理论心理学便不是科学,实证主义的原则排斥了理论探讨在心理学中的合法地位。激进的行为主义者斯金纳(Burrhus Frederic Skinner)在一篇题为《学习理论是必要的吗?》的文章中声称,"理论对于心理学家来说既是不必要的,也是不允许的"(伍麟,2001)。从行为主义开始,自然科学的物理主义世界观和实证主义方法论原则就逐渐渗透到心理学的各个领域,成为一种类似于范式的东西支配了心理学家的思维方式。这种范式强调研究对象的可观察性、笃信客观普适性真理、坚持以方法为中心、信奉价值中立的立场、固守人为机器的模型的原则,同时坚持自然科学的原子论、还原论、客观论、决定论和定量分析这些立场(高峰强,2002)。心理学家盲目接受这些原则和立场,把经验理性当成一种不可超越的教条,形成了对经验原则的崇拜,企图通过简单的公式、定理和推论来解释全人类的心理,显然是无法真正和全面揭示人类复杂多变的心灵。

长期以来，心理学界已经习惯了将理论作为一种假说，通过客观的科学方法来对它进行检验的研究逻辑。但是近代物理学的发展，尤其是20世纪微观物理学的巨大成就，从根本上动摇了这种实证主义科学观的基础。以量子力学和相对论为代表的微观物理学的迅猛发展，充分揭示了物质存在也具有相对于某一标准的属性，传统物理学声称的客观确定性和规律性已经让位给物质世界也是不确定性的观点。科学哲学家哈瑞(Rom Harre)(2006,p.26)对这一现实发出了感慨："适合科学幼年时期的经验归纳法正在让位给科学理性论的探索性的演绎法，纯粹思维在某种程度上可以把握实在，现代科学明显地呈露出理性主导、经验趋淡的大趋势。"物理科学的"思想实验"同样具有科学的效力，这一科学观的转变指出"思想实验"同样也是有效的科学方法。

20世纪60年代科学哲学的转向进一步动摇了实证主义的科学基础(李醒民，2005)，科学哲学家库恩(Thomas Kuhn)早就在《科学革命的结构》一书中指出科学知识并非始于经验而是始于问题，一切观察与实验都是在一定理论指导下进行的。科学哲学家拉卡托斯(Imre Lakatos)的科学研究纲领也提出，当两种研究纲领或方案形成竞争时，便有可能在研究纲领范围内建立评价相互对抗理论的标准和解释进程的机会，从而相互启发、促进科学研究的进步。另一位科学哲学家汉森(Norwood Russell Hanson)在其著名的《发现的模式》一书中，阐述了观察负载理论的思想，观察是一种负载理论的活动，决定观察者看到什么，并不取决于观察者的视网膜映象，而是取决于观察者已有的理论概念，他已有知识决定了他对某一事物的观察。20世纪60年代以来，这些科学哲学家通过对科学史的考察，纷纷提出了对传统经验理性科学观的质疑，同时也对实证主义心理学的科学观及方法论予以致命一击。

恰恰也在同一时间，心理学学科内部在繁荣的表象下也潜伏着种种危机，已经显现出实证主义心理学的种种弊端，在行为主义势微和认知主义崛起的背景下，实证主义主导的心理学学科内部分裂危机日益加剧，极度膨胀的实证资料与极度虚弱的理论基础之间的反差日益增大，许多学者对实证研究极度迷恋而排斥理论性研究，致使心理学陷入了研究课题破碎、科学观与方法论对立、学术研究者与实践应用者相割裂的尴尬局面(霍涌泉,2009,pp.79-90)。以方法为中心的心理科学难以解决学科自身内部的许多理论和实践问题,诸如概念、词义的含糊性,逻辑关系、语言表达的矛盾性,理论综述的混乱性、空泛性、非实用性、非实践性,以及脱离客观内容的形式化、主观虚构等等,这些都严重地影响了心理学的科学形象和社会声誉。也正是在微观物理学的巨大进步、科学哲学对心理学实证主义哲学基础进行质疑以及心理学学科自身难以解决的现实问题共同作用下,才促进了心理学理论研究的进步,乃至在20世纪后期产生了理论心理学这一分支学科。

美国学者罗伊斯(Joseph R. Royce)在1975年出版的《心理学的多元方法论:理论类型、特征与普遍观点、体系和范式》,提出理论心理学是由元理论和实体理论两部分组成的命题,同时将理论心理学概括为唯理论(即寻求经验与理性的逻辑一致性)、经验论(即心理学研究对象的可观察、可重复验证性)、隐喻论(即通过符号达到对普遍真理的觉知),对心理学的理论发展形势进行了首次概括(霍涌泉,梁三才,2004)。理论心理学也对理论的标准重新作了与自然科学不同的诠释(叶浩生,2007a),与传统的实证主义心理学理论源于实证资料累积基础上的归纳不同,理论心理学从非经验的视野颠覆了实证主义对理论的评价标准。首先,理论的评价标准并不需要时时处处寻求经验实证的数据,而是它采用概念水平的逻辑分析方法,这种方法具有判断和鉴别概念、命题、理论真伪的功能。可将概念和逻辑水平区分为分析理论内部各要素之间在逻辑上是否相容和一致、分析该理论与处于背景知识中的其他理论的相容和一致、分析理论与该理论建立者所持认识论和方法论的相容性三个水平,通过这些逻辑分析就可以很容易证明一些概念和理论的真伪。其次,理论的评价是可以在价值和意识观念的水平上进行的,通过分析理论的社会价值和意识观念的功能,可以判断理论的好坏优劣。再次,强调了修辞和叙事的标准,认为它不仅是一种文字的修饰与表现,也是一种本质的陈述与建构,通过修辞和叙事手段,理论可获得语言系统的形式化和公理化表述,为判断理论陈述的一致性和完美性提供了形式化的标准,也为理论的选择和比较提供了坚实的基础。理论心理学在后经验主义的影响下,对经验理论标准的颠覆,为理论心理学的发展奠定了坚实的基础,也为理论心理学扩展研究视野提供了方法论依据。

  对理论评价标准的重新诠释,也使西方理论心理学在崛起的三十年间里研究视域不断扩展。《理论与心理学》(*Theory and Psychology*)杂志主编斯塔姆(Stam,2000)在对理论心理学三十年发展的回顾基础上,展望了理论心理学未来的研究领域,认为理论心理学的视野应该主要集中于认知、知觉和符号学,方法和假设检验、数学模型,临床心理学和心理病理学、精神病学的和疾病的研究,心理学的哲学,社会心理学与发展心理学,女权主义、性别社会实体,社会建构论与话语心理学,历史研究或涉及编史工作的研究,批判性理论与心理学的社会性评论,精神分析与新精神分析,解释学和现象学,后现代主义和解构主义等十二个领域。2009年在中国南京举办的第十三届国际理论心理学大会,进一步对理论心理学的研究领域进行了精细划分和讨论,主要集中在活动理论、人类心理学、临床理论、认知科学、批判心理学、文化心理学、发展理论、认识论、道德、进化心理学、女性心理学、健康心理学、解释学、心理学史、本土心理学、方法论、现象学、哲学心理学、后殖民理论、后现代心理学、心理分析理论、社会建构论、系统理论、理论神经科学和心理学应用等方面的内容。在此基础上,格根还提出了理论心理学今后要确定的几个目标:一是要逐步超越实证主义的限制;二是要尽快地确定理论研究的重点领域;三是要讨论与文化实践有关的理论课题;四是要发掘理论智慧的社会文化资源。西方理论心理学的发展已经从宏观视域出发,对心理学几乎所有领域开展了一系列的理论讨论。然而,从中国心理学理论研究来看,却仍停留在对意识与潜意识、身心关系、遗传与环境、心理学理论流派对心理学的贡献和局限、著名心理学家的思想体系的批判、心理学的哲学基础的讨论、心理学的方法论以及西方理论的引介与评价等初级水平上,从我国与西方的比较来看,中国现有的心理学理论研究与西方的差距仍然巨大。

二、中国理论心理学研究的当代发展

从对西方理论心理学的崛起来看中国理论心理学的发展,中国理论心理学的建设仍然很落后,但从近十年的发展来看,中国理论心理学正逐渐成熟起来。回顾中国理论心理学的发展历程(谢立平,2007),有研究者将国内理论心理学分为三个阶段:第一个阶段是从新中国成立到20世纪90年代初,此阶段是中国的理论心理学学科从无到有、从小到大、从孕育到逐渐走向成熟的时期,虽然经历文化大革命的重创,但心理学理论的研究要远远好于心理学其他分支学科,尤其是在老一辈心理学家陈大齐、潘菽、高觉敷、郭任远、曹日昌、唐钺、朱智贤、陈立、刘泽如、殷培桂、荆其诚、林崇德、车文博、燕国材、杨鑫辉等(部分学者)的影响下,心理学理论研究取得一系列研究成果。第二阶段是从20世纪90年代初到90年代末,大部分老一辈心理学家相继离世,心理学理论研究队伍出现明显断层,新一代的研究者要么对理论研究缺乏兴趣,要么研究兴趣转移到实证心理学的新领域,学者的流失导致这一时期中国理论心理学处于停滞时期。第三阶段是从21世纪开局之年算起直至今日,在新一辈青年理论心理学工作者,如叶浩生、葛鲁嘉、高申春、伍麟、霍涌泉、燕良轼、郭本禹、彭运石、汪凤炎、高峰强等(部分学者)心理学理论工作者的影响下,中国心理学正处于心理学理论研究的兴盛时期,也出现了大批理论心理学研究成果,如2010年出版的车文博对东西方心理学理论进行全面总结的《车文博文集》十卷本,葛鲁嘉的《新心性心理学宣言——中国本土心理学原创性理论建构》,霍涌泉的《心理学理论价值的再发现》,汪凤炎的《中国心理学思想史》等原创著作的问世,以及国内学者推出的拓扑知觉理论、社会内隐现象的钢筋水泥模型、分阶段综合模型、智力的多元结构理论等实体理论,显现出国内心理学工作者对心理学理论研究已经初步形成体系。虽然目前已经出现了一些可圈可点的理论成果,但与西方理论心理学研究的规模、研究领域、研究水准、研究方法乃至研究从业者数量相比,中国理论心理学无疑显得很弱小。从美国心理学会(APA)的55个心理学分会看中国心理学会15个专业委员会(2012年),中国心理学在研究的领域、学科的专业化程度、理论转化实践的能力上与西方心理学仍有很大差距。笔者认为，差距的根本原因有两点，望与学界商讨。

首先，中国心理学没有给理论心理学一个明确的学科建制。从科学的发展史来看，学科化是提升某一领域研究的科学化水平的重要途径，没有专门而独立的合法化的学科制度作保证是难以将某一学科做强做大的，更无法吸引和维系学科内部研究者长期从事学术事业（郭永积，2011）。在始终强化实证性研究的学术大背景下，理论心理学学科建制在我国的缺失，使一些研究者很难全身心投入到理论研究中来，学术中心地区也鲜有人投身史论领域的事业，研究力量薄弱，所占资源相对稀缺，理论话语权不足等问题尤为突出（荀雅宏，2004）。美国学者斯莱夫（Slife & Williams，1997）曾指出："应该在每一个大学的心理学系和研究机构中为理论心理学者设置一个位置，正如每一个心理学系得益于一个和多个实验设计或数理统计方面的专家一样，它们也同样得益于一个或多个理论心理学家，心理学的研究基本上属于一项理论的事业，理论心理学需要优先发展和研究资助。"但在国内高校和科研院所中往往没有给理论心理学家预留位置，在师资队伍的建设上几乎也没有哪一个高校首选理论心理学的博士研究生作为师资补充，已有的理论心理学研究者只是跻身在基础心理学这一专业方向下进行研究和研究生培养，而且已有的机构对理论心理学博士研究生的招生仍将实验心理学和心理学研究方法作为考试的专业课之一，这也说明了理论心理学在人才培养模式上也是有问题的，在一定程度上阻止了部分对理论研究感兴趣的人进入这个领域，这就导致在应对我国心理学的重大理论或元理论问题时候几乎失声。而西方理论心理学之所以能取得今天的成就，是与他们长期以来为争取理论心理学作为心理学的一个分支的独立地位而奋斗的努力是分不开的。

其次，中国心理学缺乏独立的心理学理论体系。众所周知，中国的心理学体系是引进西方国家的现成的科学体系，从心理学的科学观、心理学的方法论，再到心理学研究的领域，都是按照西方心理学体系来建构的。在西方文化中建立起来的心理学体系体现的是西方文化精神，西方始终将心理过程分为知、情、意三个彼此分离的部分,而有研究者指出,这种分法其实是在西方经验理性和主客绝对二分基础上建立起来的,将心理学的研究对象指向物理客体,而不是指向人本身(郭斯萍,陈四光,2008)。西方文化偏重于人对物的关系,基于长期的人对物的关系,西方心理学便发展成为以认知为主、知情意分离的心理学体系。中国心理学家潘菽发现,中国传统心理学的对象不是西方文化所面对的冷冰冰的物,而是有生命、有意识、有情感的人,人的心理世界是一个知情意有机统一的精神系统,这就决定了中国传统心理学必然表现出知情意合一的整体性。但遗憾的是,现代心理学忽视了中国心理学思想中关于人对人的研究模式,而对人对物研究模式的继承则体现在中国对西方实证主义心理学体系模仿的始终。理论体系的根基是学来的,那么我们的创新必然也是根基于西方这种心理学研究模式的创新,理论研究无疑也会局限在对西方心理学的模仿上,这对中国独立自主的理论心理学发展是极为不利的。

三、中国心理学研究体系的完善

虽然国内心理学理论研究仍存在很多不足,而且自身也有短时间内难以修复的硬伤,但从西方理论心理学的发展来看,中国理论心理学的发展无疑会从中得到一些启示。心理学理论研究不同于依靠数据驱动的心理学具体问题的研究,它是从非经验的角度,通过分析、综合、归纳、类比、假设、抽象、演绎、推理等多种理论思维的方式,对心理现象进行的探索,对心理学学科本身发展中的一些问题进行的反思和建构,以心理学的元理论和实体理论为研究对象,涉及心理学的学科性质、心理学的学科关系、心理学的方法原则、心理学的指导思想、心理学的理论学说以及心理学的研究方法等问题。无论是西方心理学还是中国心理学,理论心理学的建设都将围绕上述问题进行展开。因此,从这个视角来说东西方理论心理学的建设上是有共性的,也就是说我们可以借鉴西方理论心理学的理论思维、理论研究方式来考察和构建中国内容的理论心理学,这就要涉及如何具体建构的问题。成熟的自然科学,如物理学、化学的发展一般都遵循着两条路径：一条自上而下概念驱动的理论演绎推理的路径；一条是自下而上的从实证数据累积进行数学逻辑的路径。前者更多涉及从非经验的思维出发，通过思想实验进行理论的演绎，后者更多涉及从传统的经验理性出发，通过数据驱动进行微型理论的归纳。中国理论心理学显然可以按照这样两条路径来进行整体规划。但是，在这样的一个规划图景中，我们必须注意以下三个问题：一是要积极对国外理论心理学的理论思维和理论研究方法进行筛淘；二是加强中国原创性理论建设；三是处理好理论与实践、引进与创新、反思与建构的关系。

第一，积极对西方理论心理学发展成果中的理论思维和理论研究方法进行筛淘，引进有利于中国理论心理学发展的技术和方法。自20世纪60年代以来，理论的评价标准已经不再是与经验事实的一致性，理论心理学虽然主张使用哲学性的方法、思想实验方法以及整体性的、定性的研究途径，但这并不等于它的方法就完全是思辨性的，目前西方在理论心理学建设中，也正在积极寻求将研究的主观性转化为客观性的研究路径。其中元分析技术方法被认为是在理论心理学研究方法上的重大突破，元分析技术使用客观的统计分析技术对数据进行量化的总结，寻找相同内容结果所反映的共同效应，它可包括以下四个步骤：对以往研究文献的检索、对研究的分类与编码、对研究结果的测定、对实际效果的分析与评价。这种元分析技术为理论心理学的研究提供了严谨和规范的研究程序，这无疑为理论心理学研究更加客观化提供了方法的支持，类似于这样的方法是我们应该吸收和借鉴的。

第二，必须加强中国原创性理论建设，虽然老一辈心理学家已经通过自下而上的路径发展出拓扑知觉理论（陈霖）、社会内隐现象的钢筋水泥模型（杨治良）、分阶段综合模型（黄希庭）、智力的多元结构理论（林崇德）等实体理论，但我们更缺少的是对心理科学发展起到指导作用的元理论的建设。有学者（Gergen，2006）指出，现在心理学界已经有太多的实体理论，这种实体理论更多的是通过自下而上的数据驱动建立起来的微型理论，每一个微型理论都有相应的实证数据的支持，已经导致心理学中观和微观理论的混乱，现在我们需要的是通过理论心理学的理论思维、理论方法对这些中观理论和微观理论在宏观上进行整合,形成对心理学科学具有重要指导作用的元理论。可见,目前对元理论的建设似乎要比实体理论的建设更为重要,原因在于元理论的哲学反思和哲学建构特征可以为一个学科指明发展的方向,澄清学科所面临的逻辑、概念和命题的混乱状态。目前兴起的辩证心理学的研究或许可以将传统的辩证思想作为中国元理论发展的基础,在这一领域国内外学者也已经积极开展相关的理论研究。对加强中国理论心理学的原创性建设,中国心理学者燕良轼呼吁要注意以下六个方面(燕良轼,曾练平,2011):一是理论心理学必须回归人本身;二是理论创新需要学者具有坚定的理论信念;三是心理学不能走理论与实证相互怨恨的道路;四是理论研究不仅要具有批判性思维,尤其是要鼓励建构性思维;五是理论心理学的建设需要理论心理学家相互合作、共同攻关;六是要鼓励多途径的理论创新。这六个主张何尝不是中国心理科学发展的核心所在。

第三,中国的理论心理学要处理好理论与实践、引进与创新、反思与建构的关系。这几对关系也正是西方理论心理学发展中急需解决的问题:(1)关于理论与实践的关系问题,国际理论心理学协会主席、南非著名心理学家法尔玛格尼(2009),在"第十三届国际理论心理学大会"上曾反复强调理论心理学与实践紧密的关联。他认为,从理论心理学的概念看,研究实践问题是理论心理学的应有之义。心理学理论既包括元理论也包括关注具体领域的实体理论,实体理论正是通过自下而上的研究获得的理论,即从具体的心理学实验、实践中获得的理论。理论心理学的最终目标应该是帮助人们解决实践问题。理论心理学的元理论研究关注的人性、身心关系、方法论等抽象问题,看似与实践相去甚远,但对这些问题的不同看法往往构成了实践者进行实践的理论前提或理论预设,在实践者意识不到的情况下对其实践产生着实实在在的影响。(2)关于引进与创新的关系,中国心理学与西方心理学相比,经常处于理论滞后及错位的状态,国内心理学者往往只重视对西方科学的心理学资源的引进和转借,如对西方新兴起的某个研究领域的追新、对西方心理学的理论模型进行评述、对西方心理学新技术和方法进行引进等等,而对"思想的心理学"资源学习借鉴得十分不够。寻求中国心理学的创新和发展,需要对理论思想范式的引进、学科制度、职业建设等方面持续创新,才能不断缩小与西方心理学的差距。(3)关于反思与建构的关系,国内学者指出,理论研究不能只停滞在对理论的批判与反思上,批判与反思只是理论研究的最初级阶段,理论研究还必须具有建构性思维,心理学理论研究要对历史中各具形态的心理学理论学说观点进行质疑,"循名实而定是非,因参验而审言辞",同时也要构建自己的理论学说,这就必须有建构性思维。葛鲁嘉(2011)也指出,理论反思与理论建构是理论心理学的两个彼此相互关联的基本内容,建构中国的理论心理学体系,应该汇聚心理科学的理论资源,迎合学术发展的历史潮流,提升心理学家的理论修养,拓展理论研究的学术视野,深化学术探索的理论内涵。

总之,西方理论心理学的崛起既是20世纪后期世界范围内兴起对科学基本理论价值问题重新认识的结果,也是后经验主义和科学哲学对经验负载理论完美诠释的结果,还是心理学学科内部离心和分裂的结果。西方理论心理学的崛起已经表明,当代心理学的理论话语已越来越受到重视,理论心理学通过自身的话语方式对心理学学科问题、心理学方法论问题、心理学基本框架问题等元理论以及心理学一般理论、心理学具体理论等实体理论进行理论批判、理论反思和理论建构,已经取得一定成效,理论心理学的理论价值也得到了彰显。从理论心理学的崛起来看中国心理学的理论建设,从中也给我们提供很多启示,这对中国理论心理学的研究都具有重要价值,但是中国理论心理学的创新之路必须靠中国理论心理学者,根据中国心理学发展状况、根植中国文化资源、发挥中国理论学者的集体智慧,才能在借鉴西方有益的理论心理学研究成果基础上走得更远。

第五章 传统心理学理论流派的历史贡献

在心理学演变发展的历程中,很多经典的心理学体系并没有随着新理论的出现而销声匿迹,而是在潜移默化地对心理学发展产生着影响,如经验主义与理性主义、意动心理学、机能主义心理学、精神分析理论,以及产生较早但直到近年才被认可的辩证心理学和交互行为心理学。这些心理学分支体系对现代科学心理学的发展有着不可磨灭的历史贡献。

经验主义与理性主义是心理学最重要的奠基石,它们对心理学的研究领域作了早期的前瞻性探索,对心理学的研究疆域作了早期的拓展和划定。经验主义与理性主义持有的方法论原则也对心理学产生深远影响。经验主义与理性主义对心理的先验与后天、心理与身体关系等心理哲学的早期讨论,促进了理论心理学的发展。在心理学史的视域内,讨论经验主义与理性主义对心理学的贡献,不仅能把握心理学史的连续性,还能把握心理学的未来发展趋势。

布伦塔诺是意动心理学的创始人,他建立了心理学史上第一个与科学心理学对立的理论流派,将心理学研究对象由心理内容发展到心理过程,将心理学研究方法由实验内省(内部观察)发展到内部知觉(反省)。他重视心理学的理论与实践研究,开辟了人文取向的心理学研究,形成了心理学历史上科学与人文的早期对立。布伦塔诺的贡献几乎可以与冯特创立自然科学模式的科学心理学的贡献相媲美。

机能主义心理学是心理学史上最具影响力的理论流派之一,它在对早期狭隘科学心理学的批判基础上，吸收了进化论思想和实用主义哲学，形成了一个与构造主义心理学相对立的学派。本章内容从机能主义心理学的两个发展阶段谈起，介绍了自詹姆斯等早期机能主义先驱者对机能主义心理学的历史贡献，以及芝加哥学派和哥伦比亚学派两个并行发展的理论体系，揭示了机能主义心理学的发展轨迹，阐释了机能主义心理学被主流心理学吸收和融合的历史归宿及当代启示。

弗洛伊德的精神分析作为一种心理学理论体系和治疗方法，自提出之日起就备受争议。在历经几次大的学派分离和理论修正之后，当代精神分析理论和方法几近祛除了传统精神分析的本质特征，远离了它的生物学和物理学假设。精神分析的多次裂变既带来了其元心理学的分裂，也带来了新精神分析的发展。在历次的修正中，精神分析的发展都越来越向客体化倾向靠近，精神分析的客体化倾向已经演变成精神分析发展的主要方向，它既是对传统精神分析的颠覆，也是对弗洛伊德理论的新发展。在这种倾向的指引下，还会有一批跟随者继续对弗洛伊德的精神分析理论进行修正，并不断发展符合时代潮流的新精神分析理论。

辩证心理学和交互行为心理学是近年对心理学理论建设和方法论改革影响较大的心理学取向，它们可以共同归纳到心理学的情境交互作用理论体系之下。情境交互作用理论体系打破了传统心理学只关注意识、行为和心理机制的单一维度，认为心理学应该关注机体与情境交互作用中的意义。

本章从心理学传统的分支学科体系视域出发，探究了不同学科发展对当代心理学及其理论研究的历史贡献，对心理学的发展具有不同的借鉴和启示意义，也为今后心理学理论体系的发展起到以史为鉴的映射作用。

第一节　经验主义与理性主义的历史贡献

心理学自 1879 年从哲学母体中独立出来之后，已经获得了独立的科学地位,在考察人类心理现象方面也取得了巨大成功。尽管科学心理学一再希望同哲学划清界限,但正如弗洛伊德(Sigmund Freud,1856—1939)在《一个幻觉的未来》中指出的:"我们对过去和现在了解得越少,我们对未来的判断就越不准确。"心理学在独立后的一百三十多年间就曾与哲学母体有过附属或依附时期,有过互相漠视的排斥时期,有过唇齿相依的合作时期,也有过相互借鉴与发展的共生时期。现代心理学的发展一再表明,心理学与哲学有着斩不断的必然关联。因此,我们不得不再回头重新审视它们之间的关系。经验主义与理性主义就像心理学大厦最重要的两块奠基石,在心理学史中具有决定性的地位,它们直接影响到了科学心理学的研究领域、研究方法以及基本理论问题(姜永志,刘额尔敦吐,2012)。

一、经验主义与理性主义同心理学的关系

经验主义与理性主义的差异是我们关注的重点之一,它们的差异归纳起来表现在以下三个方面。一是对先验论与经验论的强调。近代培根和洛克等领导的经验主义,强调经验及感性资料的联想是获取知识的工具。在理性主义看来,一些基本真理是通过先验方式获得的,强调特定的先天能力和偏好,如深度视觉的能力,或对甜味而不是苦味的偏好等。二是主动与被动心灵论的强调。在经验主义看来,知识是通过感官接收信息的,关于世界的知识是建立在诸如连续性、相似性、对比和强化等外部影响基础上。在理性主义看来,心灵不是感官信息单纯的被动储藏室,心灵能主动地组织、选择、拒绝、辨别并作用于感觉资料。主动心灵理论与理性主义对先验真理的强调有着密切的关系。三是演绎与归纳的强调。理性主义依赖于推理,而经验主义依赖于经验,理性主义强调的是演绎推理。经验主义更关注归纳法则。演绎证明指的是为了给结论提供确定的基础而提出的一个前提证明,归纳证明指的是在没有既定前提时,个体更可能证明结论,归纳证明的结论通常是以可能性的言论给出的,而演绎推理的结论能从严格意义上用已被证明的言语给出。

从心理学发展的历史来看,无论是对 1879 年之前的心理学,还是历

经了内容心理学、构造心理学、精神分析心理学、格式塔心理学、行为主义心理学、认知心理学、人本主义心理学相互竞争的科学心理学,乃至今天认知神经科学、计算机科学、生物科学与认知心理学结合的综合性心理学,经验主义与理性主义仍旧具有足够的权威。它们都较早涉足心理学问题研究,并成为它们进行系统研究的哲学取向,它们对心理学研究领域的奠定和扩展进行了前瞻性的探索。经验主义与理性主义之间存在的张力也为心理学的科学方法的产生和发展奠定了基础。他们的早期争论也为现代理论心理学的进一步发展提供了源泉。正如美国科罗拉城市大学心理学史学家韦恩·瓦伊尼(Wayne Viney)所言:"心理学史是一条丰富现在的途径,在一定程度上说,历史就是一种记忆,脱离记忆的历史是空洞和泛泛的,心理学史可以告诉我们过去关于心理学的过去以及对未来的预测。"(Viney & King,2016,pp.1-5)因此,从心理学史的视域来考察经验主义与理性主义对心理学的影响,这对心理学的理论发展具有重要意义。下面从经验主义与理性主义对心理学的研究领域的前瞻性探索、对心理学方法论的启示,以及对理论心理学的贡献等几个问题进行阐述,以揭示经验主义与理性主义的竞争和共存对当代心理学发展的影响,以及它们对心理学未来发展走向的可能性影响。

二、从心理学早期对研究内容的探索看经验主义与理性主义贡献

(一)经验主义界定的心理学领域

经验主义就是强调经验在知识获得过程中重要性的一种哲学,而经验既包括直接的感觉经验,也包括诸如梦、想象、幻想、情绪等内部经验。经验主义者与理性主义者对心理学的研究领域进行了早期的探索研究,这些早期研究基本上确定了冯特及其后来心理学研究范围。培根(Francis Bacon,1561—1626)是强调科学方法统一的第一人,被看作是多个科学学派的先驱。他认为,社会应该支持感知觉以及想象、思维、记忆等认知活动的经验研究,主张建立上述每一个领域及其他所有科学领域的完整自然史,认为理解一个领域的自然史能够为科学家建立新的知

识结构并提供基础,他的观点一直支配着归纳或实验心理学的发展。培根的重要继承者,洛克(John Locke,1632—1704)在否认天赋观念的同时,将人的心理比作"白板",提出著名的"白板说",强调了后天经验、环境和教育对心理的影响,这与行为主义心理学的最初假设是一致的,为行为主义心理学的建立提供了早期的理论和哲学基础。随后,贝克莱(George Berkeley,1685—1753)扩展了洛克提出的经验主义哲学,在《视觉新论》中,他反对存在先天的、产生深度知觉的集合原理,认为真实世界是经验世界或心理世界,存在就是被感知。在该著作中,贝克莱关于深度知觉的详细描述成为了关于所有感觉的心理学探究的先驱。在贝克莱的指导下,休谟(David Hume,1711—1776)提出了自豪、情绪、谦逊、爱恨和尊敬等心理学研究主题,他还强调比较研究,认为动物的解剖研究对于研究人类是有用的,在达尔文进化论之前推动了比较心理学的发展。另外,休谟比自培根起的所有其他经验主义者更关注情绪的研究,他希望建立一个关于情绪的术语,希望了解情绪起源以及它们在人类智力生活中所起的作用,这对詹姆斯等心理学家对情绪的研究起到了促进作用。另外一个对情绪感兴趣的学者是哈特莱(David Hartley,1705—1757),他是最早对快乐和痛苦进行分类的学者之一,确立了痛苦和快乐的七种来源。另外,他受到牛顿和盖伊的影响,还主张用联想来解释记忆的过程。同样是研究快乐,另外一位联想主义者边沁(Jeremy Bentham,1748—1832)提出了快乐微积分学说,认为任何一种行为都应该根据它所有快乐和痛苦的社会后果进行判断,我们应该追求最大限度的快乐和最小限度的痛苦,而且我们应该为最大多数人谋求最大的快乐。惩罚也应该根据功利主义进行,强调维护社会甚至是改造罪犯,他提供了一种新的方式来思考惩罚,该理论是对同一时期极端的报应理论的矫正,这也对现代社会心理学的发展直接产生了影响。可见,早期的经验主义者已经对后来心理学的某些问题,如感觉、知觉、情绪、记忆等进行了有益的探索研究,为心理学研究领域的范围划定了疆域。

(二)理性主义界定的心理学领域

理性主义哲学强调不言自明的先赋观念,并把推理当作获得知识的工具,其实质就是推理、推断和思考。理性主义与经验主义之间的张力也促进了心理学研究对象的拓展。以"我思故我在"而闻名的笛卡尔(René Descartes,1596—1650)就是最著名的理性主义者之一,他在身心交互作用论中将身体比作机器的主张,对行为主义心理学机械决定论的观点起到了启示作用。笛卡尔把身体的部分,如神经、脑室称为类似于管道、储存罐、弹簧与轮子的东西,主张上帝将理性灵魂与生理机器合并。笛卡尔宣称,在脑中有一个很小的松果体管理着身心交互的过程,尽管这一假设后来被证明是错误的,但是这种将人与机器类比的观念,仍对现代行为主义心理学、认知心理学产生了巨大影响。斯宾诺莎(Baruch Spinoza,1632—1677)在否定笛卡尔松果体的作用的同时,持有一种自然主义心理学取向,他在对身心关系的讨论中曾提出诸如压抑、过度代偿、反向形成以及快乐作用等概念,这些概念后来构成了弗洛伊德精神分析心理学的关键部分。理性主义另一位集大成者莱布尼茨(Gottfried Wilhelm Leibniz,1646—1716)曾提出单子论,对心理学的影响也是巨大的,他通过前定和谐的强调,提出心理与生理的平行关系,并认为心理与生理是完全对应的,他认为由疼痛而发出的号叫与身体的烧伤是平行的,而且烧伤与由于疼痛而发出的叫声也是一致的,每一个单独的单子与宇宙的所有其他部分是联系在一起的,由于疼痛而发出的叫声伴随着烧伤,烧伤伴随着由于痛苦而发出的叫声,这一观点使心理与生理具有了等同的地位,并赋予心理领域与生理领域的合法地位。另外,同时代的理性主义者,作为教育心理学和数学心理学先驱的赫尔巴特(Johann Friedrich Herbart,1776—1841)创造性地提出了统觉团概念,这也成为冯特感知觉研究中统觉概念的来源,直接影响了冯特对感觉的研究。在赫尔巴特的研究中,我们还可以看到诸如抑制、压抑、阈限和潜意识等概念,这都为后来心理学的发展提供了基础。可见,莱布尼茨、赫尔巴特等最早探究了阈限概念,使其成为早期心理学家关注的主题,这也成为心理物理学关于物理量与心理量关系研究的早期来源。通过强调心理过程的规律性,斯宾诺莎帮助奠定了心理科学的概念基础,对鬼神学的攻击,促进了研究情绪障碍的自然主义取向发展。作为教育心理学先驱的赫尔巴特,是早期探索教学技巧能促进学习和提高记忆的先驱(史密斯,2005)。理性主义者与经验主义者一样,在拓展心理学研究领域方面作出了突出贡献,而且很多观点在现代心理学视野中仍然适用。

三、经验主义与理性主义对理论心理学研究的历史贡献

经验主义与理性主义对心理学的直接影响还表现在方法论上。心理学之所以宣称是科学的心理学,其最主要的原因是心理学使用了所谓的科学的研究方法,如实验法、观察法等可以用感官或经验直接获得。正是因为心理学采用了经验主义的直接证实方法才使心理学获得了科学地位。纵观心理学的发展历程,冯特用实验改造了内省,华生将人比作接收刺激并作出反应的机器,奈瑟将人的心理过程比作计算机程序的输入、编码、存储、输出过程,都彻底地贯彻了经验主义及其实证主义科学哲学的基本观点。回顾早期经验主义,我们仍可以发现当代心理学中难以除去的经验主义痕迹。培根早期就强调广泛收集具体事例、进行大量观察的重要性,强调观察的归纳法在现代科学发展中占有重要的地位,他重视经验观察的主张,以及他的科学态度和科学精神在某种程度上为实证心理学提供了最早的方法论启示。洛克和贝克莱同样也注重经验观察在科学研究中的作用。洛克将经验主义发展成为一种经验主义哲学,贝克莱则扩展了洛克的学说,但仍强调作用于感官的经验的重要性。穆勒的学说则直接和间接地促进了19世纪末心理学历史上的第一次转折,他的科学哲学将较为古老的培根和洛克的经验主义放在现代的立足点上,并合理地宣称心理学的实验科学是可以获取的。穆勒并没有简单地将心理学还原为生物学以获得心理学的科学地位,在其心理学概念中起主要作用的中心主题是联想主义和快乐主义原则。他接受了其父亲以及哈特莱提出的联想主义原则。因此,心理的基本法则可以简单地通过实验的方法得以证明。穆勒怀疑关于联想的物理观点是否可以合理地应用于更复杂的人类心理现象,认为心理现象有时与物理规律类似,有时又与化学规律类似,所以认为物理化学并不能负责起全部心理学(车文博,2010,pp.210-216)。穆勒的这种观点尽管倾向于经验主

义,但是他也为理性主义方法留有了余地。

  相反,理性主义尽管反对经验主义的经验的、被动的、归纳的方法论主张,但理性主义并未完全否定经验主义方法在心理学中的作用,很多理性主义者甚至试图调和理性与经验,这种努力对心理学的方法论仍具有影响。如,笛卡尔在《论方法》中就确立了学术研究的规则和一种不观察到决不罢休的强烈而坚决的决心:"绝不接受任何作为真理的东西,除非它非常清晰而明确、不会受到质疑;把所有难题尽可能分解为多个部分;从最简单和熟知的部分开始,逐步深入了解更复杂的知识;进行完全列举和全面复习,以确保没有被遗漏的知识。"笛卡尔主张把普通经验的适切性作为物理科学的基础,认为自然事件的简单观察为科学研究提供了基础。在他的方法中,笛卡尔认为如果没有经验,推理是没有用的,经验的作用就是为反省提供材料,基于感觉经验的反省正是科学研究步骤的来源,单凭感觉信息是不可靠的,它会导致肤浅和存在主义表象。可见,笛卡尔的方法为普通经验和简单日常观察留出了空间。与笛卡尔持有类似观点的学者还有康德,作为理性主义者,他也试图调和经验与理性,认为知识始于感觉经验,但感觉经验本身并不能脱离特定的先验考虑理解,我们通过先验的方式理解一物体的出现时间在另一物体之后,或两个物体之间存在空间差异,存在一种对因果关系的直觉或先验感觉,而对于心理本身而言,心理则具有"如果……那么……"的判断命题。他最重要的遗产就是在经验主义和纯理性两个极端之间指出了一条中间路线,这条中间路线影响了几代心理学家和哲学家,并为当代科学哲学奠定了学术基础。跳出这种调和路线,我们还可以看到,斯宾诺莎和莱布尼茨的理性主义主张同笛卡尔和康德调和经验与理性的主张不同,他们明显采用数理和几何学的方法,根据公理、数字命题和论证阐述观点。莱布尼茨曾提出用数学方法研究快乐,也间接地促进了心理学研究方法的数理逻辑化。理性主义者提供了一种关于经验世界的宽泛视野,他们并没有否定观察和联想在知识获得中的重要作用,但认为一些联想是直觉的或以一种先验的方式掌握,这种哲学取向直接影响了乔姆斯基普遍语法论的先验取向,同时也为人本主义心理学关于自我实现的先天性提供了理论基础。

四、经验主义与理性主义对理论心理学的历史贡献

正如本节开篇所言,经验主义与理性主义观点的对立与调和,也导致了一些心理学理论问题的广泛讨论,如心理的先天与后天问题,心理与身体的关系问题等。如,对教育心理学影响最直接的就是洛克的"白板说",洛克对后天经验的强调与理性主义对先天性的强调截然相反。洛克强调后天环境决定心理的观点,为华生的环境决定论提供了早期的理论基础,尽管这是一种极端的观点,但这一观点使人们注意到学习和教育的重要性,以及这些活动所处的社会和环境背景对心理塑造和影响作用。正是由于经验主义的存在,出现了一种对学习和普遍教育重要性的新的强调,如果心理在出生时就像洛克所说的"白板",那么心理内容就会依赖于支持教育的环境和社会机构,这一观点在现代教育领域中仍具有重要影响。理性主义者对先天性的强调是心理学中本能论的早期原型,心理学的各个流派很多都未能摆脱本能决定论与环境决定论的争论(叶浩生,2003a,pp.67 - 72)。这些问题的讨论很长一段时间都在心理学领域存在争论,行为主义作为环境决定论的代表与经验主义密切相关,而人本主义心理学强调的自我实现则直接与本能决定论密切相关。经验主义与理性主义这种早期的争辩为现代心理学的很多重要理论提供了早期的理论基础,对促进近年逐渐受到关注的理论心理学发展也具有重要意义。

另一个重要理论问题是身心关系问题,这一问题主要在理性主义阵营中进行广泛的讨论,至今在不同心理学流派中仍未达成统一,但某些观点却被心理学家作为内隐的假设贯穿在研究的始终。心理学中的身心问题是一个本体论问题,心理是实在的吗?有以某种方式独立于大脑的心理吗?心理与大脑的关系是什么?有一种还是多种的基本实在?如果不是一种实在,那么各种不同的实在是如何共存的,它们如何相互影响?心理学家研究心理还是研究行为?这些问题正是身心问题难以回避的问题,笛卡尔、莱布尼茨和斯宾诺莎最早对这些问题进行了讨论。

如,笛卡尔是最早提出身心交互作用论的学者,他提出的松果体是协调身心相互作用的器官,认为在脑中有一个很小的松果体,它与身体的其他部分相比,心理更多是在这里执行功能,他认为心理与整个身体联合在一起,但特定的身心交互作用发生在松果体,松果体处在大脑的中央部位,松果体内富含神经,神经为松果体与身体之间的相互影响提供了基础。尽管这一观点后来被解剖学家否定,但仍对现代理论心理学具有启示作用,同时对身心关系研究者仍具有巨大的魅惑,当代理学心理学仍对该问题具有浓厚兴趣。对笛卡尔的心和身是分离的实体的观点,斯宾诺莎曾提出了挑战,认为身与心根本上是不能分离的,它们同是一个基本实体的两个方面。心理过程与生理过程是共存的,而经验世界(即心理世界)与行为(即生理世界)仅是同一事物的两种表达形式,这种立场赋予了心理学作为一门科学学科的地位,心理世界是自然秩序的一部分,即人类的心理是自然的一部分,要遵循自然法则。他的哲学质疑了早期二元论中暗含的心理过程的特殊和分离的地位。另一个不同的声音来自莱布尼茨,他用前定和谐来说明心理与身体是相互平行和互不干扰的。一些不接受前定和谐的心理学家却接受了莱布尼茨的身心平行论,正是由于莱布尼茨的工作,对身心问题的实际解决避免了互动论的缺陷,并赋予心理领域与生理领域的合法地位(Wetterstein,1975)。这三位学者的观点直接促成了理论心理学中关于身心关系的论点,笛卡尔持有的是身心二元交互作用观点,莱布尼茨持有的是身心平行二元论观点,斯宾诺莎持有的是双重一元论观点。这三种观点至今仍被一些心理学家视为研究的内在假设,可见早期理性主义者对身心关系的讨论对现代心理学仍具有重要影响。

五、经验主义与理性主义对未来心理学的持续影响

经验主义与理性主义作为西方哲学的重要组成部分,它们在不同历史时期的基本主张对心理学的发展都起到了直接或间接的推动作用。因此,在西方心理学发展历史的视域内,讨论经验主义与理性主义对心理学的贡献,不仅能对心理学史的连续性进行把握,还能对心理学的未来发展趋势作出预测。从经验主义与理性主义的长期争辩可以看出，科学心理学建立以来心理学发展演进的不同阶段，心理学的每一次历史转折，每一次心理学理论流派的兴起、衰落与更迭，无不伴随着经验主义与理性主义的对立与调和。例如，行为主义反对心理学研究任何不可被经验证实的经验（主要是指看不见的内部心理经验及其过程），而认知主义又在反对行为主义"无头脑的心理学"基础上，再次赋予内部经验以地位。与此同时，人本主义则一方面强调应给予先验的潜能以一定地位，另一方面又不反对行为主义与认知主义关于心理学研究对象和研究范式，俨然是理性主义与经验主义的整合式理论流派。再看当代较为盛行的认知神经心理学等新兴学科，它们持有的观点大多整合了早期经验主义与理性主义的相关哲学观点，使其为自身提供哲学基础。上述分析可见，经验主义与理性主义在相互指责与借鉴的发展过程中，也衍生出了心理学学科内部的逻辑发展史，这正是经验主义与理性主义对心理学的重要贡献之一。另外，从科学的实证主义心理学与边缘化的人文主义心理学的发展，以及心理学学科内部的分裂危机与整合倾向来看，它们的辩争与共存也正是经验主义与理性主义相持不下而无法统一的结果。例如，无论是实证主义还是人文主义，它们的目的都是揭示人性，并使个体认识和挖掘各自积极的人性，体验积极的心理过程，也就是人性是心理学发展的逻辑起点和逻辑终点，然而伴随着经验与理性的对立，始终伴随着人性研究的螺旋递进式发展，这一最基本命题在心理学未来发展过程中暂时还无法改变，这从当代实证心理学与人文心理学的研究中可见一斑，不过这一过程正从对立逐渐走向融合（姜永志，白晓丽，2016）。因此，可以预见，未来的心理学发展必然是在实证主义与人文主义各自持有的基本哲学立场基础上的借鉴与整合。

综上所述，经验主义与理性主义为心理学的研究领域、研究方法以及理论研究都作出了突出贡献，没有经验主义与理性主义的影响，现代心理学很难获得科学地位。不过，经验主义与理性主义同样在一定程度上束缚了心理学的发展，例如对科学标准经验化的强调与其他自然科学如出一辙，在很多情况下使不能被经验观察的心理学现象难以进行研究。不过,经验主义与理性主义的方法论原则在近代科学哲学的冲击下,不断被科学哲学否定、继承和发展。无论怎样,经验主义与理性主义对心理学发展作出的前期贡献是不容忽视的,对其研究的重新研读,有助于我们对心理学史的连续性进行把握,并对心理学的未来发展趋势作出预测。

第二节 意动心理学的历史贡献

布伦塔诺(Franz Brentano,1838—1917)是德国早期哲学家和心理学家,他的一生对哲学和心理学都产生了深远的影响。他作为一位心理学家,在心理学历史上有着显著的地位,他建立了第一个与冯特内容心理学相对立的心理学理论体系——意动心理学(act psychology)。一般而言,体系提供定义、包含假设,体系规定了探究世界的方法论和方法,体系指出了一个研究领域的对象,体系的建构可以是开放的也可以是封闭的,在时间上思想体系可以是有分别的,思想体系在自由-保守连续体上是不同的。我们可以比较心理学每一体系的主题领域,如研究对象、方法、定义、假设等。每种体系是否具有综合性、整体性、易变性、内部一致性,或者各个体系是否都支持理论与应用上的探索(丁峻,2012)。内容心理学、构造心理学以及布伦塔诺的意动心理学显然就是这样一种体系。意动心理学反对冯特将心理内容作为心理学的研究对象,而主张心理学应研究的是心理过程,心理过程具有意向性。同时,布伦塔诺也是心理学史上第一个扛起人文主义心理学大旗的心理学者,从而开辟和形成了历史上科学与人文的早期分野,这一对立直接影响了现代心理学,时至今日,心理学内部的科学与人文的对立始终持续并尚未得到有效解决。布伦塔诺提出的与冯特和铁钦纳完全不同的心理学体系可以被看作是反对科学心理学与生理学的唯一性联合,这一体系反对古老的经验主义解释,即强调经验的内容以及只通过机械联想的建构。在布伦塔诺看来,一种真正的经验心理学应更加关注经验本身,而不是像冯特和铁钦纳一样只关注内容和联想,而且这种心理学揭示的是前进的、主动的、操作性的和意向性的经验。根据苏斯曼的观点,布伦塔诺坚持亚里士多德经验主义的观点,即恢复了活动作为经验主义重要本质的观点,就像布伦塔诺所说的:"经验就像情人一样影响着我。"(郭本禹,崔光辉,陈巍,2010,pp.60 - 61)

布伦塔诺一生著述心理学著作8部,其中影响最大的是在1874年出版的《从经验的观点看心理学》,与冯特同年出版的《生理心理学原理》一样,是心理学早期的经典之作,这两部著作都将心理学看作是一门科学,但它们显然分别代表着科学主义取向与人文主义取向。可以说,冯特著作的出版既是新的独立科学的心理学的创始,又是冯特内容心理学的创立,而布伦塔诺著作的出版,则既是反冯特内容心理学的意动心理学的创立,又是欧洲现代机能主义兴起的开端。因此,布伦塔诺在心理学历史中的地位可与冯特相提并论,然而,历史上对布伦塔诺的意动心理学并未给予足够的重视,如布伦塔诺的意向性与现象学方法在早期都存在被误解的嫌疑,布伦塔诺的人文主义心理学取向未被重视等。本节对布伦塔诺心理学的基本观点、历史贡献作了重新梳理和解读。

一、研究对象从心理内容到心理过程

在布伦塔诺之前,科学心理学的创立者冯特将心理学研究界定在直接经验的范畴内,相信所有的科学都建立在经验的基础上,其他科学建立在间接经验基础上,而心理学则是建立在直接经验基础上,心理学的真正对象不是别的而是正在发生着的意识经验。心理学的研究有两大任务,一是发现意识的元素,二是发现元素组合的规律,并认为最基本的心理元素包括感觉和情感。心理学旨在发现意识的基本元素及其组合规律。作为冯特的美国继承者,铁钦纳基本上秉承了冯特的元素传统和科学心理学主张,他认为所有科学都具有相同种类的对象,物理学的原材料与心理学的原材料之间并没有任何本质的区别,他同样坚信所有科学都始于经验,与冯特不同的是将感觉、意象和情感作为意识的最基本元素,心理学要解决三个问题:是什么、怎么样和为什么。心理学的第一个任务就是确定经验的基本元素,第二是评价元素的结合方式,第三是确定这些现象的因果关系。冯特和铁钦纳都将心理学研究对象看作是意识的内容,即意识的元素上,这一取向很显然是受到英国和法国经验主义的影响。但是,布伦塔诺的理论体系显然不是受到英国和法国经验主义的直接影响。通过史料分析发现,布伦塔诺的思想来源可能来自两方面:一是可以追溯到亚里士多德机能心理学的影响;二是自莱布尼茨以来的理性主义传统。布伦塔诺早期曾对亚里士多德进行过研究,其博士论文题名为《论亚里士多德关于存在的多种意义》,亚里士多德在规定心理学是研究"灵魂的科学"之时,把心理看作是灵魂的一种功能或机能。莱布尼茨在心理学上强调从潜意识到意识过程的规律性和渐进的顺序性,强调在变化中的同一性和整体性(王华平,2011)。

思想来源的差异,使布伦塔诺在对心理学研究对象的观点上也与冯特和铁钦纳有着明显的分歧。因此,布伦塔诺坚持认为,严格意义上的心理学研究应该强调的是心理的过程而不是心理的内容,即心理学不应该研究感觉、判断等的内容,而是感觉、判断等的活动,称这种活动为意动。在布伦塔诺看来,内容属于物理现象,是物理学的研究对象,只有意动才是心理学的研究对象(Brentano,1973)。也就是说,意动具有一种内在对象性,它总要指向一定对象或客体。例如,我们看必有所见,听必有所闻,思维必有所思及的对象,所见、所闻和所思及之物是内容,见、闻、思就是意动。布伦塔诺的意向性描述了每一种心理意向都指向自身之外的对象,意动和对象是不可分的。可见,布伦塔诺区分的心理意向的独特之处是它的意向性、复杂性、整体性和介入性。这种心理意向总是以一个统一整体的面目而呈现于人的内部知觉。因此,布伦塔诺意动心理学的研究对象与他之前的冯特和铁钦纳都不同,冯特和铁钦纳都主张研究心理内容,而布伦塔诺则主张研究心理过程,而且这种心理过程是由变动不居的心理意向构成,同时布伦塔诺认为是自我将过去、现在和未来的意向联系在一起。布伦塔诺将心理意向作为研究对象,其实际意义在于突出了人的心理的意向性、活动性和整体性特点,提出了心理学家把经验者与环境联系起来的机能心理学研究取向。另外,布伦塔诺将心理现象或意识的本质特征概括为对象之意向的内存性,这就是它的意向性学说的本质所在,这样就使得对意识的内容发生了根本的改变,那种把意识内容看作像自然事物那样是自身不变的实在的传统观点受到了挑战。因此,布伦塔诺这种将意识指向外部的倾向是后来机能心理学的早期雏形,即心理是对环境的适应。但是,布伦塔诺也忽略了心理活动自身,即意向不仅指向外部而且也指向自身,他的心理意向观存在着以物理事物否定心理观念,以心理活动否定心理内容研究的倾向,这样容易引起人们对心物关系认识上的混乱。

二、研究方法从内部观察到内部知觉

布伦塔诺提倡一种多元性的、发展性的认识论,他认识到科学的历史是关于科学方法对更复杂现象的适应,科学方法不是静态的,他意识到心理学的方法应该与研究对象相适应,这正是早期机能主义的主要特征。布伦塔诺同意冯特关于实验心理学存在局限的观点,过分强调实验会分散研究者对重要问题的注意力,但是布伦塔诺主张的心理学研究对象与冯特主张的不同,在研究方法上他们也是有区别的。冯特内容心理学主张研究心理内容,因为心理内容是稳定的、静态的心理元素,所以心理内容可以用实验法进行分析。而布伦塔诺主张的心理学研究对象是心理意动,意动是经验的、变化的、不稳定的,是难以用实验来进行分析的,所以布伦塔诺的心理学是经验的心理学。虽然布伦塔诺并不反对实验方法,但认为科学心理学不应该局限于一些细节的实验上,而应着眼于对心理现象作大体的解释,这样才不至于使心理学迷失于实验方法之中。因此,布伦塔诺将意动看作是变动不居的心理状态,根据意动这一本质特点,布伦塔诺坚持一种不同于实验内省的研究方法。心理学史上对冯特与布伦塔诺的研究方法曾有过误解,即认为将他们持有的研究方法都被视为同一种内省方法。其实,冯特或铁钦纳使用的实验内省与布伦塔诺倡导的经验内省是完全不同的概念。如前所述,冯特的实验内省源于英国和法国的经验主义哲学传统,而布伦塔诺的经验内省源于理性主义哲学传统。因此,布伦塔诺更强调的是抽象本质而不是经验事实。

布伦塔诺持有的内省是冯特和铁钦纳难以接受的,设计精细的、控制的、分析式的内省来报告一种感觉的存在与否,或者报告经验的元素,这对布伦塔诺来说毫无意义,相反,他使用的是一种现象学的内省——指向完整的、有意义的经验的内省分析(Paolo,Matthew,& Giovanni,2010)。

之所以说这是一种现象学的内省,是因为这种内省深受胡塞尔现象学的影响,胡塞尔现象学也强调意向,胡塞尔的意向性是指意识指向某种对象的指向性,其实质就是意识在自身活动中构造出某种对象的能力,自我意识或纯粹意识具有意向性,意向性由意向性活动的主体、意向性活动、意向性的对象三个因素组成。自我意识不仅包容对象,而且赋予对象意义,自我意识从各方面指向某一对象,某一对象就具有特定的意义,从而成为该事物(Koch,1985)。意识活动之所以能够构造出意识的对象,是由于它赋予感觉材料意义。胡塞尔认为,要认识纯粹的自我意识,就必须采用本质的直观。本质的直观是自我意识的内省活动,是一种不能对之进行逻辑分析的本质的洞察,只有通过本质的直观才能实现现象学还原,从而直接洞察现象的本质,把握纯粹自我意识(夏基松,2010,p.116)。布伦塔诺持有的就是这样一种本质的洞察。这种内省与冯特的内省显著不同,因此布伦塔诺将二者作了区分。将冯特持有的内省称为内部观察(inner observation)或内省(introspection),即实验内省法是在严格的控制条件下对意识经验的内部观察。他将自己持有的内省称为内部知觉(inner perception)或反省(retrospection),是对我们的心理活动直接自然而然地内部体验,并认为冯特持有的内部观察是不可能实现的内省,因为心理现象是不断变化的心理意向,以直接观察正在进行着的心理过程是不可能的(郭斯萍,陈四光,2011)。布伦塔诺举例进一步说明,当我们将注意集中于内部进行的心理活动时,这种内部的心理活动实际上就已发生了改变,例如,人在盛怒之下观察其内部气愤,如果人知道他在发怒,其怒气往往就会消失,这时他什么也观察不到了。布伦塔诺认为,虽然我们对心理状态的内部观察行不通,但我们可以通过内部知觉来对心理状态进行反省。我们可以反省刚刚发生的事情、发怒之前的事情和认识到结果的事情。这种内部知觉或反省是刚刚成为过去的记忆中仍呈鲜活状态的心理现象及其变化的观察和体验,报告的是一种感觉的记忆而不是感觉本身,因而是完全可能的。因而,布伦塔诺的方法颠覆了传统的实验内省,而且这种内省持续对当代心理学产生着影响,如行为主义口头报告法、精神分析自由联想法、认知心理学的口语报告等都是对内部知觉这样一种方法的继承和发展(车文博,2010,pp.210 - 216)。尽管布伦塔诺主张内部知觉作为心理过程的研究方法,但是他并不是一个方法中心论者,他既不反对实验分析也不反对如历史分析等其他适合心理学研究的人文科学方法。

三、科学态度从保守到开放

布伦塔诺在心理学科学态度的变化上,主要体现在其研究对象和研究方法从保守到开放的转变上。在研究对象上,布伦塔诺对研究内容持有较为开放的态度,使心理学研究领域得到进一步扩展,并注重理论与实践的结合。布伦塔诺将心理学看作是一门未来科学,一门既具有理论性又具有实践性的科学,他说"我所指的心理学的实践任务是具有广泛意义的……我分配给心理学的实践任务,并不是毫无意义的",并认为,"心理学具有成为无论是个体还是社会的教育理论的科学基础"(Brentano,1973,p.22)。布伦塔诺对心理学研究对象的转变可由他学术生涯的两个阶段来体现,在第一个阶段,布伦塔诺曾是冯特的忠实追随者,将心理学研究对象规定在心理内容范畴内,沿袭着冯特的实验内省,但是在布伦塔诺学术生涯的后期,受其理性主义哲学观念的影响,他的观点有了发展,提出了与冯特和铁钦纳不同的心理学主张,并开展了一场旷日持久的学术论战,布伦塔诺对心理学研究内容持有的开放态度与铁钦纳形成鲜明对比,铁钦纳的构造心理学始终主张将心理学视为纯科学研究,一切与实践和应用有关的心理学取向都不是真正的心理学,而布伦塔诺对心理学的态度则强调理论与实践的关联,这也与早期科学心理学不同。

布伦塔诺的心理学观总是将一切心理意向看作是动态的、整体的和开放的。有研究者指出,布伦塔诺更偏爱使用主动的动词而不是被动的名词,甚至对"感觉和知觉"课程的命名也会使用"进行感觉和知觉",这与他将经验看作是主动的、参与性的、创造性的、建设性的过程密切相关。布伦塔诺对研究主题也持有一种开放的态度,他提出了很多有价值的研究主题,包括对新生儿的观察、对原始社会的研究、对患有先天障碍、动物及疾病心理的研究等。他还指出:"如何矫正恶行……可以按照心理状态能改变的法则的知识来进行。"(郝根汉,2003,pp.409-410)布伦塔诺对应用心理学持有的乐观态度,过去很少被得到承认。有人指出,"在态度和倾向上,布伦塔诺必须被认为是应用心理学的前驱者"(阿迪拉,2008,pp.212-217)。

如前所述,对心理学研究对象态度的转变必然会影响到布伦塔诺在心理学研究方法的取向上,在研究方法的使用,布伦塔诺并不反对实验法,但他强调恰当的理论要优于实验研究,理论应该置于恰当的概念准备工作之后,他也曾多次引用冯特的《生理心理学原理》上卷中的实验和研究。布伦塔诺还倡导通过观察别人的言语、动作以及其他表现,并对儿童、动物、变态的人以及不同的文化进行研究。这种方法类似于我们今天所说的客观观察法或自然观察法。可见,布伦塔诺提出了独特的、新的研究方法,但对各种方法仍秉持着包容并蓄、灵活运用的态度。他不是一个方法中心论者,他提倡多元性的、发展性的认识论,认为科学的历史是关于科学方法对更复杂现象的适应,科学方法不是静态的,心理学的方法应该与研究对象相适应。对本就受制于方法限制的早期心理学来说,布伦塔诺的这种开放性与务实性在那个时代的确是难能可贵的。

四、意动心理学对理论心理学研究的历史贡献

布伦塔诺作为与冯特心理学进行论战的第一个心理学理论流派,他的很多观点都与内容心理学和构造心理学相对立,这种对立造成的张力恰恰是心理学发展的动力,布伦塔诺与冯特的论战直接或间接影响了一大批追随者。斯顿夫在布伦塔诺的影响下成为一名维护布伦塔诺意动心理学的战士,他的机能心理学其实就是布伦塔诺现象学意义上的意动心理学,他直接用实验研究布伦塔诺的意动。冯特的学生屈尔佩在布伦塔诺的影响下,其观点更倾向于意动心理学,并作出了调和内容心理学

与意动心理学的努力,尽管屈尔佩只关注二者的对立而忽视二者的统一,但仍对布伦塔诺观点的传播起到了积极作用。布伦塔诺也直接培育了奥国学派,推动了其学生厄棱费尔从事形质研究。美国詹姆斯的实用主义心理学和随后的机能主义心理学实际上是对大洋彼岸的布伦塔诺的意动心理学的一种遥相呼应(郭本禹,1998)。正如阿伦(Allen,1967,p.17)指出:"意动心理学是詹姆斯和机能主义的前驱,因为后者也关注心理的作用。"布伦塔诺的影响是广泛的,正如史密斯所认为的,布伦塔诺的哲学和心理学影响之广,甚至可以称作布伦塔诺学派(王姝彦,2012)。

  布伦塔诺的影响并不在于他进行了什么具体研究,事实上布伦塔诺并没有建立过心理学实验室,他的更广泛的影响在于他开辟了一种心理学研究取向,这种取向奠定了时至今日的人文主义心理学基础,他的研究形成了科学心理学历史上最早的科学与人文的对立,丰富了心理学的发展。当代心理学的历史仍是一部充满着科学与人文对立、竞争和融合的历史。若没有布伦塔诺开辟的人文主义传统,心理学起码在很长一段时间都将被自然科学模式的科学心理学垄断,以物理主义的世界观和实证主义方法论为基础的心理学,只能研究冷冰冰的静止的心理现象,很难研究正在不断变化的、流动的、整体的、自觉能动的心理现象。同时,布伦塔诺也是一个十分注重理论建设的学者,在科学心理学之初,心理学极力摆脱哲学思辨,追求自然科学地位的时候,对理论的忽视是很常见的现象,而布伦塔诺对理论的强调无疑丰富了心理学早期理论的研究,对那些只注重实验分析的心理学家是一个警示。因此,这不能不说,布伦塔诺的贡献几乎可以与冯特创立自然科学模式的科学心理学相媲美。

第三节 机能主义心理学的历史贡献

  詹姆斯(William James,1942—1910)曾说过:"没有任何事物可以包括或支配所有一切,每个句子后面都拖拽着'和'这个字。"(James,1907, p.34)正如他所说的一样,心理学不可能是一元的而应是多维的。早期的科学心理学将心理元素的分析作为心理学唯一的研究工作,铁钦纳(Edward Bradford Titchener)更是将这种观点推向了极端,而布伦塔诺用意动心理学的观点撼动了构造主义的极端。心理学的演进都遵循着一条有迹可循的演进轨迹,自冯特(Wilhelm Wundt)开创科学心理学后,历经构造主义和意动心理学的发展,已经逐步扩大了心理学的疆域。这正如早期赫拉克利特(Heraclitus)的过程取向哲学与巴门尼德(Parmenides)存在主义哲学之间存在的张力一样,过程取向强调世界是流动、易变和动力的本质,存在取向强调世界是永久、整体、不变的存在本质。这种张力其实早已预示着早期心理学的问题。经验是固定不变的,还是一条流动的小溪?这样的一种启示预示着心理学研究中对立的出现,作为对构造主义心理学的对立,机能主义心理学显然站在了心理学的发展的、变化的、动力的一面。如果说构造主义关注"是什么"的问题,那么机能主义心理学无疑将注意力转向"怎么样"的问题。

一、构造主义与机能主义的关系

机能主义不是一个明确界定的理论流派,从广义上说,机能主义心理学既可以包括欧洲的机能主义心理学(如英国机能主义心理学家沃德、麦独孤、斯托特的观点,法国机能主义心理学家里博、比纳的观点),也包括美国的机能主义心理学(如,詹姆斯、闵斯特伯格、霍尔的观点,以及芝加哥大学的机能主义心理学和哥伦比亚大学的机能主义心理学)。不过,在心理学历史上美国的机能主义心理学更为典型,其影响也更大。

关于机能主义心理学开始的标志,学界曾有不同观点。一种认为1896年杜威(John Dewey,1859—1952)《心理学中的反射弧概念》的发表标志着机能主义心理学的正式开始,另一种认为1892年詹姆斯《心理学原理》的出版标志着机能主义心理学的开始。究竟以何者为标志,我们暂且不讨论,我们从时间上可以发现,他们俩发表和出版的论文和著作的时间与构造主义心理学几乎是一个时期(铁钦纳1892年获得博士学位,1894年来到康奈尔大学执教,1896年出版《心理学大纲》),这就说明构造主义心理学和机能主义心理学可能并不能区分谁先谁后,而是并行发展的,而且两个学派的主要成员都是对手,他们之间并没有什么有意义的对话。正如科学哲学家库恩的范式论一样,他们持有的假设、方法和目标都大相径庭。对于构造主义来说,心理的假设来自经验主义,研究方法为实验内省,研究目标为理解心理的结构。对于机能主义来说,心理的假设来自进化论,研究方法包括增进知识理解的任何事物(内省、研究动物行为、研究病态心理问题),研究目标在于理解心理和行为在帮助有机体适应环境时是如何起作用的(高申春,2009,pp.12-16)。如果说构造主义心理学研究中有一个中心焦点,那一定是元素分析。如果说机能主义心理学中有一个中心焦点,那一定是适应。因此,从范式论的视角来说,构造主义心理学与机能主义心理学是不可通约的,二者之间没有进行理解和沟通的一致性。机能主义心理学在很大程度上是与构造主义心理学的论战中成长起来的,机能主义心理学在早期的影响几乎代表了当时的美国心理学精神,它的历史演进轨迹可以从早期詹姆斯的工作开始,到后期芝加哥大学和哥伦比亚大学为止,但从广义上说,机能主义心理学与构造主义心理学不同,它并没有就此终结,而是融入到后期各心理学流派之中,是被吸收和改良而不是消失了。

二、机能主义心理学的早期发展:詹姆斯对冯特的超越

詹姆斯是美国最早的心理学者之一,他的思想体系庞大精深,既涉及心理哲学也涉及心理学的具体研究。詹姆斯吸收了历史上苏格兰学派、英国和法国心理学的经验主义观点,以及德国实验心理学的重要观点和成果,在达尔文进化论的影响下,建立了以实用主义为基础,以机能主义为特色的心理学体系,成为美国机能主义心理学的先驱者和开拓者。他虽未建立学派,但其影响甚至超过铁钦纳的构造心理学和布伦塔诺的意动心理学,他的心理学甚至被德国媒体广为称颂。"如果说冯特是旧世界的心理学教皇,那么詹姆斯则应是新世界的心理学教皇。"(方双虎,2011)詹姆斯在《心理学原理》中充满了对冯特心理学体系的批评,而作为实验主义者的冯特在读过詹姆斯的《心理学原理》之后,则认为

"这是文学,很优美,但这不是心理学"。詹姆斯与冯特的对立是绝对的,他们之间的几乎所有观点都不具通约性。与冯特相比,詹姆斯更多地吸收了美国的实用主义哲学和新生代的进化论思想,更多关注的是日常生活中的心理学,以及心理学怎样运用到生活中。厄尔(James Earle)指出:"詹姆斯向人们作演讲,倾听人们的心声以探求生活对他们来说意味什么,与他们的常识相比,詹姆斯更尊重他们普通的情感和希望。"(杨鑫辉,2007,p.51)所以,詹姆斯的这种具有"表面效度"的哲学与冯特的不同之处就在于他乐于接受差异,并愿意寻求各种各样的方法来解释人生活的意义,这显然是冯特和铁钦纳极力回避的。

詹姆斯作为美国机能主义的先驱,迎合了美国开放务实的实用主义精神,他拓展了冯特狭隘的科学心理学,将心理学的疆域极大地扩展了,同时也将心理学的研究方法从实验内省中解脱出来,塑造了一种科学、务实的美国心理学。詹姆斯理论体系从多个视角对冯特狭隘的科学心理学进行了批判和超越,而他的观点正逐渐表现出机能主义心理学的特征。

有研究者指出,詹姆斯的理论体系表现为五个特点,这些主题都与冯特的心理学体系背道而驰。(1)个人主义。詹姆斯的著作贯穿了个人主义特征,他认为个体是由环境塑造的,反过来,个体也对世界产生反作用,如果没有个体高度的贡献,个体对世界的塑造就不会发生,这种个人主义特征正是美国机能主义心理学表现出的个人对环境适应的早期雏形。(2)分析的多重水平与多元论。生理学和医学出身的詹姆斯深信心理与行为之间在生物学和生理学上的关联,但他并不是一位生物还原论者,而是一位整体主义者,詹姆斯明确指出了分析的多重水平,分子的、生物学的、心理学的、社会学的、哲学的,所有这些都是合理的,而且都有各自的特殊价值和用途,这种多元分析水平正是机能主义心理学继承的多元方法论。(3)自由意志。詹姆斯关注自由意志与决定论,但他并不是一位绝对的决定论者和自由意志者,他承认心理学可以在决定论假设基础上进行研究,同时也认为心理学必须经常得到提醒,它的目的并不是唯一的目的,它曾使用的并因此在假定中是正确的一致性因果关系的次序,可能被包括在更广阔的次序中,因此,在方法学上他为决定论留出了空间。在他看来,决定论与一元论更一致,自由意志与多元论更一致。(4)激进的经验主义。詹姆斯的激进经验主义是指必须为所有真正属于经验的那一部分事物寻找一片天地,同时认为任何一元论都只是一种假说并是值得怀疑的,都要经过经验的检验,世界处于一个过程中,创造不是一种事件而是一个进行中的过程,因此,我们必须满意于会发生变化的、暂时的、实践性的真理,这种观点其实是继承和发扬了布伦塔诺的意向性学说,在此基础上詹姆斯也发展出了自己独有的意识流学说。(5)实用主义。詹姆斯看来,实用主义是一种方法,一种真理的理论,一种思考世界的方式,它反对绝对论的图式,满意于暂时性的概念和方法论,认为"词汇、理论、概念等都是工具,而不是谜底"(高申春,2011)。

詹姆斯的这种实用主义哲学在其对心理学应采取的方法中表现尤为突出。他极力主张既要采用内省法,又要采用实验法,要研究动物、儿童、变态的人,他鼓励采用各种能够阐明人类生活复杂性的各种方法,因为方法都有有用性。詹姆斯的理论体系特色鲜明,作为一种新式的心理学体系,完成了对冯特心理学的超越和扩展,而证据就是詹姆斯心理学体系最终发展为美国机能主义心理学,统摄了美国的心理学精神,其思想融合到后继的众多理论体系中,作为历史中的一个理论体系,这种结局无疑是圆满的。

继詹姆斯对早期狭隘的科学心理学反叛之后,心理学再也不是局限于对心理元素的内省分析的心理学了,此时的心理学更加务实,与应用联系愈来愈紧密。如,詹姆斯的弟子闵斯特伯格将心理学与实践应用广泛地联系起来,在教育心理学、工业心理学、心理治疗和司法心理学领域作出了独特贡献,并被称为司法心理学和工业心理学之父。詹姆斯的另一位弟子霍尔(Stanley Hall,1844—1924)在扩展其师多元论和实用主义传统基础上,以一种最深思熟虑的方式,主张心理学是一种"过程取向"的进化观点(墨菲,科瓦奇,2010,pp.695-698)。霍尔的《青春期》和《衰老期》从适应的进化视角提出了人的种系复演说,进一步明确了机能主义心理学与冯特和铁钦纳心理学的界限。尽管詹姆斯、闵斯特伯格以及霍尔的思想和理论还不够完善、系统,尚缺乏实验研究,亦未摆脱哲学思辨的倾向,但是,他们作为美国机能主义心理学的先驱,为机能主义心理学的后期发展奠定了夯实的基础,以至于芝加哥大学的机能主义心理学和哥伦比亚大学的机能主义心理学的出现,成为顺理成章的事。

三、机能主义心理学的后期发展:两大阵营的形成

(一)芝加哥学派的机能主义心理学意识主张

在詹姆斯等强调心理的"适应"和"有用"之后,在美国本土并行发展着芝加哥学派和哥伦比亚学派两个理论学派,他们不但承袭了詹姆斯等人的学术思想,还对其进行了发展,使机能主义成为了美国的心理学精神。海德布雷德(Edna Heidbreder)将芝加哥大学称为"一种新学派的首都",认为芝加哥大学是最明确阐述其机能主义观点的地方,可见芝加哥大学机能主义心理学的广泛影响。芝加哥学派的领导人杜威和安吉尔(James Rowland Angell)分别跟随霍尔和詹姆斯学习,深受詹姆斯和霍尔早期机能主义思想的影响。杜威作为芝加哥学派的领导者,他的《心理学中的反射弧概念》一文的发表,被认为是芝加哥学派机能主义心理学的开始。杜威的理论观点一方面是在对早期元素主义心理学的批判基础上发展起来的,另一方面是站在詹姆斯和霍尔等先驱者的肩膀上发展起来的。杜威在詹姆斯意识流的基础上,认为行为也是变化流动的,而提出行为流的概念。他也像詹姆斯一样强调人类个体经验不能降低这一独特特征的多元论观点,反对将经验分割为零碎单元进行研究的尝试,认为反射不是零碎部分的拼凑,也不是无关联过程之间的机械连接,相反,它们是有序列的连续动作系列,所有动作在本质上都是适应的,它们也适应于在系列中的次序,以达到某个既定的目标终点(高申春,1998)。因此,杜威极力主张,即使有机体适应其所处的环境,也应当根据其功能来看待所有行为,孤立地研究行为适应的元素,会使人忽视这一行为最重要的目的性。只有在具有实用价值时,心理与行为的研究才

具有意义。

作为芝加哥学派的另一个领导人,安吉尔在1906年就职美国心理学会主席时作了《机能主义心理学的范围》演讲,明确地阐述了机能主义与构造主义的区别:一是机能主义心理学对心理操作感兴趣,而不是对意识元素感兴趣,甚至是对孤立的心理操作也没有丝毫兴趣,他认为"机能主义心理学家……不只是被认为是孤立的心理过程的操作本身感兴趣,还对作为更大的生物力量之流一部分的心理活动更感兴趣,这种更大的生物力量之流,每日每时都在我们眼前起作用,并构成我们世界重要的部分";二是心理过程在有机体的需要和环境之间进行调节,一种心理过程不会独立存在,对它们的理解必须在社会和生物学背景中进行,也就是说,心理机能促进有机体生存;三是心理事件必须根据它们如何贡献于对"被看作是适应的机体活动的促进"来进行理解(车文博,2010,pp.210－216)。

可见,安吉尔阐述的机能主义心理学的三个基本特征远远偏离了仅仅对意识要素进行描述的心理学,机能主义心理学从本质上看是社会的、生物的,强调促进适应的经验和行为。安吉尔对将构造主义与机能主义心理学显著特征作了重要区分,这从某种程度上说是对杜威实用主义心理学的一种进步。沿着安吉尔机能主义的发展轨迹,他的弟子卡尔(Harvey A. Carr,1873—1954)又在此基础上将芝加哥学派进行了扩展,尤其是对动机研究领域的拓展。他1925年所著的《心理学:心理活动研究》一书被心理学史家波林和舒尔茨认为使机能主义的心理学体系达到了巅峰,是机能主义心理学完成形式的表现。与杜威和安吉尔一样,卡尔也主张对心理活动的研究,他所指的心理活动仍旧阐释了一种实用主义精神,认为"心理活动就是经验的习得、固着、保持、组织和评价,以及它们后来在指导行为方面的效用",作为一位机能主义心理学家,卡尔强调适应及其效用(Koch,1985,p.35)。尽管自詹姆斯开始,机能主义心理学者都注重多元的研究主题,但卡尔敏锐地嗅到了"认知"的味道。卡尔的机能主义心理学不仅仅将重点放在诸如学习、知觉、情感、意志、个体差异等的研究上,他更注重对动机的研究,从他对适应的概念——"一种改变某种情境以满足一个动机性刺激的反应",我们就可以看出,动机这一主题在机能主义体系中的地位得到了显著提高,这应是芝加哥学派的独特贡献,对后期的动机心理研究起到了促进作用(童俊杰,2011)。

芝加哥学派鲜明地提出了机能主义的特征,并将其与冯特和铁钦纳的心理学进行了对照分析,其观点与构造主义心理学背道而驰,但是激发起普通人对心理学的兴趣,使芝加哥学派将心理学的适应观、效用观运用到解释日常生活事务,同时也是在杜威的倡导下,这种实用主义精神被广泛运用到教育教学中来,这不能不说芝加哥学派对机能主义心理学的贡献是卓越的。

(二)哥伦比亚学派的机能主义心理学的意识主张

在19世纪末20世纪初,在哥伦比亚大学也出现了一个具有机能主义倾向的心理学派,这就是广义上的哥伦比亚学派,它与芝加哥大学的芝加哥学派同属于一个时期,是并行发展的。尽管哥伦比亚学派没有树立鲜明的机能主义学派旗帜,有着广泛的和自由的研究方向,但是他们都具有美国机能主义的共同特点。同芝加哥学派相比,哥伦比亚学派在心理学的研究对象、任务、性质和方法等方面都同样具有机能主义的共同特点,但是它们也有着明显的差异:第一,哥伦比亚学派摆脱了只研究一般通则的束缚,主要致力于个体差异研究(受达尔文的表弟高尔顿的影响);第二,哥伦比亚学派不仅主张研究意识,还主张将人作为一个整体来研究,同时也注意到潜意识的研究;第三,哥伦比亚学派除了采用内省法进行心理学研究外,广泛使用实验法、测验法及统计法等各种客观有用的方法;第四,哥伦比亚学派强调除了要研究心理"是什么",更要研究机能活动"为什么"的研究。哥伦比亚学派虽然没有一个鲜明的旗帜,但是其主要研究领袖的观点基本相同。哥伦比亚学派公认的主要领导者包括卡特尔(James McKeen Cattell)、伍德沃斯(Robert Sessions Woodworth)、卡尔金斯(Mary Whiton Calkins)等,一些研究文献中将桑代克也认为是机能主义者,但我们仍认为他应算是行为主义者的先驱。桑代克主要进行动物的比较心理学研究,发展出一整套联结理论和学习律,因此将桑代克归为行为主义阵营或许更为合适。

对于哥伦比亚学派的最主要领导人卡特尔来说，他是美国最年轻的美国心理学会主席之一，在他 35 岁时就担任了美国心理学会第四任主席。在学术上，他曾追随达尔文的表弟高尔顿进行基础研究，深受其测量观念及差异研究的影响。在机能主义倾向上，卡特尔更多表现在心理学与应用的研究上，他认为科学并不是一成不变，而是不断发展的有机体。他恪守着那个时代的美国实用主义精神，认为永远根据有用性来评估观念和方法。根据他的观点，几乎每一个人都试图在自己的所作所为中运用心理学原理——"我们的教育制度、我们的教会、我们的法律制度、我们的政府等都在运用心理学"（史密斯，2005），卡特尔将心理学紧紧地与应用联系在一起，表明了他深受美国实用主义精神的影响。卡特尔对机能主义心理学的贡献还在于其卓越的编辑职业，他是最著名的《科学》杂志的主编，《心理学评论》《心理学索引》《心理学专论》的创建者，他还担任《通俗科学月刊》《美国自然主义者》《学校与社会》的编辑，同时他还是许多杂志的唯一所有人和出版商（Johnson，2000）。与哥伦比亚学派联系更为密切的人物是伍德沃斯。伍德沃斯也是一位机能主义者，他认同机能主义的基本观点。他一生发表学术论文 200 多篇，出版专著 10 多部。在他的领导下，"实验的"这一术语不再仅仅局限在对感知觉和反应时等领域的研究，他将其扩展到更广泛的领域，如学习、记忆、思维、注意、情绪及动机领域。伍德沃斯关注芝加哥学派卡尔研究动机的同时，也反对动机的唯一生物学取向，他与卡尔同样注重认知的重要性，他将桑代克提出的刺激和行为反应的 S-R 观点修改为 S-O-R，他认为有机体的变量 O 包括习得动机、期望、反应的准备以及诸如谨慎或胆怯的个人特征。伍德沃斯对心理学研究对象、方法、心理与生理的关系、内驱力与机制的关系的论述比较全面和客观，特别是其动机理论的研究更是对机能主义，尤其是西方心理学的贡献（Winston，1900）。作为哥伦比亚学派的少数女性学者来说，卡尔金斯无疑显得很耀眼，尽管她坚持机能主义的心理学倾向，但是她曾试图调和被认为没有公约性的构造主义和机能主义心理学。她认为，自我是心理学的中心，而且构造主义与机能主义之间有调和的余地，人类意识可以部分根据其情境背景来理解,机能主义者进行了这样的探究,意识必须根据它作为一种现实来理解,这种现实不同于它从中形成的较低级的现实,构造主义者更可能对意识中独特的和不能降低的维度提出见解,因此二者起码有一个方面是共同研究的主题。

哥伦比亚学派虽然没有像芝加哥学派那样,明确阐述其机能主义的基本主张和主要论点,但哥伦比亚学派的领导者都在具体研究中运用了机能主义,具有明显的机能主义心理学倾向。哥伦比亚学派在对自冯特以来的狭隘科学心理学反对基础上,与芝加哥学派一起,共同构成了美国机能主义心理学的两道靓丽的风景,二者虽然共性大于差异,但它们之间的差异正是二者的特色,尤其是伦比亚学派对个体差异的研究,这完全符合詹姆斯的个人主义哲学精神,对动机的认知取向研究也为认知行为主义、格式塔心理学等奠定了基础,其务实的研究态度和对应用研究的重视,都是对早期詹姆斯等机能主义先驱的继承和发展。

四、机能主义对理论心理学研究的历史贡献

机能主义作为一个被正式承认的学派,它并没有像构造主义心理学那样,随着铁钦纳的去世就烟消雾散。根据查普林和克拉威克(1983,pp.183-190)的看法:"作为一种系统的观点,机能主义是前所未有的成功,但主要由于这一成功,它已不再是一个明显的心理学学派,它已被吸收进主流心理学中,任何心理学观点都不会再有比这更好的命运了。"来自多元论、实用主义和激进经验主义背景的机能主义心理学,作为一种哲学心理学,它乐于倾听不同的声音,吸收有益于促进研究的不同方法,扩展人类心理有益的研究领域,为心理学作出了巨大贡献,它在克服构造主义学派的元素主义把心理学研究过于狭隘化和封闭化的弊端的同时,使心理学从主观主义走向客观主义的道路上向前迈进了一大步;它反对把心理学看作是"纯科学",扩展了心理学的研究领域,开拓了一些新的心理学分支;它反对构造主义脱离实际的教条主义,强调心理学在各个领域的功效和实际生活中的应用,促进着应用心理学的发展,为后继心理学理论流派奠定了基础。尽管机能主义心理学的贡献独特,但也不免受到批评,一些批评的声音认为,机能主义心理学忽视基础研究而只注重应用研究,它具有唯心主义、目的论、生物主义倾向。事实上,机能主义心理学也重视基础研究,他们反对的是完全只进行基础研究的心理学,强调发现事实(基础研究),以及了解事实之间的差异(应用研究)。从现实的意义来看,20世纪后期大部分心理学都可以被看作是机能主义的,一些心理学家积极从事基础科学研究,而另一些则致力于应用科学研究。在詹姆斯、霍尔以及芝加哥学派和哥伦比亚学派的机能主义者研究之后,心理学界出现了真正探索应用心理学的兴趣,这种对基础与应用的共同关注已经成为当代心理学的特点。

第四节 古典与新精神分析心理学的历史贡献

弗洛伊德的精神分析理论常被视为正统的精神分析,它不仅是一种人格发展理论体系,同时也是一种临床治疗方法。一个多世纪以来,弗洛伊德精神分析对心理学、教育学、临床医学、艺术学科在内的广大学科都产生了极其深远的影响,尤其是在精神病学和临床治疗领域,精神分析的地位显得尤其突出。尽管我们通常会将弗洛伊德与精神分析联系在一起,但当代精神分析的修正和发展,已经与弗洛伊德精神分析体系相去甚远。弗洛伊德建立的传统精神分析理论随着时代的变迁,已不再满足当代人类心理诉求,在某些激进修正的弗洛伊德理论中,我们甚至很难见到弗洛伊德精神分析理论的痕迹,而在一些温和的修正理论中也发现离传统精神分析理论愈来愈远的倾向。弗洛伊德精神分析在经历了阿德勒和荣格的第一代背离之后,理论分离的倾向便愈发显现。随着以霍妮、沙利文、弗洛姆、埃里克森等人为代表的社会文化学派对精神分析进一步背离后,传统精神分析已经从关注内部转向积极关注外部世界(客体世界),为当代精神分析的客体关系取向的发展奠定了基础。在经历两次分离式裂变之后,精神分析已远离了弗洛伊德的古典精神分析理论,面对克莱因、温尼科特、拜恩、费尔贝恩、谢弗、斯彭斯、吉尔、魏斯、桑普森、斯蒂尔等人对精神分析进行的激进式修正,在当代的精神分析理论中已经很难找到古典精神分析的痕迹(徐萍萍,2006)。

在这种演变和发展中长期存在对立的张力,一种是试图保留传统,在古典精神分析传统上进行必要的修补,而另一种是根据当代社会发展,彻底修正弗洛伊德的古典精神分析理论(Bertram & Danie,2004)。总之,当代精神分析的发展已经无法回避社会发展对它提出的新期望和要求,弗洛伊德的古典精神分析的客体关系取向已经成为当代精神分析发展的主要趋势。本节从弗洛伊德古典精神分析危机与早期修正谈起,着重讨论了当代精神分析的客体关系取向的修正与发展,以及它们对当代精神分析的深远影响。

一、社会文化学派对古典精神分析的修正与发展

弗洛伊德的古典精神分析理论通常包括两部分,一部分是本我(伊底)、自我和超我的人格结构理论(早期是意识与潜意识理论),其中本我追求性驱力的满足,自我按照现实原则获得个体满足,超我源于本我却又压抑本我寻求道德的实现,三者的冲突与平衡被视作神经症的根源;另一部分是性心理发展阶段理论,着重讨论从儿童到青少年期间个体的心理发展存在的冲突,这种冲突源自本我的性本能冲动。弗洛伊德还借鉴了很多物理学和生物学概念,如动力、驱力、能量、升华、内化等,这些概念共同构成了弗洛伊德庞杂的古典精神分析理论(郭本禹,2007)。然而,弗洛伊德的古典精神分析理论并没有完全被他的弟子及后继者接受,对古典精神分析的修正首先就来自弗洛伊德的弟子,这些弟子中有的甚至是被弗洛伊德作为接班人来培养,而学术分歧最终导致师徒分道扬镳。

社会文化学派对弗洛伊德古典精神分析的修正可分为两个阶段,第一个阶段以阿德勒和荣格为代表。阿德勒在与弗洛伊德分道扬镳后建立了个体心理学。阿德勒强调社会环境和社会关系的重要作用,个体正是与社会环境的冲突而不是本能的冲突决定了个体的神经症(励骅,郭

本禹,2012)。荣格在与弗洛伊德分手后建立了分析心理学。荣格对弗洛伊德的发展在于提出集体潜意识概念,集体潜意识的提出意味着荣格接受了弗洛伊德本能倾向和潜意识理论,集体潜意识在很大程度上试图从神话、宗教和艺术中寻求灵感。正是这种神秘主义的倾向,使荣格的理论具有某种神秘主义体验的色彩(陈灿锐,申荷永,2011)。以阿德勒和荣格为代表对弗洛伊德精神分析的早期修正,并没有从根本上动摇古典精神分析的理论基石。他们接受了弗洛伊德理论中的大部分概念,如本我、潜意识、冲突、本能等,他们对弗洛伊德精神分析的发展之处在于,他们都反对弗洛伊德只注重将本我指向个体内部,而强调社会环境和文化因素的重要作用,这是精神分析理论中第一次将冲突指向外部,这也成为古典精神分析客体关系取向发展的萌芽。

社会文化学派对弗洛伊德古典精神分析的第二阶段修正是以霍妮、沙利文、弗洛姆、埃里克森等人为代表。霍妮是向弗洛伊德发难的首位女性,她指出是文化而不是男性或女性的解剖结构在形成男女心理差异中的作用。霍妮强烈反对弗洛伊德性本能理论,提出父母教养方式是影响基本焦虑神经症的原因,可以通过改善儿童的社会环境和家庭来消除神经症,从而以基本焦虑替代了弗洛伊德的性本能(霍妮,1998,p.5)。弗洛姆也强调社会因素的作用,但他更强调历史和政治的影响,以关于人的处境的学说为基础建立人本主义精神分析,注重分析一定的经济结构对人的影响,提出社会性格及社会潜意识论,他试图据此解释现代西方人的困境及精神危机(Etchegoyen,1993)。沙利文与霍妮和弗洛姆不同,他提出的精神动力概念与弗洛伊德的力比多很相似,认为它的释放会使个体得到满足,沙利文也是为数不多的提出整体观的精神分析心理学家,他强调情境在治疗中的作用(郭双,2012)。对弗洛伊德古典精神分析理论作了拓展的是埃里克森,他几乎将弗洛伊德的性心理发展理论全部继承,并将该理论发展为毕生发展心理学理论,与上述精神分析心理学家一样,埃里克森同样注重社会文化因素对个体的影响(高峰强,2013)。在早期对弗洛伊德理论的修正中,哈特曼无疑是具有开创性的代表人物,他从生物适应性的观点出发,对弗洛伊德的本我、自我和超我理论进行了修正,赋予自我更大的自主空间。与上述学者不同的是,他认为没有必要反对弗洛伊德的临床观点和方法,但他也强调社会文化因素的作用(郭本禹,2009,p.3)。基于哈特曼对精神分析的历史贡献,谢弗甚至认为哈特曼是"当代弗洛伊德理论方面有影响的天才"。

可见,在对弗洛伊德古典精神分析的早期修正中,主要强调社会文化因素在个体心理发展中的作用,这恰好进一步发展了阿德勒与荣格的观点,强调要将注意的焦点从个体内部转移到个体外部的客体上。但是,很多研究者并不完全反对弗洛伊德注重内部冲突的观点,而多是倾向于折中取向,既主张本能冲动的作用又强调社会文化因素的影响。尽管早期学者在某些方面并没有达成完全一致,但他们在强调社会文化因素的作用这一观点上达成了共识,而这正为弗洛伊德精神分析进一步的修正奠定了基础。

二、精神分析客体关系理论的早期确立与发展

古典精神分析理论在经过社会文化学派的修正与发展后,已经将古典精神分析对个体内部的关注开始转向外部。社会文化学派对古典精神分析的修正与发展已经初见其客体关系取向发展的萌芽,社会文化学派将个体心理的发展视作是内部驱力与外部社会环境张力的结果,这显然已经承认主体之外的客体意义。在这种新的主客体关系中,本能驱力让位给"自我及其诸多对象之间实际的关系联结",自我被自体替代是这一倾向的主要特征。

克莱因是精神分析客体关系理论发展的主要推动者,在精神分析的发展史上,克莱因敏锐地发觉到弗洛伊德理论中包含的客体关系的思想萌芽,开创性地提出客体关系是儿童心理发展基础的观点,改变了弗洛伊德精神分析强调内部本能驱力是心理结构形成和发展的第一要因的观点(王国芳,2007)。克莱因的理论涉及本能和客体关系两方面,她认为生与死的本能驱动着儿童的心理活动,但这些本能受客体关系(通常是儿童的父母)的影响而发挥作用。她还认为,婴儿在早期由于本能与客观世界的冲突会发展出精神分裂样状态和抑郁状态两种消极心理倾

向,它们是形成儿童人格障碍的基础。

克莱因的一些追随者抛弃了本能而转向环境,进一步发展了客体关系理论,使之成为英国精神分析的核心理论。拜恩、温尼科特、科赫特和费尔贝恩是进一步将克莱因的理论发展到新的水平的主要代表人物。其中,拜恩1970年在美国建立了"克莱因方向的分析者"(Klein-orientated analysts)小组,使克莱因的精神分析观点得以在北美产生影响力。拜恩对精神分析的客体关系理论发展的主要贡献在于:(1)他提出母亲(作为客体)的"容纳功能",即通过母亲的存在、行为和情感修正或强化儿童的冲动在人格发展中的作用;(2)强调环境以及内部与外部(客观环境)对儿童心理发展的影响。拜恩的理论观点在某种程度上应被认为是"亲克莱因主义",他基本上是对克莱因理论的延续和扩展(王国芳,吕英军,2011,pp.3-5)。

相比而言,温尼科特应算是一位折中的克莱因主义者,他的理论借鉴了克莱因的观点却又突破了克莱因的客体关系理论。温尼科特在借鉴了弗洛伊德、克莱因的观点之后,结合自己的临床经验提出了自己的客体关系理论,强调儿童心理发展与客观环境处于连续不断的反馈之中,关注个体与他人心理分离的体验以及与他人融合的体验之间的相互转化。温尼科特理论存在的一个显著特性是,他强调母亲作为客体在母婴关系中对儿童心理影响的重要性。他提出"够好的母亲"(good-enough mother)这一概念,母亲对婴儿的保护,使婴儿将"母亲"看作为一个整体的概念,并通过母亲对自己身体的照顾感受到自己是一个人,同时婴儿通过各种方式明白他与母亲不是一个统一体,而与母亲是相互分离的(郗浩丽,2008,pp.9-10)。因此,温尼科特认为,儿童的成长常常是与母亲自身独立性相一致的。温尼科特相信,心理分析家可以通过创设"控制环境"重新体验儿童与客体对象(母亲)的冲突,在这种客体关系中使儿童产生积极移情,从而弥合母亲与儿童的关系,实现对儿童的心理干预。

尽管科赫特作为自体心理学的创始人,算不上是客体关系学派的代表人物,但科赫特的自体心理学也强调母亲作为客体与儿童自体的重要性。他在临床经验的基础上,提出了被称为"自体心理学"的客体关系论(Kohut,1986,p.19)。古典精神分析理论认为,自恋人格障碍产生于迫切的驱力与反对驱力防御之间的内心冲突,而在科赫特的自体心理学中,强调自恋人格障碍的根源来自与看护者(通常为母亲)之间令人不愉快的人际关系,由此产生不充分的自体感觉才是自恋人格产生的根源。事实上,有越来越多的研究者承认,在科赫特自体心理学理论的发展中,有关自我的对象既不是对象也不是自身,而是关系的主观性。主体间性的概念促进了自体心理学发展成一个完整的关系体系。从这种观点来看,治疗师越来越把自体对象与分析家的关系看作是促进自体发展和改善的手段。因此,科赫特的自体心理学认为,客体关系将关注点从机体功能扩大到社会功能。

虽然拜恩、科赫特和温尼科特等人在克莱因的理论上对弗洛伊德古典精神分析进行了客体关系取向的发展,但将克莱因客体关系理论发展到极致的当属爱尔兰人费尔贝恩。费尔贝恩在融合克莱因、弗洛伊德等人的观点后,抛弃了弗洛伊德古典精神分析理论中的驱力和本能概念,而是将客体关系作为其理论的核心。他用客体寻求代替了快乐寻求,用现实原则代替了快乐原则,排除了任何与生物学特征相关的性本能、能量、驱力等概念,实现了由驱力模式向客体关系模式的彻底转变(徐萍萍,2008)。因而,费尔贝恩的客体关系模式也被认为是最为激进的纯粹的客体关系理论。

可见,以克莱因为代表的客体关系理论,是古典精神分析客体关系取向发展的早期形式,由于这些研究者并不完全反对古典精神分析的某些理论和概念,接受了弗洛伊德古典精神分析理论中的大部分基本概念和理论框架,仍被看作是古典精神分析的分支之一。但是,与古典精神分析关注自我的内部冲突与指向不同,客体关系理论倾向于将客体(通常是母亲)及客体关系(通常是母亲与儿童的关系)置于理论和临床研究的中心位置,将其看作是决定个体人格发展的重要影响因素,认为人格心理的发展与变化依赖于客体关系的内化(强调母亲的作用),而与本能欲望、性冲动和原始驱力并没有多大关系,这是精神分析心理学发展道路上的重大转折,这些工作也从根本上改变了我们对心理驱力与动机的解读。

三、精神分析客体关系理论的当代发展

弗洛伊德的古典精神分析有时也被称为"心理动力学",主要是指建立在物理学原理基础上的心理学。利用机械物理学以及本能和驱力的机械生物学,弗洛伊德描述了作用于人的内部驱力,而不是把这些方面看作环境对个体的作用或者个体与环境的交互作用。因此,有研究者指出,弗洛伊德的心理动力学是一种元心理学(Cabaniss & Roose, 2005)。在经过几次修正与发展后,古典精神分析理论的基础面临着严峻的挑战,主要是源于古典精神分析已经不能满足精神分析在现实应用中的期望。以谢弗(Roy Schafer)为代表的精神分析主义者,最终几乎彻底地修正了古典精神分析,使精神分析理论内核发生了根本性改变。当代精神分析客体关系理论的主要代表人物包括谢弗、斯彭斯、吉尔、魏斯、桑普森等。

谢弗认为,古典精神分析采用了物理学和生物学的语言(如能量、动力、本能、驱力等),而摒弃了原本应该是精神分析基础的选择性和意向性。这些从物理学和生物学中借用的语言妨碍了对主体本身的强调,而主体性应该是精神分析理论的核心。因此,弗洛伊德为了将物理机制转换成可被理解的意义,不得不把他的结构拟人化,将个体说成是一个独立的实体。谢弗指出,这种拟人化的主要缺点是失去了有意义的行为,并使人类的行为失去了责任。他坚持认为,精神分析必须把心理动力学从其理论中排除出去,并把动作返还给人们。因而,谢弗在保留了弗洛伊德古典精神分析理论某些重要概念(如伊底)的基础上,确立了新的客体关系理论。谢弗认为,要更好地吸收社会文化和环境在人的心理发展中的作用,有必要提出一个新的精神分析语言系统,这种系统应该强调动作语言(Schafer, 1970)。在他的语言动作理论中,通过运用动词或副词,避免使用名词和形容词来描绘所有事件。因此,他删除了像潜意识、驱力、冲动和心理能量这样的名词,却保留了伊底(本我)这样的概念。

他认为,伊底是引起性或攻击行为的基础,由于伊底的非理性、不可调和性、不受控制性和彻底的自我中心性,更有可能与某些生理过程相联系。可见,谢弗较大地修正了弗洛伊德古典精神分析的语言系统,但他仍在某种程度上接受了古典精神分析的生物学倾向。

在谢弗的动作语言理论中,他始终强调动作本身才是精神分析的主题,而不是另外的什么导致动作的发生。谢弗所指的动作不仅指可见的动作,还包括不可见的思维、记忆、幻想、希望,甚至还包括沉默,并认为人类的这些动作都是有意义的,并具有某些意图和目标。与古典精神分析相比,对动作的强调为分析对象提供了选择和意向的新途径。如:在心理分析过程中,分析家和分析对象一起检验从婴儿期开始的动作对个体现在的影响,在分析家与分析对象这种客体关系的对话中,将这种影响看作是个体与环境的共同产物。当谢弗用新的语言系统取代心理决定论和物理学的解释时,通常在解释与描述之间存在的区别不再存在了,因为由动作词汇进行的描述便成了解释。

谢弗的理论对古典精神分析的发展还在于,他认为精神分析应与过去保持较少的关联性,而应与现在有更多的关联,精神分析的过程是一种叙事的过程,而不是对隐藏动机的揭示。这种精神分析的叙事学转向,使精神分析的理论迎合了当代科学哲学的发展。在这一主张上,谢弗与斯彭斯有着极为相似的观点。他们都认为,当分析对象在精神分析过程中描述某些心理障碍(如强迫症、神经症等)时,这些障碍的特征就在修正的叙事中得到改变,而语言构成了叙事这样的动作中的经验。他认为,精神分析应建构分析对象的现在,而不是去重构分析对象的过去,通过患者发现新的事实,而不是处理历史事实,患者的状况才会得到改善。古典精神分析则恰恰只注重重构和改变过去的观念而不是现在。尽管谢弗的语言动作理论对古典精神分析的影响很大,但他的"严格的现实主义观点"排除掉了精神分析中很多有价值的东西,而且他的某些激进的观点仍值得商榷,如他认为精神分析只关心现在而不注重过去。事实上,正是被压抑的过去才是精神分析的核心,如果用现在的结构取代过去,那么精神分析也就剩不下什么了。

对弗洛伊德心理动力学的元心理学进行更大的修正与发展的,还包括魏斯和桑普森。他们共同提出了"潜意识计划",他们将精神分析作为一种治疗心理障碍的主要方法,对弗洛伊德的心理动力决定论持否定态度,他们决定彻底抛弃作为决定力量的伊底。在人本主义自我实现理论的影响下,他们提出病人的能力是他们自己的治疗过程的动力的观点。他们的方法主要包括四种假设:(1)病人有改变潜意识目标的意愿;(2)阻碍达到目标的"致病信念"是心理障碍的原因;(3)病人用来接受或反对分析家有关信念的检验;(4)是病人而不是分析家一直被看作导致改变的原因,分析家的任务就是帮助病人证明痛苦的信念不成立,并感到安全感(史密斯,2005,pp.248-254)。作为一种方法,他们强调病人"致病信念"的根源,潜意识中的害羞、内疚、恐惧都来自真实的经验,而不是源自生物驱力和伊底的能量。尽管早期精神分析的客体关系理论都强调客体关系(尤其是母婴关系)的重要性,但魏斯和桑普森重新强调记忆在"致病信念"改变中的重要性。在这一点上,他们与谢弗和斯彭斯关注现在而忽略过去的观点并不一致。魏斯和桑普森认为,病人症状改善的关键在于分析家能顺利通过病人的检验,通过检验之后,病人会获得安全感,能够将负性记忆从压抑中释放出来,将过去与现在进行整合。这种观点几乎放弃了弗洛伊德心理动力理论中的所有核心内容,只保留了童年期创伤的压抑,对古典精神分析进行了较大的发展,除了从压抑的强调上能看到古典精神分析的影响外,其他的观点更像是人本主义心理学的心理治疗观。

随着后现代哲学的发展,在精神分析心理学之外,另外一个与精神分析的客体关系理论相关密切的取向正快速发展。精神分析的诠释学倾向,被认为是在精神分析客体关系理论体系之外发展起来的、与之密切相关的研究取向。诠释学是一种关于意义、理解和解释的哲学理论,在诠释学者眼中,对文本的理解和解释绝不仅仅是刻板的技术性诠释,而是一种心灵的创造和再创造,是主体与客体相互融合,将客体与当代视域结合起来理解文本的意义,理解或解释的过程不仅一个语言的过程,也是一个心理的过程,是这两个过程的结合(王国芳,2013)。尽管弗洛伊德自认为精神分析应该属于自然科学的分支,斯蒂尔(R.Steele)却明确指出精神分析是一门诠释学学科,精神分析的目标不是通过潜意识挖掘分析对象的心理冲突,而是通过对话来解释分析对象(客体)言语的意义。斯蒂尔认为,诠释学的核心观点应该是理解存在于语言、意义、历史和反思中的事实。在对诠释学的特征与弗洛伊德精神分析学说的特征进行比较的基础上,斯蒂尔提出:"弗洛伊德的全部工作创立了一种诠释学研究,在诸如弗洛伊德的《图腾与禁忌》《文明及其缺憾》和《摩西与一神教》等作品中,存在大量关于理解、语言、方法、历史以及反思的阐述与现代诠释学极为相似。"法国20世纪思想家利科(Paul Ricoeur)曾也明确表示过,精神分析是一门解释性的艺术,它关心的是通过解释表面现象而发现隐藏在它背后的东西,由此在分析者与分析对象之间创造一种被分享的理解。吉尔(Merton Max Gill)也赞同精神分析的诠释学取向,认为应抛弃传统精神分析的元心理学,用诠释学和社会建构论构筑当代精神分析,并认为在诠释学中,没有哪一种解释是真实的,最好的解释就是当时最一致的解释(司群英,2013)。

四、精神分析心理学对理论心理学研究的历史贡献

精神分析的诠释学倾向主张精神分析不处理那些可以说明的事实,而是处理那些只有通过理解才可以得到的意义,把分析对象的梦、愿望、联想等看作是其创作的文本,借助诠释寻求意义,以此达成对患者的治疗。在弗洛伊德之后,尽管精神分析经历多次修正和发展,但古典精神分析一些最本质的核心概念仍被保留下来。虽然精神分析的诠释学祛除了最核心的本能驱力和伊底等的生物学概念,但并没有颠覆潜意识的核心地位,使潜意识过程意识化仍然是精神分析诠释学倾向的根本目的。主体与客体的语言对话和分析仍然是最主要手段,主体对客体的理解与诠释过程仍然是达到治愈的基本途径。

弗洛伊德的古典精神分析作为一种理论体系和治疗方法,在他百年之后的发展中已经很难找到它的原始特征,在历经几次大的学派裂变和理论发展之后,当代精神分析理论和方法改变了古典精神分析的

大部分本质特征,远离了它的生物学和物理学假设。精神分析的多次裂变既带来了其元心理学的分裂,也带来了新精神分析的发展,无论修正与发展的程度如何,它也始终无法完全根除弗洛伊德的影响(要么保留内驱力,要么保留潜意识)。但是,无论是早期阿德勒等与弗洛伊德分道扬镳建立各自的理论体系,霍妮等社会文化学派对精神分析的外部指向的确认,克莱因等客体关系理论将精神分析确认为一种关系取向,谢弗代替弗洛伊德元心理学的动作语言,还是斯蒂尔等将精神分析与诠释学的融合倾向,他们似乎都达成了一个默认的共识:精神分析已经从驱力与冲突的内部指向,转为强调促使个体心灵愈合的外部客体及其关系的解释。当代精神分析的客体关系取向,已经成为顺应当代社会文化与科学哲学发展趋势的一股潮流。在这种倾向的指引下,还会有一批跟随者继续对弗洛伊德的古典精神分析理论和当代的精神分析的客体关系理论进行修正和发展,并不断满足社会和时代对治愈人类心灵的要求。

第五节　辩证与交互行为心理学的历史贡献

　　心理学发展至今,理论体系繁杂,从第一个真正意义上的心理学理论,即冯特的研究经验内容及其组合规律的内容心理学理论,到与之对立的研究人心理现象功用的机能心理学,从附和美国时代气息脱离意识的"无头脑"的行为主义心理学,到以发掘人类积极潜能和价值为己任的人本主义心理学,以致再到将人类大脑比拟为计算机信息加工的认知主义心理学。哪一个理论都曾在心理学短暂的历史中占有一席之地,这些理论通过各种视角窥探着这个世界上最复杂的人类心灵世界,然而理论总是有缺陷的,理论的纷杂也为我们清晰理解人类的心灵蒙上一层阴霾。但是,不管心理学的理论多么纷杂,我们总能根据时代的特征,以及这一理论的假设命题对之进行较为清晰的归类(张海钟,姜永志,2011,

pp.1-5)。

有心理学家(史密斯,2005)就将迄今为止的众多心理学理论归纳为心理学的机体中心论、环境中心论、社会中心论、情境交互作用论等心理学理论体系,每一种分类都显示了该理论体系的典型特征以及具体的存在价值。其中机体中心论体系主要包括认知心理学、人本主义心理学、精神分析心理学,环境中心论主要包括行为主义心理学、生态行为科学或生态心理学,社会中心论包括社会建构论心理学、话语心理学以及文化心理学等,情境交互作用理论包括辩证心理学(Hergenhahn,1997,p.14)和交互行为心理学(Kantor,1963)。由于情境交互作用理论体系在当代影响逐渐扩大,本节将对心理学的情境交互作用理论体系进行系统的阐释。辩证心理学始终在曲折的道路上发展,但未被学界重视,后现代哲学转向为辩证心理学的复兴提供了机遇(崔荣宝,霍涌泉,2010;葛鲁嘉,1987)。而交互行为心理学在坎特提出几十年间也始终未被学界予以重视,直到坎特逝世二十年后才逐渐被主流心理学重视。本节将着重探讨辩证心理学与交互行为心理学的主要观点、研究假设、当代影响,并广泛讨论这两种理论为何能够统合在情境交互作用理论体系下的证据以及情境交互作用理论体系对当代心理学的影响和启示。

一、辩证心理学概论
(一)辩证心理学思想及其溯源

西方的辩证思想最早可追溯到古希腊苏格拉底和柏拉图时期,古希腊先哲对哲学问题的思考通常是通过讨论辩论最终找到答案的。在我国,辩证思想可以追溯到3 000多年前的周朝,中国人的五行八卦以及阴阳学说就来自古代辩证思想,阴被认为是被动的、阴暗的和女性的代名词,而阳则代表了主动的、富有力量的和男性的代名词,他们一起保证了自然界的平衡,这种对立和冲突就是早期中国的辩证思想(Kuo,1976)。在中国古代辩证思想是特别受到重视的。《孔子集语·子观第五》就有"物盈则衰,乐极则悲,日中则移,月盈则亏"的论说。老子《道德经》也告诉我们祸福相依的辩证关系,有得也有失,所以才有"塞翁失马,焉知非福"之说。这些古代中国先哲的论说都体现了中国古代关于"物极必反"的辩证思想。

在苏联心理学界，辩证唯物主义的思想曾长期占据主导地位，苏联心理学家维果茨基(Smith,1985;Yue,1994)的文化历史观，就以辩证唯物主义的发展和普遍联系的观点作为指导思想。他认为，各种心理机能之间都处于相互联系、相互影响、相互制约之中，心理的发展不仅仅有各种心理机能的变化，还有这些心理机能之间联系与相互关系的变化。瑞士心理学家皮亚杰在发生认识论中也提出过用辩证的思想指导心理学研究，他认为，统一体内部对立面本质上的两极性是运动发展的普遍逻辑，在他的经典理论中同化和顺应就是一个辩证统一的过程。在后续的新皮亚杰理论中，费舍尔(Kurt Fischer)还强调人与环境相互作用中环境的作用，指出发展是人与环境相互作用的产物。我国老一辈心理学家也重视用辩证的思想指导我国心理学的理论与实践，其中就有潘菽(1984,pp.402-403)提出的以辩证唯物主义为指导思想，建设具有中国特色的社会主义心理学的观点(Chu,1962;Gao,1979)。然而，自老一辈心理学家先后去世后，我国心理学思想体系则完全按照西方的思想体系进行建设，辩证的思想在我国心理学发展中基本上被西方心理学中的实证主义取代。

（二）辩证心理学的主要观点

直到20世纪70年代，受后现代哲学和社会建构论的影响，美国心理学家里格尔(Riegel,1972,1979)才正式提出辩证心理学的观点。辩证心理学的再次提出，迅速被各国心理学界重视，很多心理学家(陈大柔，1982;Van Ijzendoorn,Goossens,& Van der,1984)认为，辩证心理学的思想或许可以用来弥补传统心理学中的很多缺陷，如机械论、还原论、二元论等长期争论的问题。里格尔坚持认为，许多传统心理学都试图研究没有文化基质的机体，但正是随着时间产生的社会历史背景的变化才是所有心理事件的基础，辩证过程恰好说明了这一问题。"我们必须运用辩证法远离机械论，否则人类的活动将失去意义，所有的个体特征都将消失。"(Shames,1984)他认为，内在生物、个体心理、社会文化和外在文化这四个方面共同构成了个人的发展，当任何一个方面内部或两方面发生冲突时,发展就会出现,当个体完成一个阶段发展,就达到稳定状态,并且在新的稳定状态上还会产生进一步冲突,从而再产生新的变化。里格尔的这些观点对传统心理学无疑造成了一定的冲击,从里格尔辩证心理学思想出发,传统心理学研究的都是脱离文化历史情境的心理现象,传统心理学力求寻找到这些心理现象的稳定特质,如智力商数(IQ)的稳定性,当心理学聚焦于稳定的、静态的、平衡的普遍性时,我们往往通过对主观和客观、主体和客体的分离,从而陷入抽象形式主义的泥潭,机械决定论也使心灵主义取代了人类可变化的心理世界。

其他辩证心理学家也认为个体与世界并非各自独立,格奥古迪(Georgoudi,1983)将辩证心理学思想运用到社会心理学研究之中,反对将个体当成是由其环境塑造的被动生物体的观点,主张在辩证法思想的主导下,将个体与环境视为相互联系和相互影响的,社会事件不是单纯发生在个体或群体之内,而是发生在二者的关系之中。美国另一位社会心理学家拉特纳(Carl Ratner)提出与之类似的观点,认为个体与世界包含在一个"个体-世界场"之中,在这个"个体-世界场"中,个体和世界是统一的,强调个体和世界是相互依存的,整体的各部分共同发展与交互作用共同构成个体的意义世界。克沃勒(Kvale,1977)也认为,辩证心理学并不单独关注个体或单独关注环境或世界,而是侧重考察二者的交互作用,即"个体-世界场"。因此,这种关系场中的每个成分都是在普遍联系中的,都要受到其他因素的制约,这种意义的关系不可能被还原为其他任何成分。可见,个体与环境的因果关系既不存在于个体之内的心理,也不存在于世界之中的环境,而是存在于个体与环境交互作用和影响的关系场中,关系和意义才是辩证心理学要考察的对象。这一观点也同样驳斥了传统心理学的主客二分的二元关系论。克沃勒(Kvale,1977,p.128)曾明确地表示过这样的观点:"心理学的辩证取向反对主客二分法的内部心理与外部行为的二元论,意义既不存在于内部也不存在于外部,而是存在于人与世界的持续对话之中。"

(三)辩证心理学的假设及当代影响

每一个心理学理论都有其自身的假设,有些是显现的,有些则是隐晦的。如从认知主义心理学出发,就包括很多假设,如个体既有身体又有心理,且二者不同,人正是生活在这样一个双重世界之中,一个是外部的物质世界以及另一个经验外部世界的内部世界,人的心理就是对外部世界信息的输入、编码、存储和输出过程。同样,辩证心理学同样有着一些自身的假设和主张,我们归纳起来主要有以下五个:(1)人类不断作用于世界并改造者世界,反过来也被世界改造;(2)行为是连续的而不是独立的,行为的发展变化是辩证的反映;(3)行为产生是有其因果关系的,这种因果关系来自个体与世界的交互作用之中;(4)平衡和稳定是暂时的,矛盾和冲突是心理发展的主题;(5)矛盾是变化的,人类心理所有的关于普遍性的假设都是无效的,都是暂时有效的。这些或明或暗的假设构成了辩证心理学发展的逻辑主线。巴斯(David M. Buss)也曾明确表示过,只有心理学按照这样的假设来进行命题,强调主体与客体相互作用,承认每一方既是主体也是客体,同时关注二者相互作用关系场中的意义,才有可能消解传统心理学中很多难以解决的矛盾。我们在以上的观点中可以清晰地发现,辩证心理学是以冲突和矛盾作为变化基础的,强调的是个体与世界的交互作用关系,这种双向关系又强调个体与环境是相互改变的,变化和发展是存在于社会历史文化中并贯穿人一生的逻辑。辩证心理学对传统心理学既有启示也提出了挑战,尤其是辩证心理学否定了稳定和静态的心理发展观,认为只有在个体与环境相互作用的关系中才能认识心理的意义,这在一定程度上为跨文化心理学和文化心理学的发展留有余地。因此,辩证法超越了绝对主义与相对主义抽象的两极对立,实现了绝对与相对、无限与有限、理想与现实等一系列矛盾的和解,这种思想智慧对于克服当代心理学的深层困境,推动理论研究的未来发展具有重要的意义(霍涌泉,刘华,2007)。

二、交互行为心理学概论

(一)交互行为心理学的主要观点

交互行为主义是由美国心理学家坎特在20世纪20年代创立的,在他逝世前还一直对其理论体系进行著述。但是,坎特的理论始终未被心理学界重视,直到 20 世纪末,在坎特逝世 20 年后才被逐渐重视起来(Morris & Bryan,2000,p.18),引发越来越多的关注。坎特(Kantor,1976)认为,他的交互行为心理学主要是研究可观察事件的一种心理学理论体系,而不是像其他心理学理论体系,将心灵、意识、记忆、思维、驱力、信息加工等抽象概念作为心理学研究对象。该理论认为,在可观察的心理事件中,大量相互依存的事件构成一个交互行为场,个体与世界之间的相互作用构成了心理事件的交互行为场。在这个交互行为场中,生物因素、物理化学因素和文化因素都参与到心理事件之中。在相应的交互行为场中,心理事件只能被本身水平的功能和原理来解释,不能还原为构成这一行为场的其他因素。

交互行为心理学理论体系中,最关键的一个概念就是交互行为场。坎特认为,这个交互行为场由刺激功能、反应功能、接触媒介、背景因素、交互作用史和行为片段构成。(1)在这一理论中,刺激功能是指我们给予反应的客体为刺激物,它在特定情境中的意义和功能就是刺激功能,我们与物理世界的交互作用实际上就是与刺激物的刺激功能的交互作用,但有时我们也使用刺激功能的替代性功能,如我们与他人谈话时我们指向的事件和情境一般并不在场,我们听到的只是具有社会意义的语言符号而已,这些意义符号传达的社会意义就是一种替代性刺激功能。(2)反应功能是与刺激功能同时存在和发生的,当我们受到物体刺激时我们就会作出反应,刺激和反应不可能独立发生,它们相互依存地存在于交互行为场之中。(3)在交互行为主义者眼中,接触媒介是指我们看到、听到、感触到的客体都是借助某一媒介发生。(4)背景因素则是指不同背景对某一行为具有的心理意义,有时某一行为在不同背景中表达的意义是不同的,而不同行为有时在同一背景中表达的意义又是相同的,所以背景因素在交互行为场中作用是巨大的。(5)交互行为场中包含的交互作用史则指的是我们从与物理世界和环境条件的历史发展中发展出的刺激功能和反应功能,因此,个体往往不是根据客体的物理化学属性对它作出反应,而是基于在以往交互行为中发展起来的功能对客体作出的反应。(6)交互行为理论认为,每种刺激物可能具有许多刺激功能,每种反应可能具有多种反应功能,而在刺激和反应中连续交互作用中的片段就是行为片段。坎特还用 PE=C(k,sf,r,rf,hi,st,md)这一公式来说明心理事件是交互行为场的函数,其中 PE 指心理事件,C 指交互行为场,其他字母则代表了以上相应的交互行为场的内容,这一表述用最简单的方式表述了交互行为心理学的理论体系始于生物机体和世界,生物机体和世界的交互作用构成了心理事实。这一理论强调背景中的机体,机体的知觉、选择、推理、社交等并没有一个非个人化的心理(或神经元网络、认知、自我、中介变量等)在操纵机体的身体,正是机体与意义的情境确定了心理事件本身。

从这一公式出发,交互行为心理学认为,在由交互行为构成的心理场中,每一个因素都处于相互联系之中,相互依存的心理事件比单一心理事件导致的线性因果关系更具有现实意义,我们也可以在这个关系场中单独研究交互行为场中的任一成分,但是前提必须在心理事件所属的行为场中研究才有意义。我们也发现,这个理论在关注个体与情境的关系这一观点上与勒温的心理动力场有类似之处,都将行为归结为个体与环境的关系之中,不同的是心理动力场包括的内容是准物理事实、准社会事实和准概念事实,在勒温的心理动力场中还给需要、紧张、效价和驱力等抽象概念一定的位置,而这些抽象概念恰恰是交互行为场不关心和摒弃的,认为它们是抽象的和没有意义的内容(Sharpe,1996)。可见,交互行为心理学与勒温的动力心理学在交互作用的观点是一致的,但在心理学的还原论和主客二分上是有区别的。交互行为心理学理论认为,不管在什么情况下,主客二分的二元论都是不成立的,因为只有在交互行为场中,行为反应才有意义,交互行为心理学并没有为那些抽象的心灵主义者和环境决定论者留有一丝的余地,任何心理事件都是在行为交互场中才得以发生,并在交互行为场中才具有意义的。同时这一理论在面对还原论问题时也是态度明确的,认为构成心理学体系的交互行为场意味着心理事实不能被还原为生物学、物理学、化学乃至文化或者神经元、激素等。尽管这些因素都参与了心理事实的构成,但是它们只是交互行为场的一部分,不可能单独决定心理事实的属性。也就是说,机体的行为是机体与周围事物的一种相互关系。要理解这种关系,我们必须研究所有组成成分及相互影响,而不是只研究某一单个因素,从这一观点出发,交互行为心理学推翻了心理事件发生在大脑,也推翻了心理事实源于外界环境,同时也彻底否认了心理事实被还原的可能性。在对主流心理学质疑的基础上,坎特进一步质疑了传统心理学中充斥的线性因果关系论。我们知道,无论行为主义心理学还是认知心理学都是以线性因果关系为基础的,交互行为心理学则认为心理学应该摒弃机体中心论和环境中心论,而用交互行为场来取代它们,我们完全可以通过研究交互行为在各种环境中的发展来理解心理事实。简而言之,在交互行为场中机体不能引发行为,环境也不能引发行为,因果关系是由人与周围环境的交互作用场实现的。

(二)交互行为心理学的假设及当代影响

坎特(Kantor,1975)和史密斯等人(Smith et al.,1976)在交互行为心理学理论中明确提出了它的理论假设,交互行为心理学也是众多我们所熟知的心理学理论体系中,第一个明确清晰提出假设的理论,也正是在这些假设上,坎特建立了它的心理学理论体系。这一理论体系的假设既包括关于科学一般指导性的原假设,也包括关于心理学学科支持性的元假设,还包括关于心理学研究对象的一般假设,这里我们试图将各种假设糅合在一个框架内予以说明:(1)科学必须关注科学事业边界内的实体和过程,即科学只处理自然界的具体事件;(2)理论必须来自研究者与研究事件的交互行为;(3)心理学是独立的科学,它与其他学科的关系是平行的,心理学体系不可以还原为其他学科;(4)心理学必须研究机体与物体、事件或其他机体之间交互作用,而不研究抽象的心理学概念;(5)心理事件的发生不是由内部因素或外部因素决定的,它是由交互行为场中各因素协同合作的结果。坎特心理学理论体系强调这些假设的原因,是因为坎特认为无论心理事件依赖于认知心理学的信息加工、行为主义的强化作用、精神分析心理学的潜意识动机,还是人本主义心理学的自我实现,心理事件最终都将由上述假设来决定。事实上,坎特发展起来的关于交互行为心理学理论体系假设的核心就在于心理事件决定于交互行为场。只有在交互行为场内解释心理事件才有意义,否则心理事件将随着不同环境的变化而变化,成为不可捉摸的和不稳定的,也将没有意义可言。这一假设的效应已经在坎特提出后得到一些响应。许多研究也都证实,只有同时考察多种变量才能说明一个心理事件,而当前心理学的实证研究方法论体系也确实受到了一些影响,即实证主义心理学者也呼吁进行多变量实验设计替代单一变量的线性因果关系设计。在具体研究中,夏普(Sharpe,1996)在交互作用理论指导下,进行了课堂教学研究,同时开发出行为评价策略及配套的时间分析系统,对教学的交互行为场进行评价和反馈等。交互作用理论的指导原则也被运用到语言的交互作用研究(Bijou,Chao,& Ghezzi,1988)、外显和内隐的交互作用研究(Smith & Delprato,1976)、问题解决的交互作用研究(Scheerer,1963),应用范围涉及商业管理和空间设计、教育、心理治疗、临床心理学和变态心理学研究中(Baxter & Charles,1994)。可见,坎特的交互行为心理学理论虽然未能被足够多的心理学家和研究领域重视,但仍在心理学其他研究领域以及心理学的应用学科中产生了一定的影响。而在近年,坎特以可观察的交互作用的事件取代心灵和大脑作为其理论假设,使得交互行为心理学理论的影响也逐渐扩大,在主流的实证心理学和非主流的人文心理学中都激起了心理研究交互作用的热潮。

三、情境交互作用理论体系对理论心理学研究的历史贡献

为什么我们会选择将辩证心理学和交互行为心理学归纳到心理学的情境交互作用理论体系之中?这个问题的答案所要回答的就是辩证心理学与交互行为心理学的共性问题。情境交互作用理论的本质在于心理事件的意义只有在个体与环境(包括他人、环境、事件)的交互作用中才具有心理意义。我们在对之前辩证心理学和交互行为心理学的基本观点和假设进行阐述的过程中,我们可以归纳出二者的一些相同观点,当然也包括二者的差异。二者的共同之处:(1)二者都强调双向性,传统心理学大多强调 S-R 或者 S-O-R 的心理反应模式,但辩证心理学和

交互行为心理学却试图用 S↔R 来取代传统心理反应模式。这一模式对双向性的强调是二者最主要的共同点。无论是辩证心理学还是交互行为心理学，都将个体与环境联系起来，而且是双向联系，并且关注的都不是机体或环境的单一方面，关注的是二者在互动的双向性间存在的意义，这种意义既不来自机体本身，也不来自环境本身，而来自"个体-世界场"或者交互行为场，心理事件只有在具体的情境中才具有心理意义，这是将二者纳入到情境交互作用理论体系中最主要的原因。（2）二者在反对传统心理学线性因果关系的立场上是一致的。虽然二者都不反对实证研究方法在心理学中的应用，也是主张以问题为中心的多元方法取向。但是，二者都反对简单地将心理事件归结为内部（心灵主义、神经元、大脑结构、驱力、思维等）因素和外部（历史文化、周围环境、客观他人）因素，二者都认为传统心理学（行为主义心理学、精神分析心理学、人本主义心理学和认知心理学等）将心理事件简单归结为内部或外部因素，这种简单的线性因果推论其实就是将心理事件还原成神经网络、潜意识冲动、动机、本能、驱力、社会和文化等机体内部或外部刺激，却忽略了"个体在世界之中"这一命题。虽然辩证心理学仍保有还原论的残余，但它对"个体-世界场"的强调以及交互行为心理学对交互行为场的强调都将展示出"个体在世界之中"这一命题，即强调个体与情境因素交互作用中的意义。个体本身不能创造意义，情境本身也不能创造意义，只有二者的关系才可以创造意义。（3）二者都强调变化是心理事件的主题。辩证心理学明确地提出心理事件是由命题→反题→合题→命题→反题……这样一个无限循环的发展过程构成，也就是机体与世界的变化是无止境的变化和发展的，在不同情境中的意义往往是不同的。交互行为心理学也同样强调交互行为场是变化的，交互行为场的变化决定了心理事件本身也将随之变化，从而在交互关系中产生出不同的意义。

我们认为以上三点是足以将二者归纳到情境交互作用理论体系之下的理由。虽然有心理学者认为，社区心理学、生态心理学、现象学心理学也应该纳入到这一理论体系之下，但笔者通过分析发现这三者与辩证心理学和交互行为心理学比较起来，他们的共性更少。虽然他们也强调环境或意义的重要性,却都不如辩证心理学和交互行为心理学更加明确。尽管辩证心理学和交互行为心理学在还原论上还持有一定的分歧,但它们的共性足以弥足还原论主张上的分歧。心理学交互作用理论的当代发展,正是顺应了心理学研究中机体因素和环境因素的多变性而产生的。从心理学对研究对象的关注视角来划分,笔者认为可以将心理学的历史发展大致分为四维结构:(1)第一个维度是意识之维,主要是内容心理学、构造心理学、意动心理学和精神分析心理学,这些心理学理论体系都将心理学研究指向机体内部的意识、潜意识或还原为大脑的机能,主张对心理现象的解释以机体内部作为出发点。(2)第二个维度是行为之维,主要是行为主义心理学,这一心理学理论体系的早期理论都将心理学研究指向外显行为,后期理论部分地关注到机体内部认知的影响,可以看作是向第三个维度的过渡,它们都共同遵循实证主义主客二分、客观主义、还原论、机械决定论的原则,对机体外显行为进行细致的研究,主张对心理现象的解释以机体外部为出发点。(3)第三个维度是机制之维,主要包括认知心理学以及后兴起的认知神经科学,它们主要以分析机体内部信息加工机制,以揭示机体心理现象的生物神经机制和社会心理机制为己任,既关注了机体内部信息加工和转换,也关注了机体外部社会情境因素对心理事件的影响,主张对心理现象的解释以心理机制和社会情境为出发点。(4)第四个维度是意义之维,主要包括辩证心理学、交互行为心理学、现象学心理学等。尽管当代心理学的发展趋势是认知神经科学,但认知神经科学内部现在也已经分化出如神经现象学这样一个强调意义的分支学科(陈巍,郭本禹,2011),这一维度主要任务是揭示心理事件的意义,强调在机体与环境的交互作用中解释心理事件的意义,认为纯粹地将心理事件还原来进行研究的做法是脱离人类现实生活的空洞的和无意义的研究。那么辩证心理学和交互行为心理学很显然应该纳入到第四个维度,即意义维度之中。可见,现代世界心理学发展的多元取向已经更加关注心理事件的意义。

辩证心理学和交互行为心理学作为两个比较典型的理论体系,或者说是方法论范式,在对促进传统心理学自身理论和方法论变革中起到的作用是不容忽视的。现代心理学很多研究都已经考虑到机体与环境（既包括历史经验也包括具体情境）相互作用对人心理产生的影响，在推动心理学方法论的进步上，传统心理学无疑是从辩证心理学和交互行为心理学中得到了启示并从中受益。同时，交互作用心理学体系反对传统心理学单一线性因果关系，而强调双向性的多变量的因果关系思想对实验心理学的影响也是不容忽视的。但是，我们更应该清楚地看到，尽管当代心理学研究对意义的研究兴趣正浓，我们也不能忽视辩证心理学和交互行为心理学自身理论体系的不足，这些不足被全盘接受，不仅不能促进心理学的发展，相反会阻碍心理科学的进一步发展。心理学交互作用理论体系明显地偏向于双向互动的研究，夸大了机体与情境的交互作用，将任何心理事件的解释都归因于机体与情境交互作用的意义之中，这种做法夸大了"个体-世界场"和交互行为场的作用，却忽视了机体中心论和环境中心论的观点，否定了机体内部意识、动机和认知以及历史文化等外部因素对心理事件意义的作用。总的说来，心理学情境交互作用理论体系对当代心理学的影响远大于其自身存在的缺陷，这一理论体系正在被越来越多心理学家关注这样一个事实，也说明了在未来心理学研究中，我们将更加关注心理事件与个体和情境的互动关系，这对研究人类难以捉摸的心灵世界来说无疑是有益的。

第六章　文化视野中的理论心理学研究

　　心理学发展的多元化已经成为当代心理学的显著特点，把心理学研究纳入到文化框架中，是发掘心理学的文化品性的必然选择。以文化为框架，将心理学研究的文化取向进行概括、整理和辨析，揭示文化心理学、本土心理学、跨文化心理学、区域心理学的文化内涵，对其差异性进行辨析，梳理四者的逻辑关系，最终将有利于心理学文化取向研究的文化统合。心理学发展的多元化也表现在心理学研究主题的无限延伸与视域的不断扩展，以及心理学研究方法或研究技术的不断革新与进步。在这种多元化发展的背后，仍潜伏着科学与人文两种文化的对立与危机。科学心理学中科学与人文两种文化的较量由来已久，需要第三种文化来平衡。第三种文化作为一种观念语境的出现，能在科学与人文之间搭建对话、理解、沟通和尊重的桥梁。在心理学研究日益多元化发展的背景下，未来形态的心理学无疑成为解决当代心理学矛盾与危机的良方。

第一节　心理学研究的多元文化取向

　　心理学研究的自然品性在心理学发展中始终都扮演着最主要的角色，但是进入后现代时代，心理学自然品性在各个方面都显示出与现实的剥离感，不能很好地解释人的心理与行为。20世纪后半期心理学的文化转向则为心理学研究提供了一个崭新的平台,这一平台试图以文化的框架包容心理学的自然品性,超越心理学的自然品性,以文化的名义、以文化的内涵、以文化的本质来抽象现代心理学研究,将心理学研究对象、研究方法、研究理论、研究技术、研究者等放置于历史的、社会的、文化的视野中来,以文化包容、融合、阐释心理与行为,将文化作为心理与行为永恒的中介变量,因而心理学则具有了不可避免的各具形态的文化品性或文化品格。以文化为基点,发展出各具形态的心理学学科分支或心理学文化研究取向,因此,以文化的框架对心理学的这些分支或取向进行辨析使它们明确具有现实意义。

一、心理学具有的文化品性

在心理学的科学进化过程中,科学心理学研究倾向于把人的心理理解为自然现象,或者具有与自然现象类同的性质。这一方面促成了心理学成为独立的科学门类并使心理学越来越精密化,另一方面也使心理学的研究具有了局限性:一是心理学研究的无文化研究,或者说是摒除了人类心理的文化性质;二是伪文化的研究,或者说是扭曲了人类心理的文化性质。概括而言,科学心理学的研究方式主要表现为三方面:追求心理学研究的客观性;依赖研究者感官经验的普遍性;确立实证方法的中心地位。可见,现代实证主义心理学研究方法是严密的,理论是明晰的,技术是精确的,强调客观观察和统计概括,提供了有关心理现象的客观知识,消除了迷信、歧义和模糊的东西。但是对于这种研究定位,研究的问题是有限的,这种实证的研究使研究只是研究,与人类内在心理产生了隔膜,有时甚至是格格不入、脱离现实,它不能涵盖心理学研究的所有问题(姜永志,2009)。并不是所有的心理学研究现象都可以操作化和量化,因而过度推崇心理学的自然品性,必然使心理学研究走向自然的极端,陷入困境。

在对过度推崇自然品性进行批判的同时,心理学者开始更多关注心理学的文化特质。而心理学文化品性的研究则是这一转折的一个有力证明。心理学的文化品性或文化性格、文化品格,这一概念最早是由孟维杰提出来的。他认为心理学研究对象、使用概念、心理学者生存方式、心理学习俗及心理学理论中的隐喻等元素都具有历史的文化特质,由于心理学诸要素的文化特征,用"心理学文化品性"这个概念来表达对心理学总体性质的看法,也是从文化视角对"什么是心理学"这个根本问题的回答(孟维杰,葛鲁嘉,2008)。于是,将"品性"概念特征与文化结合起来后,赋予心理学。很显然,心理学文化品性是指心理学本来具有的文化层面的品质和性格,即心理学原来应该存有的文化的东西,这便建立起一个文化解释框架。用这一命题来阐释文化解释框架思维对心理学问题的根本认识,对逻辑的、技术的外表下心理学诸要素的文化特征进行总体概括和深入挖掘,从而实现对心理学完整、深刻的把握。心理学文化品性作为心理学本身固有的一种性质,应该成为重新审视和理解心理学本真面目的深度视角,应该是心理学一种分析框架,也应该是心理学之所以是"心理学"的根本(孟维杰,葛鲁嘉,2005)。在心理学文化品性的生成性意义内,有必要在文化框架内对心理学研究的文化取向进行辨析,使之明确,将心理学的文化性研究加以整理。

二、当代心理学发展的文化取向

(一)文化心理学取向

文化心理学在20世纪60年代开始发展,20世纪90年代得以确立,以斯迪格勒(James Walton Stigler)等人主编的《文化心理学:人类发展的比较研究》出版为标志。其间经历了不同的发展阶段,文化心理学的理论和形态也在发生变化。一般认为文化心理学是研究人的文化心理和文化行为的一门心理学学科或取向(田浩,2006)。希维德尔认为文化心理学是研究"近经验概念"的一门学科。所谓"近经验概念",是指人获得的,隐藏在其行为背后,一般不为其所意识或觉察的,但支配其行为的经验或观念,即文化意义和资源。该概念包含两种基本含义:一是文化心理学的研究对象是与刺激的意义相联系的或者说是表现在刺激的意义之中的心理和行为;二是意义与心理的关系是一种相互建构的关系。科尔与卡特认为"文化心理学是研究以人的创造物为中介的文化与心理相互构建的一门学科",是"一门研究个体与社会、文化之间的相互作用的学科"(李炳全,2007,p.78)。

　　文化心理学的研究从研究对象入手,力图扩展主流心理学关于研究对象的设定,把心理行为看作是特定文化的产物,重视各种文化条件下的心理行为的独特性。文化心理研究基于这样的认识,即人类心理行为是文化历史的产物,与特定文化有着密切关系,无法脱离文化历史背景进行理解。文化心理学的一个重要特征或标记是它关注意义过程的文化和种族差异,致力于理解这些差异怎样与解释活动和社会所结构化的刺激事件的意义或表征相联系。另外,文化心理学还主张用建构主义的观点研究文化心理与行为的关系问题,突出从符号与心理关系上重点研究文化符号在心理形成与发展中的作用。人的心理与行为是在掌握人类积淀下来的文化符号过程中形成与发展的,是个体的活动使然。人类在社会活动中创造各种文化符号,同时各种文化符号反过来又改变人的心理与行为。文化与心理和行为的相互构建是文化心理学最主要的一个理论预设,强调特定文化与特定心理行为对应,每一种文化生成一种意义文化、一种意义心理、一种心理行为。

　　因此,不同文化具有不同的文化心理,文化心理学就是要研究不同文化情境中人的典型心理特征,希望通过考察不同的文化来发掘人类心理的普遍意义与心理的典型性差异。文化心理学这种不再以从异域文化寻求理论检验为目的,而是从特定社会文化背景下特有的心理问题出发,注重以社会现实为研究重点将文化元素推到令人瞩目的位置,使人们开始重新思考和定位文化在人类心理和行为中的作用与价值,从而将心理学理论视野从过去传统的"心理主义"入手来推知行为原因拓展到在广阔的社会文化背景中来追问,也就使心理学理论建构从原来的抽象性向具体性转向,具有相当的现实性和说服力,它强调特定的民族文化背景下人的心理特征与心理问题研究(丁道群,2002)。

（二）本土心理学取向

　　19 世纪 70 年代后期,许多国家的心理学家认识到,西方心理学家用他们本国的问题作为研究课题,通过使用在他们自己的文化背景中有意义的资料发展出来的测量工具产生的心理学一般理论,实际上反映的是美国等西方国家的价值观、目标和问题,不能类化到其他的国家,因此开始发起一场心理学研究的本土化运动。作为对西方现代心理学的一种超越,本土心理学从20世纪80年代初开始发展,1981年希勒斯和洛克《本土心理学》的出版被视为本土心理学正式产生的标志。本土心理学的产生有着广泛的思想、文化、社会和学科背景。它与后现代主义思潮、文化多样性以及世界政治经济格局的变化之间存在着深刻的联系(郑荣双,2002),但是导致本土心理学最终得以问世的直接原因还是科学心理学特别是西方心理学局限性的凸显。

目前,许多心理学家使用"本土心理学"这一术语,但是含义不尽相同:一种用法是指实证心理学之外的、不同本土文化滋生的传统心理学;另一种是指在不同文化圈中对西方或美国的实证心理学的本土化改造而形成的科学心理学。这正与当代心理学的发展趋势相吻合,一种是对实证心理学研究范式的不满,回过头去重新考察、探讨本土文化中的传统心理学,一种是对西方实证心理学的霸权主义的不满,试图结合各自本土文化改造或重建西方或美国的实证心理学,因此便有了两种取向的本土心理学(葛鲁嘉,2008,p.162)。这两种本土心理学的研究传统是当代心理学本土化的两种形式,金和伯里曾指出:"本土心理学取向可以定义为对人的心理和行为的科学研究,它是本地的,而不是从其他文化输入的,它是为本地民众所设计的。"(张秀琴,叶浩生,2008)据此,本土心理学的理解就应该根植于特定的历史文化背景中。

本土心理学的研究可以包括两个发展步骤:一是对特定文化背景中人的心理与行为的描述和解释;二是对不同文化中的心理与行为进行概括与总结,寻求心理的普遍性。这两种本土心理学取向在我国的本土心理学研究中亦有所论述,20世纪70年代末80年代初,我国心理学家潘菽先生指出,中国心理学要走自己的道路,建立中国特色的社会主义心理学体系,应该包括四个途径:一是坚持辩证唯物主义指导思想;二是密切联系我国建设实际;三是继承我国古代有关科学心理学的可贵观点、论断和学说;四是有批判地吸收外国心理学中对科学心理学一切有价值的东西(潘菽,1980,pp.1-3)。我国台湾心理学家杨国枢先生在20世纪80年代也提出构建中国本土心理学的理论设想:一是要重新验证西方心理学的重大发现;二是研究国人的重要与特有现象;三是修改或创立概念体系;四是改良旧方法与设计新方法。杨国枢先生还提出用本土契合性的概念来衡量本土心理学和心理学本土化研究的标准,认为中国本土心理学要建立"内发性本土心理学",反对建立"外衍性本土心理学"(张海钟,蔡丹丰,刘芳,2012)。另外,20世纪末开始,中国新一代理论心理学者也开始以此为标准试图建立中国本土心理学的理论,其中包括葛鲁嘉所创的新心性心理学、申荷永的中国分析心理学、叶浩生的中西方理论心理学的整合探索、燕国材的本土心理学理论建构、孟维杰的中国心理学文化品性的探索,等等。

因此,本土心理学研究的立足点是文化的差异性,因为文化间具有异质性,才会导致异质的文化心理差异,真正的本土心理学就根植于此,其目标是要根植文化传统,挖掘文化资源,建立特定文化的特定的心理与行为解释方式,为特定文化中的人服务的本土契合性心理学。

(三)跨文化心理学取向

早期的跨文化研究可以追溯到20世纪20年代,冯特的弟子、人类学家马林诺夫斯基的社会学研究,他结合德国民族心理学注重研究文化之间差异的特征与法国社会学强调文化内部相似性的特征,进行了早期的社会与心理的跨文化研究。同时期的著名人类学家泰勒也注重比较不同文化中社会习俗、禁忌、语言与行为的关系研究,这也是跨文化心理学产生的先见性早期研究。随后米德、本尼迪克特、卡丁纳等也进行了卓有成就的跨文化研究,但这只是跨文化心理学研究的早期探索。20世纪60年代以来,后现代思潮滥觞与殖民运动大潮涤荡,多元文化论兴起,为西方心理学文化转向提供新的契机和机遇。跨文化心理学在这一背景中最终得以确立,1969年,伦纳(Walter J. Lonner)在美国西华盛顿大学创立了跨文化研究中心,以促进跨文化心理学的发展。伦纳在1970年正式创办《跨文化心理学杂志》,标志着跨文化心理学取得进一步的学术地位。1980年,美国著名心理学家推蒂斯出版六卷本的《跨文化心理学手册》,这是跨文化心理学发展史上的一个标志性里程碑。在随后的时间里,心理学家进行了一系列的跨文化心理研究,同时不同的学者也对什么是跨文化心理学以及跨文化心理研究作过界定。《跨文化心理学手册》第二卷(1997)把跨文化心理学界定为:一种系统研究,它关注文化范畴内的人类发展与在特殊文化中成长起来的个体所产生的行为之间的关系。因此,它的研究对象是比较不同文化群体的心理与行为。

有学者认为,跨文化心理学是比较研究两个或者多个文化背景中个体和群体心理发展变化的规律,从而找出哪些是适用于任何社会文化背景中的人类行为的普遍法则,哪些是仅适用于特殊文化背景中的人类行为的特殊法则,它的研究目的在于查明人类心理在多大程度上以相同的形式发展,用什么来解释不同社会文化之间人们明显的个性和认知特征方面的差异,用心理因素能够解释哪些文化的差异,用文化因素能够解释哪些心理差异(万明钢,1996,pp.1-10)。这个定义将文化从众多的环境变量中突显出来作为一个核心自变量,作为一个被关注的焦点进入心理学研究视野。由跨文化心理学衍生的跨文化研究则为心理学的未来发展,从根本上转换了研究视角,它是以文化为变量研究心理和行为的异同,通过跨文化比较,对心理学的某些概念、理论和假设进行文化上的比较和检验,从而验证研究过程和结果解释上的外在效度。每一种心理学理论的产生和发展,尽管在单一文化中或是在控制实验条件下可能具有较高的文化解释性,但在缺失跨文化比较时能否外推到其他文化,以观照该文化内民众心理,也就是具有文化的解释性,即具有一定的外在效度,则未为可知。因此,跨文化心理学最主要的目标就是以文化为变量,比较多种文化情境中人们的心理与行为,从而找到人类心理与行为的跨文化一致性及心理与行为的普适性。

(四)区域心理学取向

20世纪80年代以来,学术界先后产生了区域经济学、区域教育学等学科。从心理学的发展来看,目前的跨文化心理学主要从宏观的角度对不同民族、不同国家的心理差异进行比较研究,没有把不同文化区域内,典型的人的心理差异纳入研究范围。2005年,张海钟教授结合心理学文化转向、后现代思潮对心理学的影响以及中国社会区域文化性凸显与区域心理差异问题,首先提出中国区域心理学这一概念,中国区域心理学将不同区域人群的心理共同性和差异性作为研究对象(张海钟,2005)。区域心理学也可以称为区域跨文化心理学,其理论假设是不同区域的文化存在很大差异,因而其心理也必然存在很大差异,因为文化是影响社会心理活动的一个重要因素。中国区域心理学又可包括中国城乡区域心理研究、中国地理文化区域心理研究、中国行政区域文化心理研究等,在此基础上主张以中国文化传统为心理资源,用传统心理学观念深刻挖掘当代中国区域文化背景下中国人的心理与行为(张海钟,2006)。

中国区域心理学的提出,既是社会现实的需要,也是中国心理学学科发展的需要。中国区域跨文化心理学的核心是文化心理问题(姜永志,张海钟,2009a),最主要的哲学基础是中国传统文化,其中包括儒家文化、道家文化和佛家文化。它注重对中国传统文化及文化心理的解读与诠释;它的研究对象要是带有文化属性的个体或群体;它的研究内容不局限于科学主义心理学,立足于传统,主张多角度、多维度阐述传统及传统文化与人的心理的关系,致力于用有效的研究方法,如人类学、文化学、历史学、地理学等学科的研究方法,以问题为中心进行深入的心理学研究。区域跨文化心理学不同于文化心理学、跨文化心理学、本土心理学,它是相关学科理论与方法的综合体。区域跨文化心理学虽然注重心理学研究的文化品性,但是它又不完全沉溺于传统文化对心理学研究的局限,它既立足于传统文化又对文化有所突破。它不仅关注传统文化影响下的观念对中国人心理与行为的影响与构建,还注重中国当代文化转型的现实情境下社会现实对中国人心理与行为的影响与构建;不仅涉及文化心理,还涉及心理文化、心理生活和心理环境,是具有深层次的心理学理论研究。因此,可以说区域心理学是以文化心理研究为依托,借助交叉学科的多种研究方法,对区域文化影响下的区域心理差异及其人格构建、影响因素进行研究,它的研究内容更加贴近现实的人文主义关怀,不断波及社会心理学的各个层面,其理论建构也是以中国本土化心理学理论构建为目标,最终形成独特的研究中国人区域心理与行为差异的学科分支。

三、心理学文化发展取向的比较

心理学研究的自然科学主义与人文主义立场是心理学发展的两种取向,心理学文化转向背景下,心理学研究更加强调心理学研究的文化特质,文化品性的研究应运而生,心理学文化取向的研究再一次掀起人文主义心理学研究的热潮,注重心理学的文化性已经成为心理学对传统的超越。一方面,心理学文化取向的研究都将文化作为一个实实在在的变量纳入到心理学研究中,都高度重视文化;另一方面,对文化与心理的关注虽然在一定程度上存在分歧,但是都将文化的连续性看作是影响心理与行为的重要因素。但是,心理学文化取向的研究目前呈现出纷繁杂乱的现状,文化心理学、跨文化心理学、本土心理学、区域心理学之间的交叉与重叠往往让研究者眼花缭乱、目不暇接,因此,如何将这几种心理学文化研究取向的内在联系、区别与逻辑关系在文化的框架下进行梳理则是一个关键问题。

(一)文化内涵的不同理解

虽然心理学文化取向的研究都十分重视文化的作用,但是它们对文化的理解在一定程度上是有差别的。本土心理学强调文化,更多的是考虑文化的单一维度,即文化的一维性,这种文化是本土衍生的,不是外来的,它主张在单一的文化中进行一种根植于内发性的本土文化心理研究,它较少考虑文化的差异性,更多关注的是在单一文化中,一种文化对该文化下人们的心理与行为产生的影响。文化心理学强调文化,它从文化相对主义、多元论的立场出发,认为各文化都是平等的,不存在文化先进、落后的问题,文化差异是文化多样性、丰富性的表现,不同的文化都有其存在的理由和合理性。文化心理学强调文化的建构论,文化是个体与社会历史环境相互建构的产物,是动态的而不是静止的。因此,文化心理学强调文化差异性、文化异质性,强调多元共存,异质共生(李炳全、叶浩生,2004)。跨文化心理学用进化论的观点看待文化,注重文化的共同性和文化发展的基本规律,把文化差异看作是文化发展水平低的表现,作为不利于文化发展的"落后的"乃至"有害的"东西,假定不同的有差异的文化只是文化进化的不同程度的表现,处于文化进化的阶段,主要关注不同文化群体的心理与行为的相似性,而不是差异性。另外,跨文化心理学把文化看作是外在于人的、影响人的变量,把文化看成是静态的,把研究限制于主客观相分离的基础之上(杨莉萍,2003)。区域心理学强调文化,它认为文化应是本土性的衍生物而不是舶来文化,要在本土契合性之上对传统的文化进行研究,强调区域文化与人的互动与建构,强调区域间的文化差异性,但却追求在差异的基础上达成区域文化的一般性,希望通过探求文化的差异性来解释文化心理与行为,目标是达成文化与心理的统合性。这是介于文化心理学、跨文化心理学与本土心理学对文化理解上的一种折中主义(张海钟,2008)。

(二)心理与文化关系的不同理解

本土心理学强调心理与文化的关系。内发性的本土心理学强调根植于本土文化传统的心理学研究,强调文化根植于传统,心理根植于文化,传统文化对心理的影响是以传统的集体潜意识代代相传来影响个体心理的,传统的力量以及对传统规范的遵守程度,决定了文化与心理的关系。传统文化在社会濡化过程中建构着个体的心理与行为。

文化心理学强调文化与心理的关系。它认为,文化与心理是一体两面,是相互建构与影响的,个体既是文化大厦的建筑师,同时也是大厦建筑的基石。文化与心理在传统与社会变迁中通过人的主观能动性与社会现实的相互影响而形成,没有固定的心理与文化关系,它是变动不居的。个体在将文化内化为自身组成部分的同时,也在适应环境的过程中将内化的文化作用于现实世界,对现实世界进行着文化的创造与改变,这种改变通过文化适应再次内化为个体的文化心理,如此循环,个体不仅在建构文化,同时文化也在建构个体的心理(李炳全,2006a)。

跨文化心理学强调文化与心理的关系。跨文化心理学把文化与心理的关系看作是影响与被影响的关系,认为人的行为由外在于人的客观因素决定,按照科学心理学的规范,将文化与心理分为自变量与因变量,把文化作为自变量,把心理或行为作为因变量,认为二者可以彼此区分开来。它还认为心理过程与行为过程及它们的结构是分离的、具体的,甚至是孤立的实体,倾向于对心理与行为的概念进行与背景无关的定义,坚持心理与行为的普遍化解释比本土化解释更为重要(李炳全,2006b)。

区域心理学强调心理与文化的关系。它认为心理是与文化相互作用而建构的;要根植于传统,在分析传统文化的基础上建构区域文化。区域文化与历史、社会、地理环境的连续性是其强调的主要方面,强调环境与人类社会适应的关系,人类在适应生存环境过程中形成适应性心理,这种适应性心理则因区域地理环境的差异而不同,从而形成典型的文化心理与文化行为。因此,环境与文化、心理的连续性是区域心理学中心理与文化关系的主要出发点(姜永志,张海钟,2010a)。

(三)理论与方法的不同理解

跨文化心理学实质上是科学心理学的文化取向,它基本以自然科学的理论基础和研究方法进行研究,其理论基础仍是以客观主义、主客观相分离、经验的客观性和价值无涉为准绳,在方法上则秉承自然科学的纯实证主义方法论,主要进行跨文化的比较研究,以概念、建构或测量假定的跨文化等价作为比较的基础,倾向于量化的实验和心理测量的研究方法(乐国安,纪海英,2007)。

文化心理学则与之相对应,文化心理学主要采取人文或社会科学理论模式,认为心理与行为表现是自我存在的,文化与心理或行为是相互建构、彼此不可区分的。强调研究者与被研究者互为主体的关系,采用哲学解释学方法,同时借鉴文化学、人类学、社会学、民族学等学科的相关方法,强调质化研究方法能够深入了解文化背后隐藏的心理,而量化研究方法则无法达到(李炳全,2005)。

本土心理学则继承了跨文化心理学与文化心理学的传统,在理论建构上主张以内发性文化传统为基础,独创自己本土文化的理论,但是并不主张主客相分离的客观性研究,而是主张主客观一体的心理学研究。在方法上既不排斥实证主义也不排除人文主义方法,主张以问题为中心,兼收并蓄各家所长,对本土文化中的心理与行为进行深层次的研究,但是在某些时候本土心理学更侧重对本土文化的挖掘,倾向于质化研究的方法。

区域心理学与本土心理学相近,在理论建构上主张以本土文化为基础,在文化差异的基础上寻找文化与心理行为的关系,建立本土化的心理与行为模式及相关理论,在研究范式上基本没有独创性的研究方法,仍是以问题为中心兼收并蓄。

心理学研究的文化品性作为心理学研究的独特品格,在相关的文化研究取向中已经表现得淋漓尽致,虽然文化取向的心理研究有的已经被学术界公认,有的仍只是一种小的思潮,但是文化与心理和行为的关系必将是心理学研究未来的一个取向。这里对心理学研究文化取向的相关学科分支和学术思潮进行了辨析与比对,篇幅所限不能尽全,可以从分析中概括出,心理学文化取向的层级关系:首先,是跨文化心理学的早期研究,逐渐形成了追求文化普适性的跨文化心理学。其次,在跨文化研究基础上兴起的文化心理学将研究从文化一致性推向为心理与文化的差异性研究,主张心理行为与文化的相互建构。再次,随后的本土心理学则以二者为基点,立足本土文化传统,开创了心理学的本土化研究取向,将文化的维度指向根植于本土的内生性本土一维文化。最后,区域心理学则是将本土心理学的本土一维文化进行了更为微观的区分,提出本土心理的区域文化研究,建立区域文化与心理和行为的关系研究。这四种文化研究取向显然包含心理与行为研究的所有维度,是一个层级递进、层级推进的研究过程。因此,在文化框架内,心理学文化研究取向具有很高的拟合度,可以进行文化的统合和研究的统合,这必将为文化与心理和行为的研究作出贡献。

第二节　心理学研究的多元文化发展

冯特倡导建立的第一个心理学理论流派内容心理学从一开始就强调心理的自然属性,然而经历了一百多年的发展之后,心理学又面临应走科学主义还是人文主义发展道路的问题。纵览心理学的发展历程,产生了如构造主义、行为主义、精神分析、格式塔心理学、人本主义心理学、认知心理学等六大理论体系。每一理论体系又包含众多的分支派系,心理学的综合化之后带来了心理学的高度分化。心理学在当代的价值一再地被追问,然而追其根源要回答的问题却是:在多元文化背景下,心理学的多元化发展是科学心理学的进步吗?心理学多元化发展背后潜伏的危机会阻碍心理学的科学化追求吗?在这样的追问中,心理学的第三种文化尝试着在科学与人文之间搭建一座沟通和对话的桥梁。

一、心理学研究的多元化发展趋势

心理学发展的多元化历史由来已久,但没有哪一个心理学流派实现了心理学范式的统一。国际理论心理学协会主席斯塔姆(Stam,2000)就曾指出,处于成长中的多学科领域的心理学研究,多年来表现出不成熟学科的局限性,有时思想狭窄,有时不惜一切代价追求技术上的理性主义,而有时又体现为极度的盲目崇拜和一时的狂热(段海军,霍涌泉,2010)。国际心理科学联合会执委阿代尔教授(2008)也预言到:"心理学科在不久的将来将面临身份危机。"但是,从心理学历史的角度来审视,20世纪20年代到50年代,行为主义范式统一了心理学大部分领域,这应该不应该算是一种心理学的统一呢?事实上,行为主义尽管盛行近半个世纪,但对它批评的声音不绝于耳,它也并不是一个统一的范式。而20世纪60年代开始,认知心理学以精确的技术手段为依托,以计算机比拟大脑为模型,是否整合了心理学呢?面对认知心理学多元交叉的现状,对此我们仍不能过早下结论。这使我们想起詹姆斯的折中主义精神和费耶阿本德无政府主义的"怎么都行"认识论(方双虎,2011)。詹姆斯精神折射在当代心理学领域,表现为心理学研究的多元化,心理学研究的多元化在当代表现在两个方面:一是研究主题或研究视域的多元化;二是研究方法或研究技术的多元化。

(一)主题的多元化:疆域扩展和视域延伸

对研究主题或研究视域的多元化,让我们来看一下截至2000年,美国心理学会分会及其分支研究领域(表6-1)。从美国心理学会各分会及成员分布,不难理解当代心理学的多元化和精细化程度,与中国心理学会十几个专业委员会相比,美国心理学的研究领域无疑更广泛。近十几年兴起的环境心理学、生态心理学、进化心理学、文化心理学、积极心理学、认知神经科学等研究取向,在不久的将来必将成立相应的心理学专业委员会。值得注意的是,几乎大多数心理学分支领域都与应用心理学紧密相关。这也为我们设置了这样一个问题:当代心理学的目的是什么?我们不妨看一下美国心理学会口号的变化。1892年霍尔建立美国心理学会时的创始目标是"为了促进心理学成为一门科学",到1944年将其修改为"把心理学发展成为一门科学、一种职业和一种促进人类福祉的手段"。从中可以看出,心理学发展的应用性轨迹,而这种对应用心理学的重视正是当代心理学日益多样化和精细化的根源,越来越多的心理学家注意到心理学并不是铁钦纳所说的与应用无涉,是纯粹的科学研究(赫根汉,2003,pp.957-958)。事实表明,心理学在历史上从来就是一个基础研究与应用研究并行发展的学科,而且在某种程度上,应用心理学更体现了心理学发展的生活化。另一个不容忽视的原因是,在过去的历程中,心理学家已经发现了人类心理的部分真理,但是把它们与完整的真理相混淆了,也许当我们追问各心理学理论流派的观点是对或错时,这个问题本身就是错误的。更好的解释也许是,它们都是部分正确,只能揭示人类复杂心灵的一部分,而还有很多是暂时没有揭示出来的(史密斯,2005,pp.248-252)。

表6-1 美国心理学会分会及会员数量分布(截至2000年)

分　　会	总人数
1. 普通心理学协会	2 641
2. 心理学教学协会	1 982
3. 实验心理学分会	1 067
5. 评价、测量与统计分会	1 404

续表

分　　会	总人数
6. 行为神经科学与比较心理学分会	605
7. 发展心理学分会	1 286
8. 人格与社会心理学分会	2 920
9. 社会问题的生理学研究协会	2 444
10. 心理学与艺术分会	523
12. 临床心理学协会	6 159
13. 顾问心理学分会	988
14. 工业与组织心理学协会	2 683
15. 教育心理学分会	1 814
16. 学校心理学分会	1 870
17. 咨询心理学分会	2 811
18. 公共服务心理学家分会	1 005
19. 军事心理学分会	405
20. 成人发展与老年协会	1 656
21. 应用实验与工程心理学分会	374
22. 康复心理学分会	1 305
23. 消费者心理学分会	264
24. 理论与哲学心理学分会	631
25. 行为的实验分析协会	648
26. 心理学史分会	802
27. 社区心理学分会	791
28. 精神药理学与药物滥用分会	805
分会会员总数	84 244

续表

分　会	总人数
29. 心理治疗分会	4 778
30. 心理催眠分会	1 320
31. 州心理学会事务分会	451
32. 人本主义心理学分会	659
33. 心理迟钝与发展性障碍研究会	751
34. 人口与环境心理学分会	295
35. 妇女心理学协会	3 134
36. 宗教心理学分会	1 197
37. 儿童、青年与家庭与服务分会	1 118
38. 健康心理学分会	2 869
39. 精神分析分会	3 362
40. 临床神经心理学分会	4 158
41. 美国法律心理学协会	2 170
42. 独立开业的心理学家协会	6 511
43. 家庭心理学分会	1 850
44. 同性恋者、双性恋者问题心理学研究协会	923
45. 少数种族问题心理学协会	950
46. 媒介心理学分会	496
47. 训练与运动心理学分会	961
48. 和平心理学分会	496
49. 团体心理学和团体心理治疗	968
50. 成瘾治疗研究分会	1 179
51. 男性与男子气心理学研究会	577

续表

分 会	总人数
52. 国际心理学协会	812
53. 临床儿童心理学分会	1 315
54. 儿科心理协会	1 321
非分会会员总数	4 0674

数据来源：B.R.赫根汉. 心理学史导论. 郭本禹，等译. 上海：华东师范大学出版社，2003：955－956.

第4和第11分会已不存在。

（二）心理学研究方法的多元化

近20年来，许多心理学家都把多元化的方法看成是克服单一方法僵化取向的一条重要途径。多元方法论就是在同一研究项目中采用多元化思路，运用不同的方法、原理与范式对心理现象进行研究。这种方法论取向既坚持定量研究，也坚持定性研究、叙事的方法和后现代主义的方法。心理学具有自然和人文的双重特征，心理活动本身的复杂性，从根本上决定其研究方法必然是多样的、复杂的（Gergen，2001）。在多元方法论的视域中，心理学的研究方法其实并不单指具体的操作技术，而是包括哲学方法论、一般科学方法论和具体科学方法。从哲学方法论这一最高层次来看，每一个心理学理论体系都内含着自身的哲学方法论和心理学假说。例如，构造主义心理学、机能主义心理学、行为主义心理学等，主要以实证主义及其方法论为哲学方法论。这种方法论从经验证实原则出发，将心理事实视为物理主义者眼中的客观存在，通过价值中立的还原主义取向，对心理现象进行机械的决定式因果研究，其目的也如自然科学一样，期望发现普适性的心理规律。铁钦纳就曾希望发现心理元素周期表，穆勒也曾将心理学视为心理化学，寻求心理元素的组合规律，行为主义也同样希望寻找刺激和反应的永恒线性规律。从一般科学方法论来看，它将哲学方法论与具体方法直接连接起来，它用抽象的方法研究某种对象的形式和形态。其中适用于心理学的信息论、控制论和系统论"老三论",以及耗散结构论、协同论和突变论"新三论"都对心理学的发展产生了深远影响。例如,勒温的群体动力学,借助物理场的概念,将心理场视为一个动态的封闭的能量系统。在具体方法上,心理学以哲学方法论为根本,借助一般科学方法论,发展出了适合自身的一系列心理学研究技术和方法。如早期冯特和铁钦纳将实验内省视为研究心理元素的方法(主观观察法);布伦塔诺的意动心理学将内省发展为反省和内部知觉法(主观观察法),以与冯特等相区别;行为主义心理学利用观察法(有仪器或无仪器)、口头报告法(或语言报告法,事实上并没有舍弃冯特以来的主观方法)、测验法(客观研究方法);人本主义心理学采用整体分析和现象学方法、个案法、传记分析法及访谈法等(多为主观研究方法);认知心理学多采用实验法、观察法、电脑模拟法(主要为客观研究方法)。从这一系列方法的演变来看,研究方法和技术随着理论流派的演变,随着心理学家持有的方法论的变化,经历了一场从客观性向主观性的转变,再到主客兼容的方法与技术变革。

毫无疑问,随着心理学研究的深入,研究方法已经得到极大发展,尤其是对大脑研究的持续关注,使得脑电扫描技术(EEG)、核磁共振成像(fMRI)、计算机断层扫描技术(CT)、正电子放射断层扫描技术(PET)以及事件相关电位(ERP)广泛地应用到心理学对大脑的开发研究中来。同时,计算机技术的发展,使得它除了可以对复杂数据进行处理外,还可以广泛用于认知神经科学和人工智能研究。这些方法和技术的精细化与心理学研究主题和视域的精细化一样,共同构成了当代心理学的多元化。然而,从心理学史的立场出发,尽管心理学技术在不断进步,但是心理学似乎仍徘徊在一开始解决的问题上。例如:人性的本质是什么?身心关系如何?人类知识的起源是什么?什么解释了经验的统一性和连贯性等,而这些主题与哲学紧密相关,也许正如梅达沃(Medawar,1985)在《科学的局限》中所称的一样:"科学回答某些问题的能力是无与伦比的,但是有些至关重要的问题是科学不能回答的。"心理学方法与技术的多元化已然昭示了这样一种信念,即心理学研究方法的多元化或许正是自然主义取向的心理学家,希望通过这样的一种方式不断追求破解人类自身诸多心灵之谜所作的不懈努力。

二、心理学多元化发展中的三种文化

（一）科学与人文之争——两种文化的较量

英国学者斯诺（Snow，1964，pp.9－10）在《两种文化与科学革命》中认为："在当代，西方的学术与知识已日益分裂为两个截然对立的群体，这两个群体间在教育背景、学科训练、研究对象以及研究的方式和手段等方面存在着巨大差异，两个群体在某些基本观念、理念及信念上也常常处于互相对立的位置，甚至是心存敌意或反感，两者之间形成了一种无法理解的鸿沟。"而这两种文化之间的分裂与对立的现象常被称为"斯诺命题"。"斯诺命题"不仅表现在其他学科中，在心理学中也普遍存在，有学者就认为，心理学从来不是一个统一的学科。科克（Koch，1985）就认为："心理学自一百多年前脱离哲学以来，一直想成为严格意义的科学，但因受到其本身条件限制，终究也未能成为一门真正的科学。"美国心理学家斯宾塞（Spence，1987）也担忧地认为："在我一个最可怕的噩梦中，我预见到心理学组织机构的解体，实验心理学家被发配到正在兴起的认知科学学科中，生理心理学家愉快地到生物和神经科学系报到，工业和组织心理学家被商学院抢走，心理病理学家在医学院中找到了他们的位置。"这种不统一或者分裂的根源其实就是科学心理学中的科学文化与人文文化的对立，这一心理学中的"斯诺命题"蕴含着心理学不同的立场、主张和取向，尤其表现在科学观、价值观和方法论上。

就科学观而言，科学主义取向与人文主义取向是相对立的，这种对立表现在本体论、认识论和方法论等哲学假设上。心理学的历史已表明，心理学之所以能被给予较高的科学地位，能在科学的殿堂谋取一席之地，是因为它持有的立场是自然科学取向的，科学主义心理学正是冯特创建心理学早期以及冯特之后所致力发展和建构的心理学（姜永志，张海钟，2012b）。这种心理学采用了自然科学的物理主义世界观和实证主义方法论，即认为心理世界与物理世界同样是一种实在，它"就在那儿"等着人去发现，这种物理主义倾向持有一种对心理现象的物理主义图景的理解,遵循主客分离、还原主义、机械决定论、价值中立等原则和立场。物理现象可以按照进化的阶梯排列为物理学、化学、生物学、生理学、心理学等,排在上端的科学解释可以向下端的科学解释还原。那么,遵照物理主义的世界观,心理现象也可以还原为最基本的元素,早期的冯特和铁钦纳就将意识还原为心理元素,试图寻找由心理元素构成的心理规律,行为主义者则将行为还原为一种物理和化学刺激引起的另一种物理的和化学的反应。由于科学主义心理学秉承自然科学的衣钵而将人性"物化",忽视人性的主观自觉性,没能全面地揭示人的心灵,因而不是一个全面的研究范式。人文主义取向的心理学与科学主义取向的心理学相对立,正如车文博(2003b,p.333)所讲:"目前心理学的研究发展已经超越了以往狭隘的定义,已经从关注实验室中的人,转化到了研究复杂的社会、文化问题和理论问题。"建立在存在主义和现象学基础上的人本主义心理学就是这样一种心理学体系,它反对对完整的人进行抽象的分割和歪曲以及以坚持客观性为名否弃人的主观性的地位,主张应肯定人是自主性和创造性的存在,回到经验主体本身,确立人的主观经验的真实性,研究人的价值、尊严、自由、责任、选择、人的意义等与人的现实存在有关的问题。人本主义心理学将人本主义的世界观、问题中心论的科学本质观、人文科学的研究取向、直觉主义的人本学、整体主义的研究路线和非决定论的心理学解释框架等看作是其基本特征。

尽管科学主义文化与人文主义文化都对心理学作出了巨大贡献,为学科发展提供了"硬研究纲领"。然而,对实证研究的极度迷恋,致使心理学陷入了方法先于问题的怪圈,科学观与方法论对立以及学术研究者与实践应用者相割裂的尴尬局面。对人文研究的过度依赖,又使心理学陷入内省的主观心理主义,对自我实现的类似本能的追求极易使心理学陷入本能还原论(车文博,2010,p.16)。因此,科学主义与人文主义采取的客观研究范式和主观研究范式,始终未能真正完全地跳出二元思维的桎梏:客观研究范式以实证主义为论调,将心理学研究对象物化,走向了客观主义;主观研究范式以人文主义为论调,将心理学研究对象非理性化,走向了主观主义。心理学的两种文化都不能从根本上承担起对心理学的完全理解,他们只是揭示了人类心灵的一部分内容而不是全部。此时,西方心理学者已经认识到这种局限,受世界多元文化论的启发,有学者预示了第三种文化在心理学的崛起。

（二）第三种文化的崛起——新的视域融合

受制于自然科学的实证主义心理学和受制于人文主义的人本主义心理学,在两种文化的狭窄视域中努力寻求整合一门科学心理学的方法,但始终未能跳出二元论的束缚,在这种困境的焦灼中,心理学受到多元文化论这一暗流的影响。1964年斯诺曾坚信地认为,"科学"与"人文"两种文化终将融合为一种文化,在两种文化冲突的过程中也在悄然酝酿着第三种文化(the third culture)。30年后,美国学者布罗克曼(Brockman,1995,pp.1-5)就出版了题为《第三种文化：超越科学革命》的著作,当代美国著名心理学家凯根(Jerome Kagan,亦译卡根)于2009年也出版了《三种文化》,针对自然科学与人文科学两种文化二分法的缺陷,指出致力于消解"斯诺命题"的"第三种文化"已经产生(刘将,葛鲁嘉,2011)。而他们所谓的"第三种文化",其实并不是一种具体文化,而是一种融合科学与人文两种文化的语境。这种文化语境注重科学心理学与人文心理学的融合,使心理学真正从"独白"走向"对话",从"分离"走向"融合"。按照库恩的范式论主张,"第三种文化"也是一种科学家和思想家在认识和理解世界中共享的知识信念和表述规范,是科学家持有的共同信念、理论、方法、背景等的综合。"第三种文化"在理念上倡导对话的精神,在实践中促进合作的行动,但并不是从根本上否定科学与人文两种文化,而是试图通过对话、融合、沟通来超越两种文化的狭隘视域。在科学与人文各自为政的框架下,尽管他们从各自的视域对人类心理作了富有建设性的解释,但两种文化对同一现象的片面化表述,不但没有使心理学成为一门统一的科学,反而使心理学陷入了片面性、狭隘性和封闭性,与建立一门科学的统一心理学的目标背道而驰(姜永志,阿拉坦巴根,2012)。而"第三种文化"倡导并践行整体性、包容性、开放性,既注重科学的尺度也注重人文的尺度,既相互理解、尊重也保持必要张力,使心理学能够在两种文化中寻求契合,这种寻求对两种文化包容的精神就是"第三种文化"试图诠释的全部内涵。

第三节　多元文化心理学研究与追求科学化的关系

1879年,科学心理学在德国莱比锡大学冯特的实验室中诞生,冯特一生都致力于发展他自己眼中的心理学:一种是研究个体心理过程的实验心理学;另一种是研究民俗、文化、宗教等的民族心理学。然而,冯特不会想到,在他百年之后,心理学并没有按照他设计好的两条路线发展,而是出现了实证主义心理学取向独大,人文主义心理学取向边缘化的现象。这种早期的心理学发展畸形形态,预示着心理学百余年来的发展注定是不平衡的。回顾心理学百年发展历程,在特定历史时期出现的心理学各流派绝大多数都站到了实证主义一侧,原因在于实证主义代表着科学的主流,而人文取向心理学的研究并不能为人所直接感知和测量。在这种对科学主义的追求下,心理学为了所谓的"科学化"而盲目追求自然科学,虽然为心理学带来了科学的光环,但也抹杀了人应有之人性。我们认为,当代心理学在多元文化论的影响下,出现了研究内容和研究方法的延伸与扩展,而在心理学两种取向的矛盾逐渐升级之际,未来形态的心理学应该具备如下三个特征,这些特征将指引未来心理学发展的可能方向。

一、当代心理学视域的无限延伸与扩展

心理学发展的多样性由来已久。在心理学发展的历史中,从来没有哪一个心理学流派实现了心理学范式的统一。处于成长中的多学科领域的心理学研究,多年来表现出不成熟学科的局限性,其有时思想狭窄,有时不惜一切代价追求技术上的理性主义,而有时又体现为极度的盲目崇拜和一时的狂热(Stam,2000)。"心理学科在不久的将来将面临身份危机。"(阿代尔,2008)虽然当代心理学中学派林立的历史已经过去,但是历史上六大流派留给当代心理学的遗产犹在,这使我们想起詹姆斯的

折中主义精神和费耶阿本德无政府主义的"怎么都行"认识论(方双虎,2011)。詹姆斯精神折射在当代心理学领域,表现为心理学研究的多样性,心理学研究的多样性在当代主要表现在研究主题或研究视域的多样性,以及研究方法或研究技术的多样性。

从美国心理学会52个分会以及80 000多在册会员来看,心理学研究视域的无限扩展与延伸的程度便不难理解。近十几年兴起的环境心理学、生态心理学、进化心理学、文化心理学、积极心理学、认知神经科学等新兴研究取向,相信在不久的将来必将成立相应的心理学专业委员会或分会。而且,几乎大多数的心理学分会都与应用心理学紧密相关。这也为我们设置了这样一个问题:当代心理学的目的是什么?从1892年霍尔建立美国心理学会时将创始目标定为"为了促进心理学成为一门科学",到1944年将其修改为"把心理学发展成为一门科学、一种职业和一种促进人类福祉的手段",我们可以看出,心理学发展的应用性轨迹。而这种对应用心理学的重视正是当代心理学日益多样化和精细化的根源,越来越多的心理学家注意到心理学并不是铁钦纳所说的与应用无涉的、纯粹的科学研究。事实表明,心理学在历史上从来就是一个基础研究与应用研究并行发展的学科,而且在某种程度上,应用心理学更体现了心理学发展的生活化。心理学多样化不容忽视的另一个原因是,在过去的历程中,心理学家已经发现了人类心理的部分真理,但是把它们与完整的真理相混淆了,也许当我们追问意志主义者、构造主义者、机能主义者、行为主义者、格式塔主义者、精神分析者以及认知主义者的观点是对或错时,这个问题本身就是错误的。更好的解释也许是,它们都部分正确,只能揭示人类复杂心灵的一部分,还有很多是暂时没有揭示出来的。人们已经逐渐认识到,心理学应该是多样的,它解释的是人的复杂心理和行为,它的多样性就像人的多样性一样,这对于那些希望寻求普遍心理规律的人来说,无疑是令人痛苦的。

二、心理学科学化统一的现实困惑

当代心理学视域的无限延伸与扩展也给心理学自身带来了无限困

惑，心理学史研究一再表明心理学的统一道路充满艰辛和坎坷，而心理学在多大程度上可以被称为科学，更是心理学统一道路的最大障碍。詹姆斯1897年曾对心理学作过这样的描述："心理学不过是一连串的事实；一点有关看法的闲谈和争吵；仅仅是描述水平的分类和概括；一种强烈的偏见，即我们有心理状态，并且状态是由大脑决定的：但这并不是在物理学表现其规律的那种意义上的单一规律，也不是任何结果都可以从中推演的那种单一假设……这不是科学，它仅仅是对成为一门科学的期望。"在詹姆斯对心理学的科学性发表言论40年后的1933年，海德布雷特也得出一个与詹姆斯十分相似的观点：心理学还是一门没有伟大发现的科学，不像化学有奠定其基础的原子论、生物学有奠定其基础的有机体的进化原理、物理学有其奠定基础的运动定律那样，心理学还没有为自己奠定基础的发现，也没有发现或认识到能让心理学统一的原理，心理学还没有赢得它统一大业的伟大胜利，它还没有获得既令人信服又似乎真实的综合和洞察。从詹姆斯与海德布雷特对心理学科学性和统一道路的观点的惊人相似来看，从詹姆斯到海德布雷德的40年间，心理学并没有发生实质性变化，从海德布雷德到80年后的当代，心理学的科学性与统一性仍然没有得到实质性的解决，这不能不让我们怀疑：心理学是否有所进步？

20世纪90年代以来，人们对心理学的科学性与统一性的探讨虽没有取得实质性的进展，但却传达出多种不同的声音。科克（Koch，1985，p.35）曾表达这样一种观点："与其说心理学是一门单一学科，还不如说心理学是几门学科的综合；有些学科是科学的，但多数是不科学的。"因此，在科克看来，将心理学视为"心理学研究"可能要比视为"心理科学"更合适。显然，科克的这一主张已经认识到心理学的多样性。与科克有类似观点的还有致力于整合心理学的斯塔茨（Staats，1996，pp.18-20），他对当代心理学作过这样一个评价："心理学的各领域已经发展成了独立的实体，至于他们的相互关系则几乎没有或根本没有规划，各研究领域都是在孤立的状态中发展，根本没有谁要求把它们自己与心理学的其他部分联系起来。"美国心理学家布洛斯基甚至曾担忧地说："也许心理学的衰退正是整个西方世界丧失神经的一部分,甚至惊呼道心理学是一门危机的科学。"显然,以上学者持有一种心理学悲观论,大多数心理学学者都对心理学的科学性与统一性抱有怀疑的态度。这正如马卡罗佐认为的那样,基本的过程和原理构成了心理学的核心,它们在过去100年中基本保持相同,各分支学科只是将相同的核心内容、过程和原理应用到不同问题上。正是因为关切这些问题,理论心理学家希望通过提出一种包容性的文化观来整合和统一心理学,使其成为统一的科学心理学。其中,金布尔和斯塔茨曾试图将心理学置于自然科学的框架下来探讨,他们的统一观支持的是心理学的科学文化观:心理学对统一的美好期待是来源于这样的简单事实,即认为各种各样的学科都近似于自然科学(刘将,葛鲁嘉,2012),金布尔还认为心理学的各种构成成分都可以采用自然科学模式来调和。心理学者威尔逊则认为,可以将心理学内的分歧置于进化论的逻辑框架下来进行调和。然而,心理学的其他文化观很难接受上述观点,尤其是"第三种文化"从心理学的多样性出发,很难接受将心理学统一于自然科学的实证心理学或生物科学的进化论的观点。因此,围绕着心理学能否成为一门统一的科学展开的争论,在当代心理学中仍是学者们关注的一个热点问题。通常,对心理学的科学性持有以下几种观点:一种认为心理学只是一门前范式学科而不是科学;一种认为心理学研究太主观而达不到科学标准;一种认为心理学部分是科学,部分不是科学。

事实上,人是复杂的社会实体与自然实体,至今还没有一个心理学学派能成为心理学公认的范式,虽然当代心理学正朝着研究脑的单细胞活动,以及制定信息加工模型的方向发展,但仍不能肯定认知心理学能够成为统一心理学的科学范式。而且,目前心理学中也缺少或者至今尚未出现一个理论能够解释人的整个心理活动,一种理论适用于解释某一水平的心理活动,就不能解释另一水平的心理活动。完形理论能解释知觉,但对记忆却无能为力;条件反射理论能解释学习,却不能来说明人格。可以预见,多样性仍是当代心理学的主题,而对"研究主题多样性是心理学分裂的表现"这样一种观点,目前仍不能肯定,但可以肯定的是,心理学的多样性与精细化有利于对人类心理进行更深入研究。科学的方法和理论将变得更加开放,多种方法与理论的灵活选择有助于更为准确和全面地理解人类的心理活动。

三、文化沟通搭建心理学之间的桥梁

当代心理学观点的多样性,以及有时相互冲突的特征,将继续是未来形态心理学的主要特征。正如荣格曾预测的:"假设只有一种心理学存在,或者假设只有一种心理学原理,是一种不能容忍的专制,是一种伪科学的偏见……,即使这已在科学精神中发生了,也不应该忘记,科学不是生活的知识大全,实际上它只是人类思维形式之一。"(叶浩生,2003,pp.68-72)人们正逐渐认识到,心理学应该是多样的,它解释的是人的行为,它的多样性就像人的多样性一样。葛鲁嘉曾对目前心理学存在的形态进行归纳,认为心理学的历史与当下共包括六种心理学形态:常识形态的心理学、哲学形态的心理学、宗教形态的心理学、类同形态的心理学、科学形态的心理学和资源形态的心理学(葛鲁嘉,2010,pp.51-57)。他还认为,各种不同历史形态的心理学不仅有其独特的历史意义和价值,而且有其重要的现实意义和价值。现代科学心理学实际上并不是简单地清除和埋葬其他历史形态的心理学。相反,那些不同历史形态的心理学实际上成为了被埋藏的矿产,它们仍然存在着,并在特定的领域里发挥着各自的作用。虽然当代心理学中科学形态的心理学一枝独秀,统领心理学发展的风向标,但其他心理学形态仍存在于当代心理学,只是处于被忽略的边缘地带。这种心理学多样性共存的观点也预示了心理学的另一种形态,即心理学的未来形态。未来形态心理学的发展是在心理学其他历史形态基础上的自然演进,这不是人为而是自然发展所致。未来形态的心理学必将在吸收心理学的诸多历史形态基础上产生和发展,而这种未来形态在可以预见的时间内将仍以多元为主要特征,这种特征彰显的是作为价值而存在的各具形态的心理学。虽然我们还不能清晰地预测未来形态心理学的具体理论、方法取向,但却可以预见未来形态的心理学可以包括以下四个特征(车文博,2010,p.7)。

第一，心理学观的开放与兼容并包是未来形态心理学的主要特征。传统心理学，尤其是科学心理学始终将实验主义、实证主义和个体主义作为其主要特征，而未来形态的心理学持有的是一种大心理学观，它将心理学视为自然科学与社会科学之间的中间科学，改变心理学的自然主义和生物主义倾向；强调突出主观自觉性的个体与群体心理的研究，既注重对行为的研究，也注重心灵体验与价值观念的研究，改变机械主义与个体主义倾向；强调主客统一方法的运用，既注重实验方法也注重现象学方法，改变单一实验主义或现象主义倾向。

第二，心理学研究取向与方法的多元与综合是未来形态心理学的主要特征。美国心理学家阿特金森在《心理学导论》中指出，取向多元、日趋统合是当今世界心理学的一大趋向。因此，当代心理学要综合利用神经生物学、行为主义、精神分析、人本主义心理学和认知心理学的理论和方法，综合运用各种观点来解释人的心理及其行为的形成机制。因此，未来形态的心理学不是同意或不同意某一流派，而是能从各派的研究中得到多少有益的东西，这些东西是综合性心理学发展可资借鉴的资源。

第三，强化理论研究和理论建构，提高心理学的理论水平是未来形态心理学的主要特征。以实证主义为哲学假设的传统心理学虽然给心理学带来了崇高的科学地位，但也给心理学带来了恶果。就行为主义心理学来说，以实证主义为哲学假设的传统心理学导致了重视实验数据资料的积累，而忽视理论建构的结果，造成了盲目的实证研究和严重的理论贫困，同时也给心理学带来了自恃清高的态度和对其他心理学研究传统的盲目排斥，使心理学的发展缺少必要的高瞻远瞩和丰富的文化滋养。未来形态的心理学则更加注重小理论的大综合，大理论的新建构，大小理论的和谐发展。

第四，理论与实践由分离走向对话是未来形态心理学的主要特征。在心理学史上，除了铁钦纳主张"象牙塔"式的纯科学研究外，几乎每一个心理学流派都主张心理学的应用研究，从美国心理学会分会中应用心理学所占的比重就可见一斑。目前，西方应用心理学主要应用于人事行政、工业生产、商业消费、学校教育、心理咨询、司法、医疗卫生和国防军事等领域。然而,西方心理学家的分裂曾一度导致基础心理学家与应用心理学家相互贬低和相互仇视,这种局面不但未能促进心理学的整合和发展,反而加剧了心理学的分离。因此,未来形态的心理学就是要扭转这种局面,将基础研究及其理论与应用实践相结合,使其从各自分离走向相互对话。

综上所述,心理学的多样性并没有导致心理学的进一步分裂,学科愈来愈精细化反而促进了学科的深入发展。然而,为了避免心理学陷入虚无的相对主义泥潭,心理学的多样性必须被冠以科学之名,也就是说,多样性的心理学应该在各具形态的心理学间建立起相互沟通、信任、尊重的氛围,打破心理学理论间"不可通约"的教条,将"第三种文化"作为沟通心理学的历史形态与未来形态心理学的桥梁,在此基础上使心理学成为既具有科学性,又具有相对整合性的科学。尽管在多元文化和后现代背景下,心理学的科学化与统一道路漫长而艰巨,但我们仍对此抱有乐观态度。

第七章　中国当代心理学研究的本土化取向

中国心理学在形成之初,走的是舶来主义的路线,几乎是全盘接受了西方心理学的哲学基础和方法论,秉承了其实证主义的路线而很少有自己独特性的方面,而使得翻译主义盛行的中国心理学不能够学以致用来为中国人服务,究其原因是西方心理学的某些东西不适合中国人,在西方心理学文化转型的同时,中国心理学也开始了一场革命性的变革。在这场革命性变革过程中,随着西方主流心理学的势微,文化心理学与跨文化心理学的兴起,为中国本土心理学发展提供了新的发展方向。心理学的自然品性作为心理学的一种追求或品质,已经不能深入、完整和全面地揭示心理学,它只揭示了人类心理的一个有限的侧面,忽视了人类心灵自觉和主观体验的一面。因此,以自然品性为参照,中国心理学研究的本土化道路,同时也应该注重心理学的中国文化品性,充分挖掘中国传统文化有价值的心理观,如心智观、管理观、心理健康观、人格与思维、忍耐与和谐、个体社会化、自我观、人情面子、迷信心理等问题,并对其进行中国文化框架内的探讨。中国心理学在研究中形成的城乡分野问题,使中国心理学很难形成心理学统一体。对城乡文化研究的整合问题将是中国心理学本土研究的发展方向之一。

在中国本土心理学或中国心理学本土化过程中,心理学发展中存在的理论问题往往会阻碍心理学学科的发展,我国的科学心理学承袭了西方科学心理学的理论体系和方法论。但是,我国心理学又与世界心理学有不同之处,文化心理的差异性要求我国心理学要对心理学进行本土文化根植性的理论探索,其中包括心理学理论研究与实证研究之分离抑或整合问题、心理学学科归属与学科分裂问题、心理学研究之文化差异与文化适用问题、心理学发展道路之西方化抑或自主创新问题,这些问题的解决与否直接关系到我国本土心理学的发展,对这些问题的澄清可以厘清我国心理学自身发展中存在的问题。另外,中国不同时期的心理学研究者在不同历史阶段对心理学研究的基本观点,也构成了当代中国心理学本土化研究的一道靓丽风景。本章将对相关内容进行梳理和介绍。

第一节　中国传统文化与本土心理学资源

心理学研究的自然品性在心理学发展中始终扮演着最主要的角色,但是进入后现代时代,心理学研究的自然品性在各个方面都显示出与现实的剥离感,不能很好地解释人的心理与行为。20世纪后半期心理学的文化转向则为心理学研究提供了一个崭新的平台,这一平台试图以文化的框架包容心理学的自然品性、超越心理学的自然品性,以文化的名义、以文化的内涵、以文化的本质来抽象现代心理学研究,将心理学研究对象、研究方法、研究理论、研究技术、研究者等放置于历史的、社会的、文化的视野中来,以文化包容、融合、阐释心理与行为,将文化作为心理与行为的永恒中介变量,因而心理学具有了不可避免的、各具形态的文化品性或文化品格。以文化为基点,发展出了各具形态的心理学学科分支或心理学文化研究取向,深入挖掘并对其进行系统的理论创新与建构将是中国心理学未来发展的取向。通过对中国心理学史部分研究内容的梳理,本节指出在传统文化视域下,心理学的本土化可以从我国古代心智观、管理观、心理健康观、人格与思维、忍耐与和谐、个体社会化、自我观、人情面子、迷信心理等问题或方面入手。本节将在中国传统文化视域下对以上内容进行分析。

一、中国传统文化中的心理学资源

（一）中国传统文化与心智意识

对于智能心理，在现代心理学研究中已经产生丰硕的成果，形成一系列体系，如能力因素说（斯皮尔曼二因素说、桑代克多因素说、瑟斯顿群因素说），能力结构说（弗农层次结构理论、吉尔福特的智力三维结构理论），能力信息加工理论（斯腾伯格智力三元结构理论）。但是，西方的研究成果终究是在西方人的文化传统、思维方式和行为方式下产生的，因此它的效度是应受到怀疑的。中国文化背景下的智能心理研究要做到学以致用和实用，就要在中国文化的框架下来研究。我们要看到中国人的智能观是建立在这样一种文化之上的，既有荀子《正名》"所以知之在人者谓之知，知有所合谓之智，智所以能知在人者谓之能"，也有王夫之《中庸注》"智能相因，不知则亦不能矣"，所以说中国人对智与知的看法是不同于西方世界的，这种智能观是适合中国人思维方式的（汪凤炎，2004，pp.157-162）。中国关于心智的观点有些是我们的一种财富，有些则是一些糟粕，如封建礼教下的智，封建礼教下的"三纲五常"。因此，中国与西方传统文化下对智与知的理解是有着文化差异的，在中国文化框架下寻求对中国人心智的意识观念，对揭示、理解、解释、预测中国人的心理与行为将有独特的解释力。中国文化下的心智观是关于身体与心理、行为与心理、意识与心理的内在文化意识观念，对它的理解直接影响中国人的心理与行为，影响中国人的思维方式与行为取向。

（二）中国传统文化与管理心理

"天时不如地利，地利不如人和"，简明地概括了中国传统文化下的管理观非常注重"人和"。汪凤炎认为，中国先哲很早就认识到"人心不同，各如其面"的道理，因此要尊重人的个体差异性，注重人的重要性。西方管理观是建立在人性假设之上的一种管理心理观，如理性经济人假设、社会人假设、自我实现的假设、复杂人假设，都是根据一定时期的背景提出来的。中国则以孔子儒家的道德人假设、韩非子法家的经济人假设、老子道家的自然人假设为前提，而自古以来中国人的管理观主要融合了这三家的思想，形成了特有的复杂人假设，在这种传统的关系本位社会的影响下,一切的目标都是获得和谐人际关系,这也是先前说的中国人"尚和"心理在这方面的彰显(汪凤炎,2001)。总的来说,中国人在管理观上的心得就是要得民心,这是中国人的管理观的一个特色。那中国人得民心的方法有哪些呢?我们认为得民心最主要的是作为一个领导者要修身、要正身,做到遵礼、处恭、守信、爱人、俭用、修心。其次是要满足人民的需求,养民爱民。第三是"量能而受,人尽其才"。第四是恩威并重。第五是"奖罚可用则禁令可立,而治道具矣"。换一个角度说,今天的各种理论体系实则就是中国古代思想的翻版而已,今天只不过是把它系统化而已。中国文化下的这种管理观是在中国这样一种文化背景下产生的,这种意识既受中国人的自我观影响,又受中国人的伦理道德观影响(费孝通,2008,pp.25-34)。从宏观上来讲,中国人在各种伦理道德观的影响下已经养成特定时代的"顺民""良民"心态。因此,这种与西方"独立我"相对应的中国人的"互依我",在中国文化框架下具有明显的中国文化特色,这种管理观念明显区别于西方之处就在于中国人注重人情关系,这种基于人情关系的管理观从古到今都持续影响着中国人的心理。

(三)中国传统文化与心理健康观

中国人自古以来就讲究健康保健养生之法,熟知中国历史的人都可以数出那么几种方法。关于中国人心理健康的理论基础,我们认为应该包括五个方面的内容,第一是"形全者神全"形神兼顾的共养观。所谓形神共养就是要兼顾生理和心理,由于中国古代就主张要身心兼顾,那么中国文化中关于保健的心理观多具有养神和养形的双重需要,这种形神合一的观点主张从身心的关系角度来探讨保健与长寿的关系问题。第二是"抱神以静""流水不腐,户枢不蠹"动静结合的养生观,主张以动养形,以静养神,二者辩证统一,注重使人的心理保持恬静平和的状态。这种以静制燥、精神内守的观点,应该与老子道家的人生观有相同之处。第三是"人法自然"的顺应自然的养生观,通过顺应自然规律来养形调神,以达到身心健康和长寿的目的。老子说"人法地,地法天,天法道,道法自然",主张效法自然是贯穿天、地、人三者关系的法则,并且主张人效法自然的目的是要克制情欲,做到"无为"的境界才能身心健康。第四是"鞭后而寿"的内外兼顾的养生观,主张内外协调,缺什么补什么。第五是"怒伤肝,喜伤心,思伤脾,忧伤肺,恐伤肾"的以情治情的养生观。中国古代就认识到各种情感的存在是相生相克的,要善于利用一种情绪去调节另一种情绪,所以说"情"既可以治病也可以致病(汪凤炎,2001)。以上五层意思在中国古代的思想中就已经有所体现,有些观点至今仍然对中国社会有着深远的影响,并且已在一定程度上形成了理论体系。

现代社会的健康保健以及心理健康的很多理论与方法的来源也大多是从中国古代发展而来。总的来说,早期中国人对养生虽然是形神兼顾,但还是有一定的偏向的,即多主张修"神",认为心理保健应该遵循生理——心理——自然——社会的这种过程,人的健康只有通过实现生理、心理、自然、社会这几个方面的协调统一才可以达到。这是一种整体观,这是与西方医学中的哪病医哪是完全不同的,他看到了人是一个整体,健康要通过身心统一才可以达到。因此,中国文化传统不仅提供了身心健康的理论与哲学基础,而且提供了一种修身养性的功夫来进行身心的保健,如内在对道的体认与外在对道的践行相结合,发展出儒家、道家和佛家的心性心理观。可见,中国传统文化的健康观不仅注重作为主体的身体的保健,还注重作为客体的心理的保健。它提供的是一种修身体证的功夫,是一种方法,它将身心统合为一体,儒家的身心发展通过修身达到心理的内圣外王;道家的身心发展通过修身的体证达到清心寡欲,达到无为与自然;佛家的身心发展通过修身达到明心见性,见性成佛,达到身心的超我境界(葛鲁嘉,2008,pp.137-140)。可见,中国文化品性的心理卫生观是根植于传统文化的身心一体的内在修为与外在修为一体的综合体,这是一种心性论的心道一体的阐释,其中修身养性的修身与体证的方法更是中国传统自我修行的独特方法,对这一议题的研究有助于推动世界范围的心理健康研究。

(四)中国传统文化与人格思维方式

"人格"这个词本非国货,它来自拉丁文,由于近代心理学的发展,尤其是西方心理学的发展,导致当代中国人的人格研究完全西化,而忽略了中国特有文化下的特有特质对当代中国人的影响。在中国古代社会,人格虽然没被正式提出来,但是这种思想已经在中华民族孕育了几千年。中国古代的这种思想有几个特点:一是"人格平等"的理想观念,在现实社会中却是不平等的,不过这种思想是好的。二是崇尚"内圣外王"的完美人格,孔子看来"内圣外王"是智、仁、勇的统一;道家认为"内圣外王"是慈、俭、不敢为天下先这三宝的完美统一(刘承华,2002,pp.22 - 49)。同时,我们看到对于中国人的人格,先哲都希望是一个完美的统一,但现实情景不是这样的,因为在中国文化中面子的影响下,每一个中国人都是戴着面具的,正像美国心理学家荣格所说的"阿尼玛"和"阿尼姆斯"一样,人都在隐藏自己,所以一个人的人格也不是完全暴露的(郑雪,2004)。在中国这种文化影响下,我们的行为似乎大多是外儒内道,外儒内法,外道内儒,外佛内道,等等,这也看出中国人的人格体系的构建是相当复杂和凌乱的,似乎中国文化中还缺少一种"唯一信仰"。因此,中国人的人格趋于一种"统一中的多元化",即以儒家为主导下的多元。在传统文化因素的影响下,中国人过分关注德行而忽视知识的学习,失去了实现现实人格的基础,还由于过分关注社会关系而忽略了独立我,导致对自我价值的贬低,最终导致人格的歪曲。

中国传统文化塑造了中国人的民族性格,同样也塑造了中国人独特的思维方式。汪凤炎(2004b,p.1)认为:"中国文化是人的文化,西方文化是物的文化;中国文化是内省文化,西方文化是外求文化;中国文化是重情文化,西方文化是重智文化;中国文化是伦常本位文化,西方文化是个人本位文化;中国文化重人文精神,西方文化重科学精神;中国文化重统一性,西方文化重差别性。"因此,从整体上来说,中西方文化差异是明显的,一种文化的差异性根源应该是民族思维的差异性。中国人的思维方式是由中国文化缔造的,而中国人的这种思维方式又进一步影响中国文化的发展,这是中国人独有的"循环思维";而"天人合一"的思想又使我们发展出全局与整体性思维方式;"唯上是从"塑造了中国人迷信权威,尊经、崇古的思维方式,"经世致用"塑造了中国人求真务实的思维方式,而导致中国人思维方式的核心在人伦上,尤其是重社会而轻个人,形成群体社会思维;"金木水火土,相生相克"的五行八卦理论塑造了中国人的辩证思维和循环思维。因此,中国的古代文化思想塑造了中国人的特有思维方式,这种思维方式在今天看来是一种偏重伦理而缺少认知的思维,是缺少逻辑性、分析性、批判性和创造性的思维。这种思维对当代中国人的影响是深远的,而且中国的这种思维方式还泛化到整个东方世界,形成一种独特的东方人的思维方式。这种中国思维方式的文化品性是中国文化心理的产物,是社会、历史、文化相互作用的产物,同样是根植于中国主位文化下的文化品性。对中国思维方式的本土化研究将进一步扩展中国本土心理学的研究内容,打破西方世界关于思维方式的话语霸权。

(五)中国传统文化与尚忍和谐心态

在中国传统文化中,从"忍"字的构形来看,"忍"字"从心刃声",在六书中属会意兼形声字。其意符"心"表明此字之意与"心"有关,而其音符"刃"既有表音的作用,又有表意的作用。《玉篇·心部》又说:"忍,强也。"意喻内心强壮。可见,"忍"的字形表示的意思并不是我们一般所理解的"像在心上插了一把刀一样痛苦",而是"心像刀刃一样坚利"。据此分析,"忍"的本义应为"坚中",即内心坚韧。中国传统文化是根植于儒道释文化思想的,中国的社会机制一直是一种关系本位、家族本位、道德本位、伦理本位的社会,中国人自我的发展以道德自我的发展过程为核心,在中国人的道德关系中个体是被忽视的,在社会化过程中个体终将与群体、家族等融合为一体,所谓"牺牲小我,成就大我"就是一种融合的结果。所以说,"忍"未必是一种自我抑制的、被动的、伴随痛苦的心理,它可以是一种积极主动的修身过程,其中伴随着一种自我意志的超越,儒家叫作"成仁",道家叫作"成道",佛家叫作"涅槃",这些都是自我通过"忍"达到的"超我"境界,却不一定是被动的和痛苦的(陈萍,2009)。中国文化价值体系中对人的设计强调人伦、讲究关系社会结构,中国人的"忍"不仅包含克制,还包含容受、退让、坚心、坚韧、超越、超脱等成分,中国文化中的"忍"具有儒家自我修养和自我超越的色彩,强调的是个体的使命感。同时"忍"也具有佛家和道家出世和超脱的色彩,强调的是"无我"和"天人合一"的境界(姜永志,张海钟,2010b)。从文化心理学和区域跨文化心理学的视角来揭示"忍我"的隐性与显性内涵,以及"忍"对当代中国人和谐心理产生的影响,都是关于这一课题进行的探讨。

(六)中国传统文化与个体社会化发展

中国人在很早的时候就开始研究人的社会化过程,只不过是没有使用这样一个词汇,其中最为大众所熟知的就是性成论、慎染说和童失心说,这三种理论都是先哲在生活中归纳出来的,性成论是说习惯成自然便形成一种社会行为,我认为这可以与西方行为主义相媲美。慎染说则说明中国人很早就注意到环境对一个人的社会化的影响。童失心说则认识到本我与真我之分、现实我与理想我之分。而以上三种观点在当代心理学界仍是有一定价值的,而且也可以得到相关的印证。中国人的社会化过程是随着年龄的不同而不同的,中国人常说"懂事",这是中国人社会化过程的一个分水岭,"懂事"前与"懂事"后,父母对一个人的态度是完全不一样的,这是与中国"做人文化"相关的,"懂事"后社会就给予严格的约束,要求服从权威,极力压制各种欲望和冲动行为,随着年龄的增大,大人要求你是一个诚实人,而进入社会,要求你是一个现实人,但这两种要求又是相互矛盾的,诚实要求刚、正、公、直、信,现实要求圆滑、处世技巧,也正因如此,现代人常说"做人难"。而中国孔儒文化正是要中和这两种思想,要求事要适中,过犹不及,正所谓"中庸之道",现代社会的中国人仍然受"中庸之道"的影响,从国际上看中国的形象始终是谦逊、处事不紧不慢、有条不紊的,这就是现代的"中庸"。中国当代人的社会化固然受到古代文化思想的影响,但程度是不一样的,影响是潜移默化的,影响是必然的而非绝对的,但是普遍的。

(七)中国传统文化与个体自我观发展

有研究者从中国古典文学中深层次地挖掘出中国人心中的"我",并从中国人的"仁"出发,认为只有在"二人"的对应关系中,人才能称其为"人",一个人只有在与另外一个人形成的对应关系中才能定位,说明中国人的"人"具有共生取向,但缺乏一种独立取向,这也正是当代中国人与西方人对"我"的观点的显著差异。这也同样说明了中国文化为了彰显社会我的地位与价值,不惜忽略压抑个我的地位与价值。无论是古代还是当代,中国人追求自由、独立、开放明显不如西方人,中国文化中小我的价值明显小于大我的价值。中国几千年的"家天下"就是这种价值取向在中国的力量的彰显。中国人的"我"不仅分成小我与大我,还可以这样分:人前我与人后我、公我与私我、表我与里我、真我与伪我,这是基于中国这种人性文化的结果,而这种人性文化正是"道德文化",在"道德文化"的影响下形成"道德我",认为"我"是私我、小我,它们的存在是次要的,它们的存在是为了成就大我,这就是一种"道德我"。孔子儒家的这种思想在中国人中是相当受欢迎的,直至今天我们仍以舍我为公为道德标准。自我和小我的价值是微乎其微的。"大义灭亲"的行为使西方人很难读懂中国人,这种泯灭伦理人情的做法居然会受到称赞?尽管当代我们已经认识到自我的价值,但是这种舍我为公的思想在中国仍旧是根深蒂固的。

以上我们看到儒家的"道德我"在中华民族的血液中是如此激荡昂扬,然而在道家看来,人应该是"柔我",它的特点是贵柔、畏争、能忍、谦下,认为"以生为大忧,以死为至乐",这是一种厌世观,这种思想在一定程度上也深刻影响了中国人的自我观。墨家则主张"无我",主张"兼相爱,交相利",要求人们去除一己之私,要求忽略小我,一切为他人,这与儒家有相通之处。那么,从以上我们可以看出小我始终被忽略,被压抑,倡导大我、公我、谦爱。一方面,我们应该肯定这种思想在古代社会和现代社会是有积极价值的,要求我们遵从一个积极的、道德的、向上的准则来对人对事;另一方面,忽略小我,贬低自我的价值,压抑独立性,导致中国人缺少独立思维,缺少创造性,缺少批判性,主张服从权威而缺少自主性,这是束缚中国人思维发展的一个桎梏。既然这种文化影响如此之大,那么在"我"的行为表现上对中国人造成的影响是什么呢?汪凤炎认为,在这种文化下,首先,中国人受"礼"束缚。其次,中国人怕彰显,怕出格,不敢为天下先,这样也就造成了中国人的一种压抑心理气质。最后,表里不一,人前人后两张皮,中国人自古就是双重人格。这就是说,中国人喜欢生活在一个群体之中,这个群体就是一种关系,在这种关系中特别在意别人对自己的看法，一切围绕"我"的思想而动，想张扬却不敢，一切以和谐关系为本位，这正和费孝通先生所说的"差序格局"有相通之处。

尽管古代社会文化对当代中国人仍有所影响，但是随着一体化进程的推进，中国人的观念也有所变化，我们现在需要做的就是去粗存精，去伪存真，来塑造一个现代的"我"以适应一个现代的社会。正如汪凤炎所说，"健全我是刚柔相济的我"，"健全我是融道德我、理想我和审美我于一体的我"，"健全我是独立自主的我"。因此，笔者认为，当代中国人应该在中国文化的基础上吸取其精华，建立一种适合中国人特质的自我观。这种自我观应该吸收传统文化并吸取西方有价值的文化，在这个基础上我们可以杂糅并统合一个真正的"我"。

（八）中国传统文化与人情面子

中国人"尚和"，因此对于"人情"，中国人是以"和"为前提的，而"人情"一词也是中国人特有的。在中国文化里，中国人的"人情"是有其特殊含义、特定范围和特定方法的，正像费孝通先生所说的"差序格局"那样，传统的中国农业社会，各种关系都是以农业为基础的，这种相对小的流动性便形成"熟人社会"，而熟人社会必是重人情的社会。按照梁漱溟先生所讲，"儒家学说的特色不是从社会本位或个人本位出发，而是从人与人的关系着眼，重交换"。因此，中国的农业文化底蕴决定了中国是一个重人情的社会，而中国这种人情社会势必会与西方形成完全不同的社会关系和生活方式，但是随着发展，费孝通先生所讲的"差序格局"一定会被打破，这种以伦理社会关系为基础的中国传统乡土社会文化同样会随着时代的变迁而有所改变，这也是中国人的思维方式——"循环与发展思维"。

如果说中国人特性中还存在许多暗锁尚未被我们打开的话，那么"面子"或许就是打开这把暗锁的金钥匙，"面子"是理解中国人一系列复杂问题的关键所在。中国人的"面子"文化确实是在中国这种特有文化下的特有现象，关于"面子"问题的研究我想是必要的，原因在于中国社会深层次的人际关系问题的症结在中国人的"面子观"。要打开中国人的暗锁就必须研究中国文化下的"面子"问题。尽管脸面问题在世界上也可以说是一种普遍现象,但是中国人的"面子"形成了一种特有的"面子文化"。归结起来,中国人的"面子文化"是一种"耻的文化",而西方人的面子是一种"罪的文化"。《四书》中有一句话的意思是说,中国人"面子"一旦受损便会产生一种可耻和自责心理,而西方人是产生负罪心理。中国人对自己的"面子"如此重视乃至认为没有"面子"便做不成人。这一现象的深层次原因还要归结于中国古代文化,首当其冲的应该就是儒家文化,儒家注重"礼教"育人,一个人只要违背了"礼"就要被惩罚,被嘲笑。其次,中国的家庭教养方式也强化了一个人对"面子"的错误理解,"孩子要长脸"大人才会有"面子"等这些事例在生活中是不胜枚举的。第三,"面子"本身也是有一定社会功能的,促使人们倾向于爱"面子"。中国人的这种"面子文化"在生活中其实是一种无形的思想,我们既看不到也摸不到,只能意会不能言传。因此,要打开中国人的心理世界,"面子"是必须理解的,因为这是打开中国人社会交际问题的金钥匙。

(九)中国传统文化与迷信心理

剖析中国人,解读中国人的心理,也许还有一个问题不得不研究、不得不探索,那就是中国人的迷信心理。通俗的迷信是指人类对超自然力量的崇拜与信仰,是对客观世界的一种虚幻的歪曲反映。古今中外,在生产力低下的生活条件下这种心理是人类普遍拥有的,西方和中国的"图腾崇拜"就是一种对信仰物的膜拜。然而在中国这样一种特殊文化背景下也形成了一种特殊的中国式的迷信心理。有研究者认为中国人的迷信心理应该分为以下几个问题,首先是中国人的忌讳心理,如忌言死,从中国的文化角度来说此当属儒家思想,儒家认为人生观应该是积极的,人不应该以死后的彼岸世界作为归属,而应该以治理好人的现实世界为终极目标,并且主张生命的价值在于现世的功绩。其次是盲信心理,信天、信命。例如,"谋事在人,成事在天",这种思想一样有着深层次的文化根源,古代人们对自己的生活往往是不能够掌控的,并认为存在一种外力支配着一个人的生活,人的一生是被安排好的,孔子对这样一种看法的态度是肯定的,他说"君子有三畏,畏天命、畏大人、畏圣人",这种思想往往又被一代代统治阶级加以神化,成为维护统治阶层利益的一种手段。正是因为中国人这种意识自古就深刻,因此在当代中国社会,尤其是农村社会是很有市场的。另外,还有一个比较重要的原因是中国古代社会的各种思想相互碰撞产生了诸子百家,而在这样一种情形下就不会产生单一的宗教信仰,而这种宗教信仰的缺失会导致中国人没有统一的思想意识,而诸子百家之言相当有市场,所以造成今天中国人信仰的缺失进而导致迷信心理泛滥。第三是迷信家庭,中国人普遍有一种观念"金窝银窝不如自己的草窝",落叶归根是每一个中国人都期望的,为什么家永远是好的,永远是一个人生命终结的归宿呢？究其原因是深受家庭伦理观念的影响,马斯洛曾说生理需要、安全需要、尊重和爱的需要是作为一个人的基本需要。而在中国这些需要只有家庭才会给你,只有家庭才会给我们归属感。我们暂且可以把这种迷信家庭的意识归属为东西方不同的"家庭伦理观问题"。中国人的这种迷信心理有着一种深远的传统文化烙印,而这种文化印记无时无刻不对当代中国人产生潜移默化的影响。

在后现代社会,心理学文化转向已成为不可逆转的趋势,心理学的发展在多元文化背景下必然也发生着量的变化,作为心理学研究领域不可缺少的中国心理学在不断模仿、复制、跟随西方心理学的当下,已经逐渐开始向心理学本土化研究转向。从20世纪80年代港台学者开始,心理学中国化的研究已经拉开序幕并取得一系列有价值的成果。事实充分证明,走一条根植于中国文化的心理学研究之路,结束对西方的模仿、复制、跟随,是相当明智的,我们应该在充分挖掘传统文化的基础上,对中国心理学议题进行本土化的理论创新与建构,并结合时代潮流发展出与时俱进的时代性理论,这是心理学文化品性应有之义,也是中国心理学文化品性的必然发展趋势。

二、中国当代心理学本土化转变

(一) 心理学研究态度的转变

中国心理学文化中具有丰富的本土心理资源,这些心理资源源自中国传统文化,根植于民众的内心,对民众的心理与行为具有重要影响。以文化的视域考量心理学研究的发展,东西方文化的差异必然会导致心理学研究存在差异。20世纪末,世界心理学发展的重心发生了微妙的变化,以实证主义心理学为主流的心理学一再陷入发展困境,心理学多元取向的发展对主流心理学造成巨大的冲击,文化心理学、跨文化心理学、本土心理学、积极心理学、超个体心理学的发展使得实证心理学的主流地位一再面临挑战,为了弥补主流心理学在研究上的问题,以文化心理和文化行为为研究对象的文化心理学的兴起,在不同程度上弥补了处于衰落中的主流心理学。从文化的角度来研究人类的心理与行为,目前主要在跨文化心理学、文化心理学和本土心理学这三个心理学分支中展开。美国著名跨文化心理学家推蒂斯(Harry C. Triandis)指出:"在得到中国的资料之前,心理学不可能成为一门普遍的有效的科学,因为中国的人口占了世界人口的很大一部分,对跨文化心理学来说,中国能从新的背景上重新审视心理学的成果。在这样做时,中国的心理学家应该告诉西方的同行,哪些概念、量度、文化历史因素可以修正以前的心理学成果。"(丁道群,2002)在世界的目光逐渐投向中国的同时,中国的心理学者也逐渐认识到应该辩证地看待中国心理学的发展,不应该只靠引进或舶来,而应该联系中国的实际建立根植于中国土壤的中国式心理学,文化无疑是研究中国本土心理学最好的切入点。

但是,我国心理学工作者并未对推蒂斯的话引起足够的重视,中国心理学最近几十年的主要趋势仍旧是引进西方主流心理学的理论,而且大有愈演愈烈的势头,引进外国最新的研究成果是好的,但它是否适合中国人呢?这仍是值得商榷的问题。可以肯定地说,文化因素在其中起的作用是不容忽视的,中国人的文化是独特的,中国人在社会生活中表现出来的行为无不打着中国文化的烙印。中国五千年的文化传统,使得中国在两千五百年前就已经形成了相对系统的心理学思想,虽然只是一些零碎的心理学思想,但是这些零碎的心理学思想根深蒂固地影响着中国人的心理与行为,现代社会中国人的很多传统观念都是根植于这种隐藏在我们行为背后却支配着我们行为的文化。它在无意识之中塑造了一个民族的民族性格,但同时也在一定区域内有着显著的差异性,即区域心理学所指的差异性。因此,当代随着主流心理学的局限性日益凸显,受西方心理学的文化哲学和后现代哲学的影响,西方心理学开始了心理学的文化转向,西方主流心理学的衰退和心理学文化取向的转变,也让总是喜欢模仿的中国心理学家随之转变观念。20世纪末中国的心理学家受西方心理学的文化转向的影响,分别以自己的研究领域为视野,开展了一系列中国文化背景下的理论探索。

（二）心理学研究理念的转变

20世纪90年代,我国跨文化心理学家万明钢着重从人类行为的社会文化基础、人格与文化、认知与文化、测量与文化等问题进行深入的探讨研究,另外他还对根植于中国文化的民族与宗教心理进行研究,为我国心理学的跨文化研究和本土化研究提供了一个很好的参考框架(万明钢,1996,pp.2-5)。

燕国材(2006)以研究理论心理学著称,他在中国心理学史的研究中主张科学主义与人文主义取向相统一,外在逻辑原则与内在逻辑原则相统一,挖掘整理与解释构建相统一。燕国材在其著作《理论心理学》一书中指出,当代中国心理学应该是对冯特建立的科学心理学的深化和发展,主张哲学指导的多元化、科学主义与人文主义相结合,量的研究与质的研究相结合,理论观点的多元化,并对中国心理学的发展提出"一化"、"两个结合"、三个并重、"四个统一"。

葛鲁嘉(1995)则认为中国本土的常识心理学或民俗心理学常常源于哲学传统,因此更深入地涉及和探讨中国本土的哲学心理学,就是一项十分重要和十分必要的研究课题,因此,他主张中国心理学的本土化应该立足于突破和改变西方心理学的偏狭科学观,中国心理学应该从对西方的模仿和移植中摆脱出来,使之根植于中国本土文化之中,建立中国独有的新心性心理学,从人的心理文化、心理生活和心理环境三个方面探讨中国人的心理现象。

李炳全(2007)认为中国文化心理是中国文化的深层,是中国文化的核心部分,并表现于表层或中层,中国文化中蕴含的哲学思想是一种生活哲学,它融进人们的生活,指导制约着人的日常心理和行为,因此中国文化心理学的研究重点应该是研究中国人的心理和行为的文化特性。中国的文化心理学研究要突破传统,"破"物性,"立"人性;"破"经验理性理论模式,"立"文化研究范式;"破"本体论,"立"文化相对论与建构论;"破"二元论及相关假设,"立"关系论及相关假设;"破"自然科学模式,"立"人文科学模式的观点。他对中国心理学的发展提出几点主张:一是在心理学研究中应重视文化,把人与动物不同的高级心理活动作为研究的重中之重;二是中国的心理学应该以对中国人的优化为出发点和归宿;三是研究历史上中国人的文化行为及其结果和当代人的文化行为,以及它们之间的相互关系;四是研究中国人的行为和中国文化的关系,理解、解读和说明中国人如何建构自己的文化,文化又是如何影响行为的;五是以中国人的文化行为为出发点,通过总结概括,积极构建更为一般的、更具普遍性的心理学理论或知识体系(李炳全,2006)。

申荷永从中国古典文化入手,认为中国汉语文化里的"心"是心灵、灵魂、精神,中国文化的精髓就在于这个"心",他认为世界心理学真正的起源是中国文化而不是西方文化,中国在2 000多年前就已经存在心理学思想,而且中国古代心理学思想对现代东方甚至西方心理学都有很深远的影响。他主要从中国本土文化出发,利用分析的方法,试图建立一种根植于中国本土文化的心理学体系。

俞国良(1996)认为心理学的中国化需要经历验证、对比国内外研究成果,研究中国人心理发展中特有的和重要的心理现象,建立符合中国国情的心理概念、理论及研究方法,其基本途径是学习——选择——中国化,并以此为基础来探索心理学的中国化。

杨国枢在1980年为心理学中国化提出四点建议并指明方向,并根据中国人的特点编制相关量表,率先在人情、面子、孝道、缘分等方面入手研究。他在谈及中国本土心理学的研究方法时指出,在可以预见的未来,应采用多元化原则,即只要能够增进对中国人之心理与行为的了解,都可以采用(杨国枢,1993)。既合理吸收国外实证主义的合理内核,又在自己本土的文化内创造适合本土的研究方法,在研究方法上这就是一种超越。

叶浩生认为,中国的本土心理学应该是论题的本土化、方法学的本土化、概念和理论的本土化以及学科制度的本土化(张秀琴,叶浩生,2008),中国本土心理学的发展处在多元文化的交汇之中,所以中国本土心理学的发展要与多元文化互动,要以中国的本土文化为大背景开展心理学研究(宋晓东,叶浩生,2008)。正是在众多心理学者的共同努力下,中国心理学才开始尝试摆脱西式的心理学束缚,并在一定程度上取得了巨大成就。

站在对西方主流心理学局限性的认识上,基于国内心理学工作者对中国本土心理学的探索,我们认为中国心理学的本土化研究是必要的。对一向靠引进国外心理学研究成果的中国心理学来说,迫切需要建立一门根植于传统文化的中国文化心理学或中国本土心理学,其研究对象应该是在中国文化背景下的个体,其研究方法也应该是中西合璧式的,即西方与东方相结合,自然科学与人文科学相结合,主位研究与客位研究相结合,同文化研究与异文化研究相结合,主流文化研究与亚文化研究相结合,区域研究与整体研究相结合,城市研究与乡村研究相结合,而且是充分体现中国传统文化的儒道释思想的方法,这种方法应该是独特的,有别于一般的人文方法。

第二节 中国当代心理学本土化研究思潮

在西方心理学120多年的发展中,许多心理学家都企图建立一个像数学、物理学、化学那样的学科概念体系,使心理学成为一门具有统一范式的科学,但从冯特到詹姆斯,从华生到弗洛伊德,从皮亚杰到维果茨基,几乎所有的心理学大师都以失败而告终。20世纪50年代以来,为了向自然科学靠拢,心理学纯粹成为行为主义影响下以实验方法为唯一方法的实证主义学科,虽然其间产生了人本主义心理学,推崇人文主义研究取向,虽然后来也产生了模拟信息加工研究认知过程的认知心理学,甚至现在还产生了认知神经科学,但心理学基本上成为微观理论越来越多、数理统计越来越复杂、研究课题与社会生活越来越远的玄学。有人戏称心理学家越来越像数学家,心理学的研究对象越来越集中于城市大学生。由于理论学派林立,概念统一困难,所以没有人再作理论体系建设的努力,虽然 20 世纪中后期,也有心理学家提出理论心理学、文化心理学,试图矫正实证主义的弊端,但都没有引起心理学界的重视。终于,在新世纪的到来前夜,西方心理学家自己发现,无论是坚持反射论的认知心理学还是坚持还原论的认知神经科学,都已经穷途末路,于是有人提出必须建设一门理论心理学。

中国现行心理学基本上是进口心理学,所以西方的思潮必然反映到中国。鉴于中国模仿的西方实证主义心理学衰落,人文主义心理学复兴,为了整合西方本土心理学 100 多年历史中发展起来的各种学派理论,规范心理学的概念体系和研究方法建设,20 世纪 90 年代以来,中国本土的一些心理学家分别以自己的专业领域为视野,开展了理论心理学学科建设的讨论和探索。新世纪西方理论心理学研究思潮的传播,使中国心理学家建设本土理论心理学的信心进一步增强。因此,最近几年,关于建设理论心理学的论文开始增加,本章通过综述中国当代主要心理学者的本土理论心理学思想,就本土理论心理学建设提出自己的看法,求教于学界同人,以期促进理论心理学的发展。

一、20 世纪 70 年代中国心理学本土化探索

中国心理学自清朝末年民国初年进口至 20 世纪 50 年代初期,其发展历程步履维艰,个中缘由不必细说。自 20 世纪 50 年代末到 70 年代末,心理学被视为唯心主义"伪科学",近 20 年未曾发展。但有一位学者是例外,这位学者就是梁漱溟。梁漱溟是一位文化学家、哲学家,名冠中华,在文化大革命中,他孤守三尺书屋,思考写作凡 10 余年。其诸多著作中有一本《人心与人生》,被公认为理论心理学著作。由于文化大革命的影响,这本 1975 年就写完的著作直到 1984 年才出版。

当今之世,科学与哲学分途,自然科学与社会科学分野,而梁先生却以心理学为核心与枢纽,串联科学与哲学、社会科学与自然科学、纯理科学与应用科学于一体,透彻地揭露人生心理学的实质,为他的中国文化、西方文化与印度文化的界定寻根添据,为新儒学大唱赞歌。该书以心理学为圆规,论及人与自然、自然与人生、生理与心理、理智与本能、道德与人生、宗教与艺术等人文领域,梁先生称其为人生哲学。

在论及心理学的现状和地位时,梁先生认为:一是心理学无所成就,其原因在于对象、范围、方法、目的、任务皆不明确;二是当今之心理学自居于科学而不甘心为哲学,乃是狃于学术风气之偏;三是心理学是一切科学之间的联络中枢。

就其深层原因,梁先生说:"心理学之无成就与人类之于自己无认识正为一事。此学论重要则凡百学术统在其后,但在学术发达次第上则其他学术大都属其先焉。是何为然？动物生存向外求食,对外防敌为先。人为动物之一,耳目心思之用恒先在认识外物固其自然之势。抑且学术之发生发展,恒必从问题来。方当问题之外也,则其学术亦必在外,其反转向内而认识自己。非待文化大进之后,心思聪明大有余裕不能也。"

现代心理学认为,人类心理和本质是人脑对客观事物的主观能动的反映。而梁先生不以为然。他认为,一切生命皆是"自动的、能动的、主动的、更无使之动者"。人与其他生命体之不同在于人的心理是自觉主动的,这种自觉主动性具体表现为计划性、灵活性两个方面。"计划性是前定的,而灵活性则是在过程中方可决定的。"然而梁先生以生物进化论角度细论计划性与灵活性之后,却又"说计划性是人心之基本特征,自未为不可;顾吾意别有所属而不在此"。所属在何处呢？梁先生说"吾以为人心特征要在其能静耳"。依梁先生之见,人若不能"静"则计划性、灵活性或谓自觉的主动性便为一张白纸,有何作为？总而言之,人类心理的本质是可以安静,然后是具有自觉性、计划性、灵活性。

《人心与人生》包括绪论(上)(下);略说人心;主动性;灵活性;计划性;我对人类心理的认识前后转变不同;自然与人、人与自然之间的关系;人资于其社会生活而得发展成人如今日者;身心之间的关系(上)

(中)(下);东西学术分途;人的性情、气质、习惯、社会的礼俗、制度(上)(下);宗教与人生;道德——人生的实践(上)(下);略谈文学艺术之属;未来社会人生的艺术化;谈人类心理发展史等 20 章,每章又有几个小节,论人生心理从人性论到自然与人,从本能与理智到身心关系,从性情、气质到礼俗制度,从宗教与人生到道德与人生,最后归论人类心理发展史,洋洋洒洒,蔚为壮观。该书可以说是人生心理哲学,也可以说是广义心理学,甚至可以说是中国特色的理论心理学,从而排除了现当代心理学移植式研究的弊端,实为当代心理学本土化运动先驱,也是本土理论心理学先驱。

二、20 世纪 80 年代中国心理学本土化探索
(一)潘菽的建立有中国特色心理学思想

20 世纪 80 年代,心理学的科学地位得以恢复,中国心理学会恢复成立,中国科学院心理研究所研究员潘菽(1897—1988)任理事长。早在 20 世纪 20—30 年代,潘菽先生就萌发了建立中国化心理学的思想。20 世纪 80 年代,更是发表多篇论文,主张建设中国特色的心理学理论体系。"纵观潘菽一生中对心理学发表的诸多言论,不难看出,其中有一条红线贯穿始终,这条红线就是潘菽心理学思想的核心——建立有中国特色的心理学思想。这是因为:从时间上看,该思想一直贯穿潘菽心理学思想发展的始终;从内容上看,该思想包含了潘菽心理学思想的所有精髓;从重要性程度上看,该思想在潘菽心理学思想中占据中心位置,从某种程度上讲,潘菽一生从事心理学研究的目的,归根到底都是为了建立有中国特色的心理学。"

"照我个人的看法,走我们自己的道路,有自己的特点,就是要用马克思主义的理论指导心理学的研究,要以此来提高心理学的科学性,把心理科学推向前进,以服务于我国的社会主义现代化建设。现在的心理学,科学性不够。如果能把它的科学性在马克思主义理论基础上提高一点,就是一种大的贡献。这种贡献,我们是有条件争取做出来的。我们现在的心理学基本上是从别的国家引进的。他们的好的东西当然要拿

过来。但在基本观点、基本理论问题上以及在方法上和研究成果上,我们应该有自己的贡献。这样,我们的心理学自然会有自己的面貌。即使像造房子,材料都是钢筋水泥和砖瓦之类,但可以有不同的结构、各自突出的外观和内在结构。我们的终极目的是要提高心理学的科学性,结合我国的社会主义实际。要有中国的心理学,就是这个意思,也是我们的光荣任务和义务。"

"为了改造现有的心理学,以建立适合我国社会主义现代化建设要求的心理学,必须好好挖掘我国古代心理学思想这个宝藏。这个宝藏有丰富而可贵的蕴藏。其中有些蕴藏,从初步的考察来看,是十分宝贵,是世界上其他地方所没有的,可以用来构成我国自己所需要的科学心理学的体系的重要骨架部分,如人贵论、形神论、性习论、天人论、知行论、情二端论、节欲论、唯物论的认识论传统等。但这个宝藏也夹杂着一些泥沙杂质以及不科学的成分,需要批判分析,鉴别拣选以达到'古为今用'。毫无疑问,这些从我国古代的心理学思想中挖掘而来的材料,将构成我国将要建成的心理学中很重要的一部分,也将构成我国将要建立起来的自己的心理学体系中最有特色的一部分。"

潘菽先生曾多次论述关于"建立有中国特色的心理学"的途径问题:第一,要以马列主义、毛泽东思想作为心理学工作的指导思想。第二,要坚决贯彻理论联系实际的原则,使一切心理学工作都最密切地结合着我国的社会主义现代化建设的实际而为之有效地服务。第三,要贯彻"洋为中用"的原则,积极地通过批判分析,学习吸收国外心理学的一切有价值的东西。第四,要贯彻"古为今用"的原则,好好挖掘我国古代心理学思想这个宝藏。

为了能更好地"建立有中国特色的心理学",潘菽先生不仅指明了研究途径,而且做了一些有关这方面的例范性研究,如关于心理学基本理论的研究。对于心理活动范畴的分类、心理活动的矛盾、心理学的研究方法、心理学的学科性质、心身关系、心物关系、心理与实践和意识问题等心理学基本理论问题,潘菽都进行了一些研究,并提出了自己的观点。如认为心理学是一门中间科学,将心理活动范畴划分为知和意两大部分,提出唯物论的心身一元论等。

潘菽先生的这些思想和探索虽然没有成为现实,但比较大地影响了中国理论心理学的建设。与他同时代的心理学前辈高觉敷以及燕国材、杨鑫辉等心理学家,一直致力于中国古代心理学思想的挖掘整理,出版了大批心理学史论书籍,不能不承认与他的影响息息相关。这些研究客观上推进了中国本土理论心理学的探索和建设,也影响了一批青年心理学家对西方心理学和中国心理学的观念。

(二)朱智贤的辩证唯物主义儿童心理学思想

朱智贤教授(1908—1991)从1951年起任北京师范大学心理学教授,并担任中国教育学会副会长、中国心理学会常务理事等职直至去世。他专长发展心理学,坚持用辩证唯物主义观点研究儿童心理发展问题,探讨儿童心理发展中先天与后天的关系、内因与外因的关系、教育与发展的关系、年龄特征与个别差异的关系等问题。他发表大量学术论文,主张儿童心理学研究中国化,有代表性的论文收集在《儿童发展心理学问题》和《朱智贤心理学文选》专集里。主要著作有《教育研究法》《青年心理与教育》《儿童心理学》《儿童心理学史》《心理学大词典》等。关于先天与后天的关系,他认为先天来自后天,后天决定先天的观点。首先,他承认先天因素在心理发展中的作用,不论是遗传因素还是生理成熟,它们都是儿童与青少年心理发展的生物前提,提供了这种发展的可能性;而环境与教育则将这种可能性变成为现实性,决定着儿童心理发展的方向和内容。关于内因与外因的关系,他认为环境和教育不是机械地决定心理的发展,而是通过心理发展的内部矛盾而起作用。这个内部矛盾是主体在实践中,通过主客体的交互作用而形成的新需要与原有水平的矛盾。这个矛盾是心理发展的动力。关于教育与发展的关系,他认为,这不是由外因机械决定的,也不是由内因孤立决定的,而是由适合内因的一定的外因决定的,也就是说,心理发展主要是由适合主体心理内因的那些教育条件决定的。从学习到心理发展,人类心理要经过一系列的量变到质变的过程。关于年龄特征与个别特征的关系,他认为心理发展的年龄特征,不仅有稳定性,而且也有可变性。在同一年龄阶段中,既有本质的、一般的、典型的特征,又有人与人之间的差异性,即个别特点。早在 20 世纪 60 年代初,他在《有关儿童心理年龄特征的几个问题》一文中,就提出系统地、整体地、全面地研究儿童心理的发展。20 世纪 70 年代后期,他主张心理学家要学好哲学的"普遍联系"和"不断发展"的观点以及系统科学(也包括系统论、控制论、信息论"三论",以及耗散结构论、协同论、突变理论"新三论")的理论。在他的一篇题为"心理学的方法论问题"的论文中,反复阐明整体研究的重要性,其主要观点:要将心理作为一个开放的自组织系统来研究;系统地分析各种心理发展的研究类型;系统处理结果。心理既有质的规定性,又有量的规定性。心理的质与量是统一的。因此,对心理发展的研究结果,既要进行定性分析又要进行定量分析,把二者有机结合起来。

同时他多次提出发展心理学研究的中国化问题。而且早在 1978 年就指出:"中国的儿童与青少年及其在教育中的种种心理现象有自己的特点,这些特点表现在教育实践中,需要我们深入下去研究。"他指出,坚持在实践中,特别是在教育实践中研究发展心理学,这是我国心理学前进道路上的主要方向。他反对脱离实际地为研究而研究的风气,主张研究中国人从出生到成熟心理发展特点及其规律。主张将发展心理学的基础理论与应用结合起来研究。

朱智贤教授的理论使中国儿童心理学形成了独特的理论体系,至今为止,在中国心理学的各个分支学科中,只有儿童心理学基本理论是完全中国化的。应该说朱智贤教授是一位名副其实的马克思主义心理学家。

三、20 世纪 90 年代后中国心理学本土化探索

(一)杨永明等的心理学本土化理论探索

在中国本土理论心理学的探索中,陕西师范大学的杨永明教授(1930—2004)一直在寻求理论心理学的出路,他博览群书,中西合璧,试图建设一门人生心理学。计划写作人生十大心理矛盾;人生十大心理规律;人生十大心理误区三本著作。结果只完成了《人生十大心理矛盾》,

其他两本只在两篇论文中设计了框架。他认为人生心理矛盾是人生心理学中带有根本性、纲领性的一个问题。"纲举"才能"目张",剖析人生心理矛盾,是打开人生心理大门的一把钥匙,因为没有矛盾就没有世界,对立统一的规律是宇宙的根本规律,也是心理活动的根本规律。人生心理问题,归根到底就是人生的心理矛盾问题。这些矛盾如:人性与兽性的矛盾;生与死的矛盾;智与愚的矛盾;是与非的矛盾;真与假的矛盾;爱与恨的矛盾;苦与乐的矛盾;意与行的矛盾;成与败的矛盾;人与己的矛盾。这十对矛盾大致可归为四类,即人的本性方面的心理矛盾,人的认识方面的心理矛盾,人的情意方面的心理矛盾,人的人格方面的心理矛盾。科学研究的根本目的在于揭示规律。人生的主要心理规律有十个,即生存律、自爱律、情爱律、实现律、控制律、竞争律、交换律、强化律、喜新律、奉献律。按照现代西方心理学的观点,杨先生的人生心理学与其说是研究,不如说是思辨。与其说是心理学,不如说是人生哲学。但这些思辨是真正引领人走向幸福自由的学问,是吸收了西方哲学、心理学、文化学、伦理学和本土哲学心理学的中国特色心理学,我们应该高度重视这些研究,将其作为中国心理学的一个方向。

还有一位哲学工作者的心理学理论探索也应该受到重视,他就是济南大学政治历史系的苏富忠教授(1935—)。他所著的《心理学的沉思——心理学基本理论研究》由车文博教授作序推荐,从哲学、文化学、逻辑学、语言学、信息科学等角度对中国现行移植苏联的概念体系进行了系统研究,提出了一系列新见解,建构了自己的概念体系,比如心理观、信息观、意识观;比如心理结构论、心理状态论、心理过程论,以及关于社会心理、个体心理、心理健康、心理测量等方面的讨论。同时,一批青年心理学者也在积极探索本土理论心理学或世界理论心理学体系问题,这些青年心理学家并不完全是中国本土心理学的倡导者,他们要么述评西方的理论心理学思潮,要么希望建立世界统一的理论心理学。但他们有一个共同的理论基础,就是希望打破心理学中实证主义一统天下的局面,尤其是实现心理学方法的多元化,不仅引入西方流行的叙事心理学、进化心理学,而且提倡中国式的哲学思辨和语意分析乃至个人体验。

（二）燕国材的心理学本土化探索

上海师范大学教授燕国材（1931—   ），1954年毕业于北京师范大学教育系，曾任上海师范大学教育管理系主任，中国心理学会常务理事，《心理科学》的主编。他长于中国心理学史、教育心理学、理论心理学与教育理论研究。他与几位学者一起创建中国心理学史与中国教育心理学两门新学科，在国内首次提出非智力因素概念及其理论，是素质教育的积极倡导者。出版著作30余种，发表论文350余篇。主要著作有《中国心理学史》《智力因素与学校教育》《学习心理学——IN结合取向的研究》《理论心理学》《素质教育概论》等。在中国古代心理学史的研究中，他主张科学主义取向与人文主义取向相统一，外在逻辑原则与内在逻辑原则相统一，挖掘整理与解释构建方法相统一。

他认为心理科学有理论心理学、基础心理学、应用心理学三个层次，理论心理学以心理理论为研究对象。他虽然同意心理理论按照西方心理学家的看法可以划分为元理论和实体理论，但元理论可以在划分为学科问题、方法论问题、心理学基本框架三方面，而实体理论可以划分为一般理论和具体理论两个层次。进而他又认为，心理理论划分为基本理论和实际理论更好。他把理论心理学定义为：研究反映一般规律和具体规律的基本理论与实际理论的一门高层次心理学。他设计的理论心理学教材包括如下内容：绪论；心理论；意识论；无意识论；方法论；心理过程论；感知论；记忆论；思维论；需要论；情感论；动机论；行为论；心理状态论；智力论；非智力论；素质论。他认为理论心理学的意义在于融合、辨别、构建、发挥、预测、指导。

燕国材是一个常常引发争议的心理学家，他提出的智力因素和非智力因素划分曾经引起全国性的争论，其素质教育概念虽然得到政府和广大基础教育工作者的应用，但在心理学、教育学理论界至今也是一个令许多理论工作者如鲠在喉、难以接受的概念。他的理论心理学体系设计和论述并没有摆脱苏联心理学的滥觞，而且渗透了美国心理学的概念，也加进了自己的思想，比如心理状态论、素质论、非智力论等，需要在今后的研究中进一步完善。

（三）葛鲁嘉的心理学本土理论探索

因为获得中国心理学会终身成就奖的心理学前辈——车文博教授的旗帜，吉林大学成为中国人文主义心理学的重要策源地。在车先生的精神分析理论和人本主义理论研究的基础上，葛鲁嘉的理论心理学探索颇具特色。他的文化心理学建设尝试、心性心理学体系设想、本土心理学发展意见以及对叙事方法应用的提倡，都在逐步引起心理学界的高度关注。葛鲁嘉认为，新世纪中国本土心理学面临一个重要选择，即从对西方和外国心理学的复制模仿移植中摆脱出来，使之根植于中国本土文化资源。新心性心理学的基本主张有三个核心内容，即心理文化是对心理本土传统的新挖掘，心理生活是对心理学研究对象的新理解，心理环境是心理学环境因素的新探索。他认为，如果按照西方心理学概念体系，中国确实只有零散的心理学思想，如果彻底放弃西方心理学参照系，则中国实际上就有系统的心理学概念体系。中国古代思想家提出的心性学说就是独特的心理学。之所以称为新心性心理学，是因为传统心性学需要现代发展创新。新心性心理学的研究对象是人的心理生活，而不是心理现象，不是用实证的方法，而是用体证的方法。人的心理不仅是物理环境的产物，更是心理环境的产物，心理与环境是共生的关系，研究人类心理行为首先应该研究心理环境——内在环境，而不是行为主义的外在环境。

葛鲁嘉在本土心理学、理论心理学、文化心理学、社会心理学这些方向上的研究已经在国内学术界产生了十分重要和深远的影响，他的心理学研究主要涉及了以下十个方面。

一是关于心理学研究的理论前提的反思，涉及对心理学研究中关于心理学研究对象的前提假设的反思，以及对心理学研究中关于心理学研究方式的前提假设的反思。研究强调了这种自我反思是心理学学科走向成熟的重要体现。

二是关于心理学科学观的研究，在国内学术界首次提出了要通过对心理学科学观的研究，来确定心理学的科学性问题，来定位心理学本土化研究的基本立足点。早期提出了心理学应从小科学观转换到大科学观，后期提出了心理学应从封闭的科学观转换到开放的科学观。

三是对心理学的方法论问题给出了全新的探索和理解。将心理学的方法论从仅仅考察心理学的研究方法，扩展为探索心理学的理论预设、研究方法和技术应用等三个重要的方面，从而大大拓展了心理学方法论的研究思路和范围。

四是关于中国本土理论心理学的全新的研究和思考。将本土理论心理学的研究建立在中国本土文化的基本理论预设的基础之上，从而全新地构筑和确立了理论心理学的理论内涵与理论功能。

五是关于应用心理学的研究，对心理学的生活和社会的应用的基本问题，包括心理学的应用基础、应用理论、应用技术和应用手段等进行了系统考察。

六是关于心理学本土化的研究，提出了对心理学本土化问题和本土化研究的独特的理解、主张和观点，推动了中国心理学的本土化进程。

七是系统深入挖掘了中国本土文化中的心性心理学传统，将心性心理学看成是重要的心理学文化、历史和传统的资源，并试图在此基础上去构建中国本土的心理学理论、方法和技术。

八是致力于新心性心理学的理论建构，推动了中国本土心理学的原始性理论创新，创立了中国本土的心理学理论。新心性心理学的原创性的理论构想与核心性的理论建构，包含着六个基本的、系统的和重要的内容：心理资源论析、心理文化论要、心理生活论纲、心理环境论说、心理成长论本、心理科学论总。这六个理论专论分别对心理学研究的学术资源、文化基础、研究对象、环境影响、心理成长、心理科学，进行了全面考察、深入探讨和创新建构。

九是对心理学资源的系统考察和深入探究，全面详尽地考察了六种不同的心理学的历史、现实和未来的形态。这包括常识形态的心理学、哲学形态的心理学、宗教形态的心理学、类同形态的心理学、科学形态的心理学、资源形态的心理学。

十是建构了中国本土心理学的核心理论，其中包括六个系列的研究：第一个系列是本土心理学的研究；第二个系列是新心性心理学的研究；第三个系列是心理学形态的研究；第四个系列是理论心理学的研究；第五个系列是心理学新探的研究；第六个系列是心理学分支系列的研究。

葛鲁嘉教授的心理学研究已经引领了中国本土心理学的全新研究走向，已经确立了在中国心理学研究、中国理论心理学研究中的重要学术地位。

（四）申荷永的中国文化心理学探索

华南师范大学教授申荷永（1959— ），是国内研究方向比较独特的心理学者，专长心理分析，主要研究中国文化心理学，著作有《中国文化心理学心要》《心理教育》《灵性：分析与体验》等。在他的学术辞典里，荣格、周易、心理分析、沙盘游戏、"心"等是关键词。他认为，中国汉语文化里的"心"并不是指"心脏"，而是"心灵、灵魂、精神"，所以把英文中"psychology"和"mind"翻译为"心理学"和"心理"并没有错，反而名副其实。中国文化的精髓就在这个"心"。中国心理学发展的失误在于接受了西方的"psychology"，却丢失了中国的"心"理学。他引用外国心理学家的大量著述，试图说明不论是荣格的分析心理学，还是马斯洛的人本主义心理学，都是从中国道家、儒家的思想中受到启发而形成的。他在《中国文化与心理学》一文中指出，马斯洛、荣格、弗洛姆的思想都是从东方获得灵感的切实体验。在《心理学与中国文化》一文中，他指出，西方的心理学家将中国作为心理学的第一个故乡，在追求中国的文化与中国文化中的心理学；而我们中国的心理学家则是在"念佛生西方"，将心理学单纯作为源自西方的科学。实际上，通过西方心理学家的努力，当代的心理学已经有了一个较为完整的躯体，并且五官俱全，也有了一个注重认知的头颅，但是其缺少的正是一颗"心"。而在我们中国文化的心理学中蕴含的，也正是这种"心"的意义。若是说我们心理学的目的是增进人对其自身的认识，那么这种认识应该是为了自我或自性的发展。自我的发展应该是一种整合性的发展，这是我们的一种理解和信念。我们不但要发展我们的"ego"，而且要发展我们的"self"；我们不但要发展我们的头脑,而且要发展我们的"心"。于是,一种为了人的整合性发展的心理学,也应该是一种自身具有整合性的心理学,因而心理学的整合与发展一直是我们关注的问题。未来心理学家的任务,是最终发现一种能整合一切观点于一体的统一的原理。若是心理学能够真正反映出人的本性,这种心理学就必然是一种整合性的心理学。

《周易》作为儒家五经之一,一直是学术界争论不休的书籍,许多心理学家对其避而不谈,但申荷永情有独钟,多次发表论文提倡用《周易》的思想整合心理学。他引用《易经·系辞》中注解"咸卦"之感应时说:"天下何思何虑,天下同归而殊途,一致而百虑,天下何思何虑。"其中包含的意蕴,也是一种理论的整合性,也是心理学的整合性意义。当我们的心理学真正拥有了这颗"心"的时候,我们也就拥有了一种统一的整合性的心理学。

综上所述,申荷永是一位充满神秘感的心理学人,他致力于整合东西方心理学的中国文化心理学。这也许是因为受荣格的影响,是分析心理学固有的特点。

(五)杨国枢等港台心理学家的本土心理学探索

除了大陆心理学者在心理学理论研究上的探索性研究,港台心理学者更是走在了大陆心理学者的前列,尤其是杨国枢和黄光国。杨国枢1932年生于山东胶县。早年在台湾大学心理学系任教,后赴美留学,1969年获伊利诺大学博士学位。返台后任台湾大学心理学系教授兼主任。曾兼任台湾心理学会、台湾心理卫生协会理事长。20世纪60年代初曾从事动物行为、罗夏测验、文艺心理学等方面的研究工作,从1969年起致力于社会心理学领域的研究,重点研究中国人性格。著有《中国人的性格》《现代社会的心理适应》《现代化与民族主义》《现代化与中国化论丛》、主编《中国人的心理》等。自1992年至今每年暑期都与中国社会科学院社会学所联合举办社会心理学高级研讨班并亲自主持教学。

他认为,在过去将近半个世纪里,政治制度、经济形态及社会变迁的差异,使台湾、大陆及香港这三个主要的华人社会,各有不同的发展轨迹与文化特征。在不同发展模式与社会形态的制约下,三个华人社会的心理科学也各有不同的经历与际遇。多年来台湾的心理学一直是美国心理学的附庸，缺乏应有的自发性与独创性。我们探讨的对象虽是中国社会与中国社会中的中国人，采用的理论与方法却几乎全是西方的或西方式的。在日常生活中我们是中国人，从事研究时我们却变成了西方人。我们有意无意地抑制自己中国式的思想观念与哲学取向，使其难以表现在研究历程中，同时不加批评地接受和承袭西方的问题、理论及方法。因此，自1975年开始，我们展开反省的尝试，并联合人类学、社会学等学科同仁，共同探讨社会及行为科学研究之中国化的可能性。

他因为1988年春季在美国东部康乃尔大学任访问学者时受到美国学者诘问的启发而提出"建立中国人之本土心理学"口号，希望建立华人本土心理学。他指出，讨论本土心理学的问题，必须同时考虑研究对象与研究者两方面的情形。一个社会之相同种族的成员、其心理与行为兼受文化性与生物性两大因素的影响。特定社会或国家的特定社会、文化、历史、哲学及其成员的遗传因素，一方面影响或决定当地被研究者的心理与行为，同时又影响或决定当地心理学研究人员的问题、理论与方法。也经由这样一套共同的因素的机制，才可保证当地心理学者研究的问题、建构的理论、采用的方法能够高度适合当地民众的需要。由于受到同一组文化性与生物性因素的影响，研究者的研究活动及知识体系与被研究者的心理及行为之间便能够形成一种契合状态。我们称之为"本土性契合"，本土心理学就是一种能达到本土性契合境界的心理学。心理学研究的本土化，重点即在使心理学的研究能够达到本土性契合的标准。"中国人的本土心理学"，则是一种在本土性契合条件下以三个华人社会的中国人为主要对象建立的心理学知识体系。在建立这种体系的过程中，研究者根据当地华人社会中之社会的、文化的、哲学的及历史的观点，自然反映华人种族进化及遗传因素的影响，从而提出妥切的问题，建构合适的理论，设计有效的方法，以便在当地的社会、文化及历史脉络中，尽量准确地描述、分析、理解和预测当地中国人的心理与行为。

他认为，到目前为止的跨文化心理学难以有效反映非西方人在其独特社会文化下的心理与行为。只有在众多国家或社会之本土心理学发展有成之后，真正人类心理学的建立才有可能。人类心理学或全球心理学是不同族群、宗教或地域的本土心理学，是不同国家或社会的本土心理学以及不同种族或地区的本土心理学自下而上的统合。因而，各国本土心理学不仅具有系统描述、分析、解释和预测该国或社会之人民的心理行为从而能有效预防、减轻或解决社会中各种独特的或共有的社会问题的特殊性功能，还具有建立真正人类心理学的共同性功能。

中国人的本土心理学强调的是从过分优势之西方心理学的主控中重新获得自发性、自主性及自动性，使有关中国人之心理与行为的研究做到自由化及独立化，但本土心理学的性质和目的要靠妥善的研究方法和适当的研究策略才能凸显和达成。除了不套用他国的理论与方法，不忽略他国的理论方法，不排斥他人所用之方法，不采用跨文化研究策略，不采用抽象性太高的或变项范围太大的项目，不用外语进行思考，不将学术研究泛政治化之外，还有十件事应该特别着意去做。这十件事可以简称"十要"：(1)要忍受悬疑未决的状态；(2)要充分反映中国人的思想；(3)要批判地运用西方理论；(4)要强调社会文化的脉络；(5)要研究特有的心理与行为；(6)要详细描述研究之现象；(7)要同样重视内容与机制；(8)要与华人学术传统衔接，其中最重要的是古代学者之有关历代中国人的心理与行为的观念、思想及理论。借助中国古代学者的心理思想，较易创造能够适当反映华人社会文化因素的概念、理论及方法；(9)要兼顾传统面与现代面，也就是兼顾所研究之心理与行为的传统面与现代面，并探讨其间之变迁的动力历程，以确切了解所研究之行为的当前真相及演变由来；(10)要兼研今人与古人的心理。

基于这些思想，他领导的台湾心理学者在20世纪90年代以来，先后完成多项有关的研究，如人情、面子、缘、报、关系取向、孝道、家族主义及其相关现象、社会取向的成就动机、个人传统性、组织行为、公平观、正义观、价值观、中国古代的心理学思想以及华语文心理、书法心理、儒法思想的心理学观，等等。他强调，只有中国人的本土心理学才是有关中国人的心理与行为之真正的心理学。西方的本土心理学已有长足的进步，但我们的本土心理学尚在脚步蹒跚的襁褓期中。相信终有一天，通过大陆、台湾、香港三地学者的共同努力,我们必将缔造华人本土心理学,并会因此而重写适合中国人的普通心理学、社会心理学、人格心理学、发展心理学、教育心理学,等等。中国人的本土心理学有成之日,便是华人社会各种心理学的"改朝换代"之时。我们应以此为目标,以此为职志。

杨国枢先生几乎一生在台湾从事心理学研究,有美国留学经历,起初也是一位实证主义心理学家,后来极力转向中国人的本土心理学研究,成为台湾心理学界的领袖人物,其后梯队庞大,著名者有杨中芳女士、黄光国先生等。20世纪90年代以来,这些心理学家的活动主要转向大陆,其学术活动和著作对大陆心理学家产生深刻影响。可以说,本土心理学这个概念之所以流行,主要源于杨先生及其他台湾心理学家。然而,杨先生并不是目前大陆心理学家定义的理论心理学家。他提出了自己的建设思想,并进行了深入独特的研究,但还没有建立起自己的概念体系。对心理学的学科性质、研究对象、研究方法等见解,尚须与大陆心理学家进行话语转换。

第三节　中国当代心理学本土化研究方向与问题

心理学发展中存在的理论问题往往会阻碍心理学学科的发展,我国的科学心理学承袭了西方科学心理学的理论体系和方法论。但是,我国心理学又与世界心理学有不同之处,文化心理的差异性要求我国心理学要对心理学进行本土文化根植性的理论探索,其中包括心理学理论研究与实证研究的分离抑或整合问题、心理学的学科归属与学科分裂问题、心理学研究的文化差异与文化适用问题、心理学发展道路的西方化抑或自主创新问题,这些问题的解决直接关系到我国本土心理学的发展。本节从理论心理学的视角对这些问题进行厘清,希望可以辨明中国心理学自身发展中存在的问题。

一、本土心理学研究素材的完整挖掘

心理学发展是在追求其学科的科学化基础上对心理现象进行科学、实用和有效的科学研究,以此来为社会民众服务,这是心理学发展的基本路线。世界心理学科学化的追求始于冯特的心理学实验室的建立。这个心理学实验室的建立将心理学的发展引向了一条既定的路线,这条路线就是科学实证主义。虽然冯特在学术生命的最后二十年完成十卷本的《民族心理学》,将心理学的一部分分成个体的实验心理学或生理心理学,另一部分分成研究语言、文化、宗教、习俗等的群体的民族心理学。但是,19—20世纪是物理学和化学的世纪,已经很难改变个体的实验心理学所主导的自然科学取向被标榜为科学之化身的结局,科学研究就等同于客观的实证研究。世界心理学发展的哲学根源沿袭的正是孔德实证主义哲学、罗素和弗雷格逻辑原子主义哲学以及卡尔纳普和亨普尔等人的逻辑实证主义哲学发展脉络(夏基松,2010,pp.98-106),实证主义哲学最终还是将心理学发展引向实证主义的道路。这种重视实证材料积累,忽视心理学理论建设的倾向同时也影响了世界心理学整体的发展,中国早期的科学心理学是对西方心理学的模仿、复制和跟随,也未能完全摆脱心理学研究实证主义化的困境。

纵观心理学各个分支学科,我们看到的往往都是欧美心理学家的研究成果,很难找寻到中国心理学家的足迹,这让中国心理学工作者很悲哀。因此,中国心理学的发展问题在20世纪末期曾引起过港澳台三地学者的广泛探讨,最集中的问题体现在中国心理学的本土化问题。但是,直至今日,中国心理学应该如何走出一条适合自己的有关中国人心理的心理学发展道路,仍然存在很多理论问题需要进一步探讨和澄清。如,中国心理学理论研究与实证研究的分离抑或整合问题、心理学的学科归属与学科分裂问题、心理学研究的文化差异与文化适用问题、心理学道路发展的西方化抑或自主创新问题、心理学的理论挖掘与理论独创问题,等等。这些问题的解决其实也正是中国心理学走中国特色心理学之路的问题。

二、理论研究与实证研究的分离和整合

心理学理论研究与实证研究的关系问题始终是心理学学科发展无法回避的问题。科学的心理学是以实证主义为逻辑主线的,无论是冯特的构造主义心理学、华生的行为主义心理学、弗洛伊德的早期的精神分析心理学、惠特海默和考夫卡的格式塔心理学,还是近几十年兴起的认知心理学和人本主义心理学,都主要以实证主义的方法论为其哲学基础。虽然人文主义心理学重视理论的研究,但是很多时候,它仍然承袭了欧美实证主义心理学的传统。导致实证研究与理论研究分歧的最主要原因是实证主义心理学追求的经验证实原则和客观的研究立场,在对自然科学传统研究范式的殷羡下,心理学完全地倾向了这位"科学楷模"。

传统科学方法论是以物理主义的世界观和实证主义方法论为基础的,物理主义世界观和实证主义方法论直接构成了现代科学的实证主义心理学的基本假设,科学的实证主义心理学认为,心理现象是可以通过感官或借助感官的延长工具客观把握到的,只有感官把握到的才是客观的真实的,否则是虚假的。实证主义立场的心理学其实揭示的只是人类全部心理现象的一部分内容,很多无法用经验证实的心理现象必须借助非实证的研究(葛鲁嘉,2002)。格根等人就曾指出,心理学理论研究的最大挑战是需要从实证主义传统中解放出来。心理学的理论研究由来已久,冯特虽然推崇实验的心理学,但是他并没有对实证的心理学研究达到崇拜的程度,他清楚地认识到,实证的心理学根本无法揭示全部心理现象,因此也就有了经典的《民族心理学》,这部使用了民族学、社会学、历史学、民俗学等方法对习俗、信仰、语言、神话、宗教进行研究的著作已经诠释了心理学理论研究与实证研究同等重要的程度,遗憾的是深受自然科学影响的心理学者无法容忍非经验证实和有主观参与的理论研究,最终将心理学推向了实证的极端。

然而,20世纪后期,随着实证心理学研究弊端的显现,心理学理论研究继冯特之后再次受到重视。重要的标志性事件就是1985年理论心理学国际协会在英国成立,世界心理学已经开始关注理论研究,同时也

提出一些有价值的理论(燕良轼,曾练平,2011)。我国心理学者也在这一旗帜影响下开展了一些心理学理论研究,尤其是杨国枢先生的团队进行的本土心理研究产生了强烈反响(杨国枢,陆洛,2009,pp.1-5),潘菽先生主张的中国特色社会主义心理学的心理学建设也引起强烈反响(潘菽,1987,p.49)。21世纪初,一批年轻的心理学理论研究者,如葛鲁嘉对中国心性心理学思想进行挖掘形成新心性心理学的理论体系,汪凤炎对中国古代心理学思想的挖掘形成中国心理学思想史,彭彦琴对传统佛家心理学思想进行发掘形成禅宗的心理学思想体系。这些研究对我国本土心理学的发展无疑是有建设意义的,是应该予以肯定的。但问题在于,是否做心理学理论研究的学者就只做理论而不做实证研究,是否做实证研究的就不做理论研究?

以笔者观察,在中国心理学界大多数研究者都是要么做理论要么做实证,很少有将理论与实证结合起来的。其中北京师范大学金盛华教授提出的自我价值定向理论是一个例外,这个理论既做理论也做实证研究来支撑。但更多的学者仍旧是专攻其一。我们翻看国外很多知名学者的简历会发现,他们不仅在自然科学上有所造诣,而且在人文社会学科上也有建树,这不禁让我们国内学者汗颜。科学史的事实也证明,只有在人文科学理论的基础上辅之以严密的自然科学实证研究,才能对某一心理现象做到全方位的研究(宋六锁,2005)。在这一点上国内心理学者做得还很不够,因此就有了我国本土心理学发展是否应该将理论研究与实证研究割裂开来的问题。一般来讲,理论心理研究从非经验的角度通过分析、综合归纳、类比、假设、抽象、演绎或推理等多种理论思维的方式,对心理现象进行探索,对心理学学科本身发展中的一些问题进行反思。但同时理论心理研究提出假设或作出预测能够为实证心理研究提供课题,而该课题又可支持理论的假设。这样看来,心理学理论研究与心理学实证研究不应该各行其是、互不相干,而是相辅相成、相得益彰。因此,中国本土心理学发展也应该在心理学理论研究和实证研究上相互配合,这样才有可能提升中国心理学本土化的质量,才能更好地融入国际心理学的阵营。

三、本土心理学研究学科归属与学科整合

心理学学科归属与学科分裂问题仍是我国本土心理学面临的一个理论问题。探讨心理学为何会分裂和如何会分裂的问题必须首先澄清一个问题,即心理学学科归属问题,这一问题时至今日仍处于争论之中。从学科归属上来讲,心理学学科目前处于一个很尴尬的境地,心理科学既不为自然科学接纳,又不愿依附于人文科学而不得不沦为"准自然科学"。综合西方的观点,主要有三种关于心理学学科归属的界说:一是自冯特用实验的方法建立科学心理学,使心理学从哲学中分化出来以来,心理学就被看成是一门自然科学;二是由于心理学研究的是人的心理和行为,它们与社会文化又有着密切关系,所以有些人又将之视为社会科学或人文科学;三是有些人认为上述两种看法均不妥,便把心理学看作一门介于自然科学和社会科学之间的中间学科或综合科学。因此,心理学史学家墨菲就打比方说,"心理学独立之前曾经像个流浪儿,一会儿敲敲伦理学的门,一会儿敲敲认识论的门",那么在心理学独立之后,在科学共同体中,心理学仍是一个到处流浪的打工仔,它的研究领域不断被生物学、医学、计算机科学、神经科学、人类学、民俗学等众多学科瓜分,已经失去很多本属于心理学自身的研究领域。

对心理学的学科归属,在国内也有相关的理论探讨。杨国枢和张春兴认为心理学是社会科学。新儒家的开山人物梁漱溟认为:"心理学天然该当是介于哲学与科学之间,自然科学与社会科学之间,纯理科学与应用科学之间,而为一核心或联络中枢者。它是最无比重要的一门学问,凡百术统在其后。"潘菽先生则明确指出:"心理学兼有自然科学和社会科学两种性质,是一种中间科学或跨界科学,具有沟通自然科学和社会科学的桥梁作用。"车文博先生主张树立大心理观,"把心理学视为介乎自然科学和社会科学之间的一门中间科学,采用主观客观统一的研究方法,重视实验方法和现象学方法的结合……至于心理学的分支,有的可作为社会科学如社会心理学,有的可作为自然科学如神经生理心理学"。著名科学家钱学森先生从系统科学思想出发,在提出现代科学技术体系结构的11大门类后,认为心理学应包含在思维科学之中,思维科

学除了心理学外还有人工智能、认识科学、神经生理学(神经解剖学)、语言学、数理语言学、文字学、科学方法论、形式逻辑、辩证逻辑、数理逻辑、算法论等(张海钟,姜永志,2011,pp.20-26)。

从国内外学者对心理学学科的不同归属来看,学科归属的模糊是心理学学科分裂的必然结果,因此也就出现:做基础理论研究的学者不懂实验心理研究,做实验心理研究的学者不懂理论心理学;做认知神经心理学研究的学者不了解做人格心理学研究,做人格心理研究的学者不懂认知神经心理学研究;做人文心理学的学者看不懂做自然科学学者做的研究,做自然科学研究的学者不屑人文心理研究的学者。这种学科的分裂进一步表现为:心理学研究者之间的分裂、心理学研究课题的分裂和心理学指导思想和方法论的分裂,这种学科间的分裂不仅阻碍了学科之间的沟通联系,更重要的是使心理学学科之间越来越独立,互不往来,心理学统一体的形成将很难实现。正如美国心理学家斯彭斯所言:"在我一个可怕的梦中,我预见到心理学组织机构的解体,实验心理学家被分配到正在兴起的认知科学学科当中,生理心理学家愉快的到生物学和神经科学系报到,工业和组织心理学家被商业学院抢走,心理疾病学家在医学院中找到了他们的位置。"长此以往,心理学研究领域被其他学科瓜分的机会将会进一步增大。

我国心理学的学科体系基本与西方心理学体系是一致的,学科归属、学科分类和学科设置也并没有太多变化。我国心理学发展长期以来一直依赖国外心理学,历史上曾经历过心理学对国外心理学的三次模仿、复制和跟随以及三次批判和反思。但是,我国本土的心理学在同世界心理学接轨上显然是落后的,原因就在于中国心理学过度地引进和介绍国外心理学的进展,而很少将中国人自己的心理学体系和理论研究介绍到国外去,这导致的后果就是中国本土的心理学始终未能为自己的心理学找到一个合适的位置。其学科归属问题不能有效解决也就不能最终解决中国本土心理学学科分裂的问题,最终也会出现欧美心理学学科分裂的结果。而笔者认为,我国本土心理学与其尴尬地逡巡于自然科学、人文科学和综合边缘学科之间,不如抛弃传统科学观,以宽广的胸怀,宏大的视野,树立系统科学观,只有这样才能促进目前心理学发展的突破。

四、本土心理学研究的文化差异与文化适用性

在《中国心理学城乡分野的文化心理学批判与反思》一文中(张海钟,姜永志,2011),研究者就讨论过我国心理学与西方心理学文化根植性、文化差异性以及文化适用的问题。前文已经提到,中国心理学与西方心理学的关系曾有过三次模仿、复制和跟随过程,第一次是在19世纪末20世纪初,以引进西方心理学(主要是美国心理学)为主。第二次是在20世纪50年代中期,中国心理学受政治形态影响,以苏联心理学马首是瞻,巴甫洛夫的高级神经活动说成为中国心理学的代名词。第三次是在20世纪70年代中期,中国心理学又重新开始大量地引进、介绍西方尤其是美国心理学。虽然引进发达国家心理学对于一个发展较缓慢地区的心理学来说无疑可以提高发展速度,节省发展时间,但也使该地区心理学发展失去了自主性和创新性,过于依赖反而伤害了本国心理学发展的民族情结。中国心理学的发展就经历了这种过程,20世纪80年代,很多中国心理学者发现了复制来的美国心理学研究理论和内容并不能完全适用中国人的心理,因此才有了杨国枢致力于发展本土心理学的重要宣言。

心理学的发展原本就没有脱离开文化的范畴,心理学自身原本就存在着文化品性问题,这与西方的自然科学品性是相区别的。心理学的自然品性表现为三方面:一是追求心理学研究的客观性;二是依赖研究者感官经验的普遍性;三是确立实证方法的中心地位。心理学的自然品性作为心理学本身存在的两个属性之一,它使用研究物理现象的手段来研究主观自觉的心理现象,不免使人类内在心理产生了隔膜,有时甚至是格格不入脱离现实,使心理学的适用性存在文化上的差异。在文化品性的框架下来界说心理学的发展,目前有文化心理学、跨文化心理学、本土心理学三种提法,这三种提法也是以文化为取向的心理学发展趋势(王晓丽,姜永志,2011)。文化心理学强调人类心理行为是文化历史的产

物,与特定文化有着密切关系,无法脱离文化历史背景进行理解,不同文化具有不同的文化心理特征,文化与心理和行为是一个相互构建的过程(姜永志,张海钟,2009b)。跨文化心理学强调文化作为一种自变量,是以文化为变量研究心理和行为的异同,通过跨文化比较,对心理学的某些概念、理论和假设予以文化上的比较和检验的心理学研究范式,从而找到人类心理与行为的跨文化一致性及心理与行为的普适性。跨文化心理学研究的兴起也正是说明了文化间确实存在文化心理的差异,心理学确实存在文化不适用性,但它的目的却是检验主流文化中的心理学理论在其他文化的普适性,其实质仍旧沿袭了心理学的自然品性。本土心理学则是在对跨文化心理学不满的基础上,结合本国具体文化特征进行心理学研究,对心理学本土化的讨论也多见于20世纪末期,虽然有倾向于实证主义心理学的,有倾向于人文主义心理学的,但是笔者仍坚持主张建立"内发性本土心理学",其目标是要根植文化传统,挖掘文化资源,建立特定文化中特定的心理与行为解释方式,为特定文化中的人服务的本土契合性心理学。虽然这三种研究取向都强调了文化的重要性,但是中国心理学的发展仍重视实证资料的积累而忽视本土理论的建构,当然这种建构是基于本土文化特征的建构。仅有的少量的理论建构也只注重挖掘古代心理学思想,其目的是为现代西方心理学理论寻找或提供中国文化中的证据。

因此,笔者认为,我国心理学的发展也无法回避文化差异与文化适用问题,心理学研究的本真就在于"求真"(做最好的研究)、"求存"(解决生存问题,一般研究)、"求用"(与实践相结合,服务社会的研究),而求真、求存、求用这六字也揭示了中国心理学的最终目的是要与实践结合、服务社会。

五、本土心理学发展道路的西方化还是自主创新

前文所述,心理学文化差异与文化适用问题是我国心理学发展要解决的理论问题,在此基础上就会再引出另外一个理论问题:对于中国心理学究竟是应该走西方化的发展道路,还是走自主创新的道路?这二者

其实是相关联的,文化差异与文化适用决定了心理学发展的目的,而西方心理学体系不能完全揭示我国文化背景下民众的心理现象这已是公认的事实,所以文化差异与文化适用问题的解决也要讨论我国心理学发展道路的问题。笔者认为有三种观点:一是认为对西方心理学采取默认态度,这主要集中在进行基础实验研究和神经心理学研究的心理学工作者中间,他们往往不关注现实和实践问题,将心理学基础实验研究作为不受文化影响的研究。二是认为中国心理学应该坚持独立自主创新,走与西方心理学完全不同的道路,因为文化的差异,必然存在文化心理的差异,因此要研究中国文化背景下典型的心理现象,进行独立的理论创新和研究。三是折中主义,认为中国心理学既要吸收国外先进理论和成果,也应该采取自主的理论创新,这种观点存在于绝大多数国内做心理学理论研究的学者身上。

这三种观点反映的是我国心理学者对西方心理学的不同态度,有排斥也有吸收。我国心理学前期发展走的是吸收的道路,通过三次较大的模仿、复制和跟随,将我国心理学水平与世界的差距缩小,这是可以肯定的。我国心理学发展的后期应该是独立自主创新的阶段,当然笔者基本支持第三种观点,主张合理但不过度吸收国外有益的心理学成果,即做到不盲从,毕竟我国心理学发展需要良好的外部学术资源,只有吸收有益的资源才能促进我国本土心理学的发展。可见,心理学的西方化倾向既有利也有弊,西方化容易使心理学研究迷失自我意识,缺乏创新,相反也会给心理学发展带来学术资源。心理学独立创新同样也有利有弊,独立创新容易形成闭门造车、与外界隔绝的心理学发展境地,相反也可以提高一国心理学发展的独创水平。因此,心理学的发展需要资源,这种资源既是国外同行带来的学术资源,也应该是根植于我国传统的儒道释文化的历史文化资源(葛鲁嘉,1996,pp.48 - 52)。基于这样一些资源我们进行的心理学理论与实践创新,才能够既与世界心理学接轨,又能有效揭示我国文化背景下国人的心理现象,达到服务社会的目的。

心理学发展中的理论问题是易被心理学者忽视的内容,我国科学心理学是在承袭了西方科学的实证心理学基础上发展起来的。无论在理论体系、研究内容、学科分类上都与西方一致,但是这种协调一致并没有完全使中国心理学得到充分的发展,根本原因在于文化传统的差异,直接影响了人们对心理学理论和心理学研究方式的建构。对我国心理学理论研究与实证研究的分离抑或整合问题、心理学的学科归属与学科分裂问题、心理学研究的文化差异与文化适用问题、心理学发展道路的西方化抑或自主创新问题的辨析,这为我国本土心理学的发展提供了进一步理论支持。因此,我国本土心理学发展必须澄清相关的理论问题,才能为我国心理学进一步明确的发展指明方向。由于心理学理论太过庞杂,文中只针对较为突出的几个问题进行了说明,希望能够为我国心理学的发展提供有益启示。

第八章　中国当代心理学研究的多元民族化取向

　　民族心理学作为中国心理学本土化发展的重要组成部分，它的本土化发展也应与中国心理学发展的命运紧密相连，它是在心理学本土化研究取向基础上的又一次扩展和细化。近几年我国民族心理学发展较快，已经取得部分有价值的成果，但是在我国民族心理学贫弱的发展道路基础上，加上民族心理学自身具有的文化魅惑和难以释怀的文化情结，我国民族心理学研究面临着很多现实的理论问题。

　　心理学本土化运动掀起了一场全世界范围内的心理学本土化革命，使根植于特定文化的世界各民族心理学均得到一定发展。民族心理学具有的天然文化属性和难以释怀的文化情结，使民族心理学研究也同样面临是否需要本土化的问题。中国的民族心理学研究根植于特定民族的历史文化资源，每种历史文化资源都提供了关于民族成员心理生活的特定解说。中国民族心理学也需要开展本土化研究，对民族成员的心理进行根植于文化资源的描述、解释、预测和调节。那么，中国民族心理学本土化研究的方向与存在的问题就应该成为首先要明确的问题。在中国民族心理学研究本土化的方向上，民族历史文化资源是民族心理学本土化研究的动力，问题中心定向是民族心理学本土化研究的实质，一种心智、多种心态是民族心理学本土化研究的基本原则，以文化为根基、方法为工具、事实为导向是民族心理学本土化研究的道路。在民族心理学本土化过程中也有一些问题需要澄清：一是民族心理学本土化的具体内容是什么的问题；二是民族心理学本土化与科学化的关系问题；三是民族心理学本土化与全球化的关系问题。本章主要对中国民族心理学研究进程中存在的相关理论问题进行辨析和澄清。

第一节　中国当代心理学研究的多元民族化

民族心理学作为民族学和心理学交叉的综合学科在我国的发展相对滞后。我国民族心理学的发展阶段大致可分为四个阶段，即起步发展阶段、初步发展阶段、快速发展阶段和巩固阶段。每一发展阶段的逻辑线索都与民族文化相关联，本节在对民族心理研究本质观是文化特质进行论述的基础上，阐明了文化与心理的关系、多元文化与民族心理研究的关系。民族心理研究的多元文化视野既揭示了多元文化论与传统民族心理研究的冲突，又阐释了多元文化论倡导的文化等值性对民族心理学研究的重要启示意义，即强调和凸显了民族文化间的平等性和民族心理学研究方法论的等值性原则。这将为我国新时期构建民族的社会和谐与民族的心理和谐研究提供重要的理论和现实指导意义。

一、心理学研究的多元民族文化特征

多元文化论是 20 世纪后期兴起于欧美等国家的哲学取向，该取向在心理学领域出现后，很快对主流的科学心理学的认识论和方法论提出质疑和挑战，该取向主张文化因素对心理学研究的重要性，行为并不是由内部的过程或机制决定的，而是受文化制约的（叶浩生，2004a）。多元文化论在对心理学学科进行质疑和挑战的同时，也对心理学提出了一些颇具建设性的见解。例如：它反对主流心理学的霸权，提倡心理学研究者与研究对象的话语平等；反对心理学研究的物化主义，即认为心理学研究的内容，无不受文化影响，文化又是相对变化的。所以，心理学研究不应只关注客观实在的心理现象，也应关注文化心理这样的隐含现象。多元文化论也在心理学分支之一的民族心理学研究领域造成了不小的

影响。它的出现不仅对心理学科学提出了挑战,同样也给民族心理学研究提出了挑战,但同时也提供了民族心理研究在多元文化背景下整合的可能性,这种对民族心理学造成的冲击以及提供的整合的可能性,必须以民族心理研究的本质为逻辑主线。

民族心理研究的本质根本上是民族心理具有的文化特质。自科学心理学诞生以来,心理与文化的辩证关系始终伴随心理学衰退与兴盛。冯特曾耗费20年撰写的《民族心理学》就曾将心理学的一半定位为个体的实验心理学,另一半定位为文化的民族心理学,文化显然已经成为研究人的心理不可缺少的重要组成部分。心理与文化的关系也先后经历了心理与文化的共存、心理与文化的隔离与扭曲、心理的文化转向以及心理与文化共生和对话四个阶段(吕晓峰,邵华,2010)。从心理学与文化相生相伴到与文化的隔离扭曲,再到与文化的共生和对话,可以推论出文化始终是心理学发展的逻辑主线。既然文化始终是心理学研究的逻辑主线,那么民族心理学作为心理学与民族学综合和交叉的综合学科,它的发展必然离不开文化这条主线。

从民族自身的定位来讲,它就是一个地道的文化概念,从斯大林关于民族的概念开始,即民族是共同语言、共同地域、共同经济生活以及表现于共同文化上的共同心理素质的人的共同体,可以推论出民族本身就具有文化的蕴意。我国56个民族的多元性发展也印证了斯大林关于民族的界定,即我国大多数民族都具有共同的语言或方言,如闽南客家话。大多数民族都有一个长期共同聚居的地域,如鄂伦春族、鄂温克族等长期生活在东北大兴安岭及周边。大多数民族都各自从事着不同的经济生活活动,同时也具有各种不相同的生活方式、习俗信仰等,如蒙古族一年一度的那达慕大会。大多数民族都有着各自相似的共同的民族心理素质,如蒙古族彪悍、豪爽、开朗等。

从当代文化心理学的视角出发,文化是形成心理的基础,人类的社会化通过文化传承与文化反哺而实现。文化作为一种潜意识或集体潜意识更是一种被内化了的心理观念、心理状态。心理影响文化的形成与发展,文化又给心理发展打上文化的烙印,使其映射出所属文化的光彩。

因此，人既是文化世界大厦的建筑师，同时又是这个大厦的砖瓦，人一方面根据自己的心理来改造世界，赋予世界新的意义，另一方面新构成的世界又会反过来影响人的心理，可见文化与心理是一个动态的相互建构的过程（张海钟，姜永志，2010b）。

从区域跨文化心理学的视野中，同样可以追寻到民族心理的文化痕迹。区域跨文化心理学认为，民族内部的民族认同是形成民族心理的最核心要素，在民族内部，共同的宗教信仰是一种强大的文化聚合力，在民族之间，不同的宗教信仰也是强化内群体和外群体的主要力量。在民族认同过程中，主要表现为民族的习俗、民族的价值观、民族的生活方式认同、民族宗教信仰的认同以及民族语言的认同等。因而，民族的文化认同由区域文化差异而形成不同的区域文化心理，每一个民族都有一种属于本民族自己的文化心理（姜永志，张海钟，2009b）。可见，民族心理研究的本质同样也是以文化为逻辑主线，民族心理学天然与文化有着不可分割的情结，民族心理学的存在价值也就在于它的文化品性，民族心理研究脱离文化这一逻辑主线也就失去了其存在的意义。所以，要更好地研究民族心理与行为，就不可能忽视文化在民族研究中的重要作用。

二、心理学研究的多元民族文化关系

多元文化论在西方心理学界一直被称为继行为主义、精神分析和人文主义的第四思潮或第四维度，这种多元文化思潮建立在对根植于西方一元文化心理学的反抗基础上。多元文化论者指出，建立在西方单一文化框架下的心理学研究，只适合西方单一白人种族，而并不完全适用于其他文化语境中的被试。这种来自单一文化语境中的心理与行为研究解释的维度是单一而缺乏有效性的，多元文化论主张不同文化间的平等对话和沟通，认为每一种文化之间没有等级好坏之分，每一种文化的存在都有其合理性。因此，文化的多元发展与传统的民族心理研究假设不可避免地要发生对立与冲突。传统的民族心理研究几乎都假设，在自身民族文化之外存在另一种民族的文化心理，研究者以客观中立的视角对该民族的心理与行为规律进行客观研究，只有这样得出的结论才具有普适性。不过,这里隐含着一个假设,那就是研究者采用的研究工具、研究方法以及研究理论都是来自被称作主流文化的民族,这个隐含的假设其实已经将这种民族心理研究的主客体放在了一个不等值的语境中进行研究,研究的目的也为了验证在其他民族中是否有与主流民族文化相同或相似的心理规律,以此来寻求心理学的普适性。

换一个角度也可以说,传统的主流心理学根植于西方单一民族文化的土壤中,西方主流心理学传统自始至终都是排斥文化存在的。西方主流心理学秉承的是作为近代自然科学的实证主义取向,关注可被经验证实的客观心理现象,忽视研究者与研究对象的价值涉入问题,将心理学研究者与研究对象绝对分离,这构成了近代西方主流心理学传统的主要特征。因此,西方心理学不可避免地传承着该民族文化的特质,这种特质更多表现为文化水平上,如语言文化、宗教信仰、生活方式、风俗习俗等,这种语境中形成的有关人心理与行为的规律,它的可信性与有效性备受质疑,这也正是跨文化心理学研究范式兴起的主要原因。但是,跨文化心理学研究范式的兴起也并没有彻底摆脱这种文化霸权和种族中心主义,只不过这种文化霸权和种族中心主义穿上了更加隐蔽的外衣,在研究中仍旧是以主流的种族中心主义和文化沙文主义自居,未能将文化多样性放在一个等值的语境中进行考察,这种带有有色眼镜的研究势必也不能有效揭示不同民族文化心理的本质和规律。可见,这种单一民族的文化心理研究并未能揭示人类民族心理的全貌。这种冲突的形成既是心理学内部主流的科学心理学与非主流的人文心理学论战的产物,也是民族心理学跨多学科后未能有效吸收和整合多学科优势的必然结果。但是,多元文化论作为一种人文哲学的思潮,它以解释学和现象学为基础,强调多元文化间平等的交流与对话,将文化心理的研究置身于文化等值的语境中来,从这一立场出发,多元文化论无疑为民族心理学研究在哲学视野中提供了一种整合的可能性。

三、心理学研究的多元民族文化沟通对话

多元文化论的提出,对我国民族心理学研究提供了现实的启示意

义,其中最重要的就在于提出了文化间平等对话与沟通,这种文化间平等的意义已经超越了仅限于民族间话语权的文化平等,而是在哲学方法论上也具有启示意义。以往民族心理学的研究限于主流心理学设置的框架,即将心理学研究物理主义化,物理主义的研究遵循主客分离、经验还原主义、自然主义世界观、价值中立等原则和立场。关于研究对象的理解,实证主义立场的心理学持有的是物理主义的世界图景;关于研究方式的理解,实证主义立场的心理学运用的是实证论的研究方式。实证主义立场的心理学以自然科学基本原则来衡量心理学的科学性,也就有了实证主义立场的心理学对心理学研究对象的理解建立在主观和客观分离之上,也就有了心理学研究方式建立在感官经验的证实上,这种研究的客观性只有通过感官和经验证实才能保障(葛鲁嘉,2007)。

正是心理学实证主义研究范式的束缚,窄化了民族心理学研究的视野,而在多元文化的视野中,不仅实现了主体间话语平等、主客体间话语平等,即实现了不同民族和民族文化间的平等,更重要的是实现了民族心理学研究方式方法上的平等。这种平等表现在民族心理学研究方式方法的多元取向,即实现了民族学宏观的质化研究方法与心理学微观的量化研究方法的平等对话,这种质与量的结合正是在这种多元文化背景下被提出来的。民族心理学研究中质化研究与量化研究的差异反映出两种研究范式是一对相互对立又补充的研究范式,如民族学研究注重宏观整体性,心理学研究注重微观具体性,无论是哪种单一的研究范式都不能全面有效地揭示民族心理研究的所有面貌。只有实现质的研究与量的研究的整合,才能从不同角度更好地揭示民族心理的本质和规律。在研究过程中,也要始终遵循质化和量化研究范式相结合、思辨和实证相结合、历史与现实相结合、群体与个案相结合、横断与纵向相结合、宏观与微观相结合的原则(植凤英,张进辅,2007)。由此可见,多元文化论带给民族心理研究的不仅是冲击,还有民族心理研究自身发展的契机,在多元文化视野中,民族心理研究应该而且必须采取民族文化等值的原则进行研究(李静,2007),这种等值性实际上已经促进了民族心理学研究的哲学方法论的提升。

综上所述，进入 21 世纪以来，我国少数民族矛盾和冲突有所凸显，在这样的时代背景下，我国多民族心理研究的目的在于找到差异、缓解矛盾、达成和谐共赢与民族融合。民族融合的基础就在于文化融合，而文化融合的前提应该是民族文化间的等值性原则。民族文化的多样性一方面会加剧民族矛盾和民族冲突，另一方面也可以促进民族文化间的交流与合作。我国多民族混合交融的现实国情决定了多元文化论的主张适合我国当前促进民族心理与社会和谐的目标。因此，如何在多元文化论主张的民族文化等值性原则下，来更好地促进民族间的平等对话与和谐相处将是民族心理学工作者的重要任务，同时研究者也应在构建民族和谐语境下来进行我国多民族心理的多元文化以及跨文化研究。

第二节　中国当代心理学研究的民族化历程

民族心理学作为一门交叉合成的心理学分支，它天然具有一种文化的魅惑，文化品性构成民族心理学最主要的特征。对民族心理学文化特征挖掘的背后，其实隐藏的是民族心理学的价值问题，民族心理学为何在冯特《民族心理学》问世之后几经兴衰而未能与其他分支学科合流或消亡，这不能不说它的文化魅惑就是它存在价值的源泉和动力。

一、中国民族心理的早期研究

心理学的民族研究在我国始终是一个相对较弱的心理学研究领域。自 20 世纪初，受世界文化人类学、民族学、心理学、社会学等多学科的交叉影响，我国心理学领域才开始出现民族心理的研究。20 世纪后期，我国学术界受到哲学文化范式革命的影响，这一文化范式革命与后现代哲学共同推动了心理学研究范式的文化变革。这场变革催生出了跨文化心理学、文化心理学、生态心理学、社区心理学以及话语心理学等众多后现代取向的心理学分支。这些心理学取向的一个重要特点就是反对一元文化霸权，倡导心理学研究的文化多元与文化公平，这一特点也为民族心理学研究提供了话语权和发言权，使以文化为本质特征的民族心理学研究得到了新发展的契机。世界民族心理学的起步其实并不晚，在科学心理学的奠基人冯特建立科学心理学之初，他就认为心理学研究应该既包括研究个体感知觉等简单心理现象的个体心理学，也应该包括研究群体社会风俗、神话、宗教、信仰、艺术、语言等的民族心理学。冯特就曾在生命的最后20年致力于民族心理的研究工作，在前人的基础上写下了十卷本巨著《民族心理学》。该著作研究了民族心理发生、发展的规律，以及民族心理学的研究方法等问题，冯特的研究为推动世界民族心理学的发展作出了卓越贡献（李静，2010a）。在冯特的《民族心理学》问世后的几十年里，很多心理学、民族学、社会学及文化学工作者都对民族心理问题产生兴趣并做过大量的研究，同时也得到了很多有意义和有价值的研究成果，丰富了世界民族心理学的发展。在长期的发展与历史演变中，每个民族都形成了带有自己民族特色的心理模式，它们通过遗传、环境及文化、教育等因素的作用而被定势或固定化于民族群体中。民族心理学的研究就是试图在民族学和心理学的切合点上，以深层次和内在因素为目的，运用民族学、心理学的研究方法，探求民族在发展演变中的各种心理表现，揭示民族心理活动发生发展规律，研究与民族心理有关的心理问题，进而研究各民族相同或相异的心理特点及其发展变化。

我国民族心理学研究在近几十年的发展并没有取得我们所预想的成绩，尤其是相比其他新兴的心理学分支学科，民族心理学研究在我国还显得很脆弱，我国民族心理学何以会发展滞后？这与科学心理学的传统不无关系，科学心理学传统自始至终都排斥文化的存在，科学心理学秉承的是作为近代自然科学的实证主义取向，关注可被经验证实的客观心理现象，忽视研究者与研究对象的价值涉入问题，将心理学研究者与研究对象绝对分离，这构成了科学心理学传统的主要特征。然而，民族心理学天然与文化有着不可分割的情结，民族心理学的存在价值也就在于它的文化品性，这恰恰是为科学心理学所摒弃的。

进入21世纪，多元文化论的哲学主张也已经渗透到心理学研究领域,在民族心理学这一分支学科尤为明显,民族心理研究的本质根本上是民族心理具有的文化特质,文化始终是心理学研究的逻辑主线。民族心理学研究的魅力也正在于它的文化品性的彰显,跨文化心理学与文化心理学在20世纪后期的复兴与民族心理学的新发展共同构成了心理学当代的一道靓丽风景。我国老一辈民族心理学研究者张世富(2004,p.111)就将民族心理界定为:"民族成员在共同的社会物质生活条件下所产生的共同心理素质和心理状态。"植凤英和张进辅(2008,p.10)认为民族心理是"特定民族集团影响下人们的社会行为以及他们内在的心理规律和特点。"这两种声音其实表达的中心都是民族心理关注的焦点是共同文化影响下的共同的文化心理现象,共同文化构成了民族心理学研究不可少的背景变量,从这一背景变量我们也可以发现,民族心理学天然与文化有着抹不去的情结。文化在心理学中的地位就如同心理学与哲学的关系一样,是相依相伴的从属和影响关系。

多元文化背景与民族冲突的凸显已经成为当代我国社会的主题之一,民族学学者与心理学学者对民族心理学的研究的强度也达到了前所未有的程度(相对而论)。近几年民族心理学的研究对象已扩大到国内多个民族,研究的课题也不断扩大。进入21世纪,在西南、西北等少数民族聚居区,逐渐开展了西南少数民族心理结构研究和民族交往心理的跨文化心理学研究。以张世富教授为代表的第一代民族心理学研究者以及李静、徐黎丽和张进辅为代表的第二代民族心理学工作者领导的科研团队从民族学和心理学的立场对民族心理学问题进行了大量的理论与实证研究,对我国少数民族心理学研究作出了突出的贡献。在新一代学者中尤其是兰州大学西北少数民族研究中心的李静教授先后出版《民族心理学》和《民族交往心理的跨文化研究》对西北少数民族心理进行了探索性的研究,在对民族心理学现状进行反思的过程中提出了值得借鉴的较有建设性的观点。但是目前我国民族心理学界仍然存在难以短期有效解决的问题,这些问题的根源就在于民族心理学既难以割舍自身的文化情结,也不愿合流于科学心理学的自然科学研究取向,加之受民族学、文化人类学和社会学的影响,民族心理学在中国当代发展面临着一系列亟待解决的问题。鉴于已有学者对我国民族心理学发展中存在的问题进行过梳理和探讨，笔者就不再赘述，下面只针对几个较为重要的问题作适当阐述。

二、中国民族心理研究的发展阶段

在长期的发展与历史演变中，每个民族都形成了带有自己民族特色的心理模式，它们通过遗传、环境及文化、教育等因素的作用而被定势或固定化于民族群体中。民族心理学的研究就是试图在民族学和心理学的切合点上，以深层次和内在因素为目的，运用民族学、心理学的研究方法，探求民族在发展演变中的各种心理表现，揭示民族心理活动发生发展的规律，研究与民族心理有关的心理问题，进而研究各民族相同或相异的心理特点及其发展变化（李静，2010，p.54）。现代民族心理学根植于西方科学心理学体系，民族心理学也间接受到西方科学心理学的影响，在发展中一方面受国际民族心理学发展滞后的影响，另一方面也受国内社会形势变迁的影响，直至20世纪七八十年代才逐步走上正轨。我国民族心理学发展的道路也充满了曲折和坎坷，笔者曾将我国民族心理学的发展阶段分为如下四个阶段。

第一个阶段是起步阶段，始于20世纪初，但研究并未形成体系，只有陈大齐、童润之、李子光等人对民族心理研究的基本理论问题作过简单论述（秦素琼，吕志革，邹平，2007）。

第二阶段是初步发展阶段，从新中国成立到改革开放前，我国民族心理学研究在民族融合的政策影响下才逐渐展开，但这时期的民族心理学研究由于条件的限制，未能在具体研究内容、研究方法以及解决具体生活问题上有重大突破。

第三个阶段是快速发展阶段，我国民族心理学研究的快速发展阶段应该是在改革开放到20世纪末的几十年里，民族心理学的研究对象已扩大到国内多个民族，研究的课题也不断扩大，主要进行了各民族儿童认知发展的比较研究、各民族的个性比较研究、各民族儿童及青少年品德形成的比较研究、民族社会心理的比较研究、民族心理卫生和精神病研究、民族心理的基本理论研究等(张世富,阳少敏,2003)。

第四阶段是巩固阶段,开始于21世纪初,在这一阶段,我国正处于建设社会主义和谐社会的新时期,民族矛盾和民族冲突逐渐凸显,国家开始高度重视民族心理学的研究,希望通过民族心理学的研究可以为国家相关部门提供政策决策依据和参考。在这一阶段,民族心理学研究者不断增多,在西南、西北等少数民族聚居区,逐渐开展了西南少数民族心理结构研究(张进辅,2006)和民族交往心理的跨文化心理学研究等(李静,2010b)。

在我国民族心理研究繁荣发展的今天,随着世界政治经济的一体化与多民族融合步伐的加快,我国民族心理研究必须面对多元文化论对民族心理研究的冲击与挑战。

三、中国民族心理研究中存在的几对关系

(一)研究内容宏观与微观分野的关系

民族心理学的研究内容问题,在民族心理学研究中是一个较为模糊的问题,众所周知。一般将民族心理学定位在民族学与心理学的交叉学科上,这样民族学的宏观研究视野就进入了民族心理学研究的范围内,它注重对民族心理的整体把握,如对民族共同心理素质的研究曾在民族心理学内部引起广泛争论,这一宏观视野主要以民族学理论指导研究,对民族心理学的细节问题很少关注。从心理学的视域出发,心理学的微观视野就进入了民族心理学研究的范围内,它注重对民族心理的个体的具体心理现象进行研究。有学者就从心理学出发,认为民族心理学研究的结构应该包括民族心理导向系统、民族心理动力系统和民族心理功能系统三个相辅相成的系统(张进辅,2006),具体包括民族价值观、民族意识、民族文化、民族情感、民族意志、民族自我意识、民族人格、民族能力、民族心理素质、民族心理健康。也有学者指出,应按普通心理学的逻辑框架来规范民族心理学的研究内容,如民族认知、民族思维、民族意志、民族性格、民族气质、民族情感等。就民族学与心理学这两种视野来说,学科间缺乏的沟通,直接体现在其研究的心理现象上,进而使民族心理

学的整体性和具体性不能合流,这在一定程度上不利于民族心理学的发展。对这一问题的解决之道就在于加强学科间的沟通与协商,将宏观视野与微观视野的心理学研究统合为中观层次的民族心理研究。

(二) 研究方法多元化与整合的关系

民族心理学研究对象与其他心理学分支学科不同,民族心理学研究对象的分散性决定了很难对民族心理问题进行集中的整合研究。我国民族众多,每个民族分布的地域也极为广阔,每个民族都有各自发展的民族历史、民族宗教、民族政治经济制度及民族文化,这在一定程度上为我国民族心理学者提供了广阔的研究空间,但也给研究带来了难度,尤其是在研究方法和策略上。民族心理学研究对象的特殊性导致其方法论的多元性,由于民族心理学自身的民族学和心理学学科性质,使民族心理学研究的方法论呈现多元性,现有的方法论也在不断地变换之中,研究基础的薄弱加上研究者的学术背景不同,极易使民族心理学研究无所适从。民族学研究注重质化的宏观整体性研究,心理学研究注重微观具体性研究,民族心理学极力主张应将民族心理学研究对象置于环境交互作用中加以考虑,田野工作法、民族志等方法无疑应值得重视,这可以从现实文化中对民族心理现象进行切实有效的揭示,心理学则极力主张应将民族心理现象置于可控的情境中,运用量表法、实验法以及脑成像技术(ERP、fMRI)来揭示民族心理现象的相关关系和因果关系,而忽视对民族心理现象的解释力度(张海钟,姜永志,2010b)。跳出这两种视野,我们发现无论是哪种单一的研究范式都不能全面有效地揭示民族心理研究的所有面貌。只有实现质化研究与量化研究的整合,才能从不同角度更好地揭示民族心理的本质和规律(植凤英,张进辅,2007)。在研究过程中,也要始终遵循质化研究范式和量化研究范式相结合、思辨和实证相结合、历史与现实相结合、群体与个案相结合、横断与纵向相结合、宏观与微观相结合的原则。

(三) 研究理论与实践契合的关系

民族心理学作为民族学与心理学交叉的综合学科,在心理学视野中,有的学者将普通心理学的理论直接套用在民族心理学研究中,或者将社会心理学的理论直接拿来为民族心理学研究所用。在研究方法的运用上,也有些研究者足不出户,以少数民族学生为被试,而不进行田野考察在具体情境中来进行民族心理学的研究,这对研究结果的生态效度无疑会造成偏差,因为民族心理学具有天然的文化品性,研究文化问题最有效的途径就是对文化现象的实地考察,这已经在20世纪初被马林诺夫斯基、米勒等文化人类学者证明。就学科体系而言,民族心理学研究应该结合中国各民族的实际情况,在充分了解各民族历史演变、经济生活状况、文化背景、宗教信仰等基础上进行深入的理论与实践相结合的研究。将民族学与心理学进行整合,力求在理论基础、研究方法和内容上使民族学与心理学发生内部联系,避免机械地将心理学的原理与方法套用在民族心理学研究上,以达到理论与实践相契合。

四、中国民族心理研究的价值使命

我国民族心理学的进一步发展,必须以明确的科学理论为指导,研究内容的模糊、方法论的不统一、理论与实践的不契合等问题都直接影响着对我国民族心理学的生存与发展问题。诚然,冯特在对心理学进行阐述之时,最初只关注到对常态人群个体的低级心理过程进行实证研究,但在学术生涯的最后几十年中,哲学家出身的冯特也注意到心理学研究既包括个体的低级的如感知觉等的心理过程,也包括群体的如宗教心理、信仰、语言、习俗等基于社会历史文化的内隐和外显文化心理现象。这些心理现象的存在源于文化的异质性。为什么异质文化背景中个体和群体的心理现象会有如此大的差别,以致影响到个体与群体社会行为的运作?冯特基于这样的考虑,借鉴了多学科的方法对不同文化中的社会心理现象进行了长达二十年的研究,著成《民族心理学》,也有人称为《习俗心理学》。这一著作直接吸引了一大批对民族心理研究感兴趣的学者,在长达近一个世纪的研究中,众多学科的学者对民族心理学问题进行了具体的研究。如马林诺夫斯基对美拉尼西亚的原始社会进行两年田野调查完成《野蛮社会的性与压抑》,以及他在布里恩德群岛的研究推翻了弗洛伊德的俄狄浦斯情结的假说,玛格丽特·米德对萨摩亚原始社会的研究推翻了西方文化认为的青春期的普遍存在性。正因为民族心理学的研究多散落在文化人类学、社会学、民族学和心理学等诸多学科之中，以及多学科交叉研究的现状，这不能不说是民族心理学发展遭遇困境的原因之一，同时也给民族心理学的科学化之路蒙上了阴影。心理学长久以来以自然科学自居，主流心理学以实证哲学作为其哲学基础，以经验观察、客观主义和价值无涉作为其研究出发点，不可避免地有意排斥具有人文倾向的民族心理学，这或许正是民族心理学在一个世纪的发展中步履蹒跚的原因。

民族心理学将向何处去？对这一问题的思考来源于对民族心理学研究的价值探讨。谈到心理学存在的价值无外乎有两种价值，一种是理论价值，一种是应用价值。谈到理论价值，民族心理学作为心理学的一个分支学科，它对完善心理学体系具有不可或缺的作用，它是心理科学家族中的重要一员，世界民族多样化的现实，各国国内民族多元的特点，决定了民族心理学研究对心理学体系具有重要的学理价值。谈到应用价值，民族心理学作为众多学科的交叉学科，它的出现并非只为满足心理学学科体系的完善性，任何一门新兴学科的出现最直接的一个目的就是服务社会。民族心理学当然也不例外，它的应用价值就在于它能够解决众多心理学分支学科无法解决的理论与现实问题，如民族信仰与民族冲突问题。民族多元化是民族心理学产生的现实根源。然而，民族心理学更多的是载负了这样一种历史使命，即民族多元化带给人类世界的不和谐性需要民族心理学这一学科来解决，并寻求一种解决问题之道，这种解决之道的途径便是对多元民族群体和个体的民族心理规律和民族心理个性的探求。这种探求关注的是，不同民族共同体心理受哪些因素的影响，文化究竟在民族共同体心理发展中发挥什么作用，民族文化折射的不同民族心理模式如何塑造了不同民族的人格和行为模式，这是民族心理学的关注焦点（姜永志，张海钟，2009a）。

可见，民族心理学的历史使命就在于实现其理论价值和应用价值，多元文化论的兴起，其实已经为民族心理学的进一步发展提供了契机，站在多元文化论提倡的文化等值性的立场上，民族心理学可以以一种与科学心理学同等的身份和地位参与科学研究，可以与科学心理学一样发出自己的话语，这就是民族心理学文化品性再次所彰显之后，文化价值在多元文化论立场的又一次重新诠释。

第三节　中国当代心理学民族化研究方向与问题

中国民族心理学需要开展本土化研究，对民族成员的心理进行根植于文化资源的描述、解释、预测和调节。中国民族心理学本土化研究的方向与存在的问题应该成为首先要明确的问题。在中国民族心理学研究本土化的方向上，民族历史文化资源是民族心理学本土化研究的动力，问题中心定向是民族心理学本土化研究的实质，一种心智、多种心态是民族心理学本土化研究的基本原则，以文化为根基、方法为工具、事实为导向是民族心理学本土化研究的道路。在民族心理学本土化过程中也有一些问题需要澄清：一是民族心理学本土化的具体内容是什么的问题；二是民族心理学本土化与科学化的关系问题；三是民族心理学本土化与全球化的关系问题。

一、心理学本土化革命与中华民族的心理学

科学心理学在一百三十多年的发展中取得了举世瞩目的成就，尤其是 20 世纪 70 年代之后，计算机科学和互联网技术的快速发展，为科学心理学的发展插上了腾飞的翅膀。正如艾宾浩斯所说的一样，心理科学有一个悠久的过去，却只有一个短暂的历史，心理学在短暂的历史发展中，从哲学的庇护下脱离出来，发展成为今天被全世界瞩目的显学，这不能不说是心理学自身独特的魅力所致。回顾心理学的发展历史，从科学心理学正式成立的 1879 年算起，心理学先后经历了构造主义、机能主义、行为主义、格式塔心理学、认知主义、人本主义、建构主义等各大理论流派的更迭，其中包括着各种不计其数的小流派的并行发展，也包括心

理学的多学科和跨学科交叉研究取向。正是在一个心理学流派向另一个流派的转换过程中,心理学的研究才不断繁衍和壮大,并为社会生活和实践作出了突出的贡献。

在心理学发展壮大并逐渐成为一门显学的过程中,科学心理学内部却一直不平静。在20世纪80年代经历了心理学分裂与整合危机,在20世纪末期,被科学心理学一直忽视或回避的文化因素成为了众多新兴研究力量所集中攻击的目标,使心理科学不得不面临心理学的文化危机。这种文化危机带来的不仅是人们对心理学分裂与整合的重新思考,还带来了人们对心理学中"文化沙文主义"普世观的不满,这集中表现在文化心理学和心理学本土化思潮。心理学本土化思潮的兴起,并不仅仅是世界各国人民出于对本民族心理学自尊心维护的需要,同时也是由于西方科学心理学并不能在其他民族或文化环境中获得同样的解释力,使西方心理学研究的成果与其他文化下的心理生活难以完全契合,出现了诸多"水土不服"的现象。从哲学母体中分离出来之后,科学心理学的科学观是以自然科学为模板建立的,秉承的是研究主体与研究对象的绝对分离,是没有任何主观参与的价值无涉,是由原因产生结果的因果决定,是将人的心理物化的机械主义。科学心理学以自然科学的研究方式对具有鲜活生命的人的心理研究,使鲜活的心理变成了冷漠的机器(姜永志,2013)。科学心理学持有的主客二分、客观主义、决定论、机械论、价值无涉等科学主义立场都不能对人的心理进行完全深入的研究。由此可见,冯特在最后二十年倾其精力使用民族学、文化学等人文科学方法对语言、文化、习俗、宗教等开展研究,并将心理科学分为实验的生理心理学和文化的民族心理学,也就不无道理了。因此,对心理学研究中文化因素的重拾,逐渐成为破解科学心理学缺陷的一剂良方,文化心理学的快速发展直接推动了心理学的本土化运动,以及本土心理学的发展。

有研究者(郑荣双,2002)指出,基于西方文化发展的科学心理学本身就是一种西方文化中土生土长的本土心理学,而使用西方本土心理学的研究成果来解释其他国家和民族的本土心理现象就会存在文化适应问题。西方科学心理学一直追求的、建立世界心理学统一秩序和构建具有全人类心理普适性的心理学是不现实的。如果每一个民族、每一个国家、每一种文化中都存在一种原生态本土心理学,那么心理学的本土化运动究竟是促进了心理学多样化发展,还是阻碍了科学心理学发展的统一性?这能否就说明心理学的本土化使科学心理学在不同文化语境下进一步分裂,或者心理学的本土化使心理学的统一发展道路演变成了多元发展道路?这能否说明心理学的本土化运动就意味着斩断了不同文化下本土心理学之间的沟通,限制了心理学知识的普适性和全球化,进而导致各种文化下的心理学研究各成一派而无法沟通呢?答案当然是否定的,心理学的本土化不但不会对科学心理学的研究造成阻碍,相反它还弥补了科学心理学研究力所不能及的其他广大心理学研究领域。有研究者(赵忠宇,2013)指出,民族传统文化的东西具有顽强的生命力,如果不挖掘每一种文化背后的心理学资源,那么心理学研究势必建立在空中楼阁之上,是一种脱离文化语境而不接地气的心理学研究,不能最大程度地发挥心理学自身对心理现象的解释力,不能有效地服务社会发展。

正如陈英敏和邹丕振(2005)认为:"以传统文化为根基的中国本土心理学在某些方面恰好能弥补西方科学心理学由于其自身单一文化的不足而产生的种种问题,只有广泛地吸收这些异质文化的研究成果,并把它们真正纳入到心理学的视野中来,才有可能建立更为完整、合理、深刻的人类心理学。"心理学本土化并不是要否定心理学一百三十多年发展形成的研究成果,而是希望通过重拾被科学心理学遗落的文化,尝试使用根植于特定文化语境的研究方法,从各自文化语境出发对本地人的心理进行研究,使心理学研究根植于多元文化,突破根植于西方文化的小科学观,提倡以更具文化包容性的大科学观进行心理学研究,并更好地为人类服务。心理学的本土化运动已经成为势不可挡的趋势,这种心理学本土化的趋势已经在我国心理学早期和近期发展中都产生了一定影响。一部分研究者根植于中国文化,对中国传统文化资源进行了挖掘。例如:高觉敷和潘菽(1983)主编了《中国古代心理学思想研究》;高觉敷(1985)和燕国材(1998)分别对中国古代心理思想史进行了系列研究,完成了《中国心理学史》;杨鑫辉(2002)试图对中国古代思想进行筛淘,并完成了中国传统心理学思想探新系统丛书;葛鲁嘉(2008)尝试构建中国新心性心理学理论体系;汪凤炎和郑红(2015)进行了中国人的智慧德才兼备论的研究;彭彦琴、江波和杨宪敏(2011)对传统佛家心理学思想进行发掘形成了禅宗的心理学思想体系;张海钟和姜永志(2012)还开展了中国文化特有的老乡心理效应研究;港台研究者开展的人情、面子、孝道、缘分、报恩、关系等华人文化特有心理现象的研究。这些研究都根植于中国传统文化,不仅提出了对中国文化中特定心理现象的全新阐释,而且为西方科学心理学在研究领域、研究方法上都提供了借鉴和启示。

二、中国民族心理学是否需要本土化

在科学心理学建立之初,冯特将心理学分为实验的生理心理学和文化的民族心理学(翻译为民俗心理学可能更为准确)(张世富,2005),在心理学短暂而辉煌的发展历史中,实验的生理心理学功不可没。其中主要的原因是实验的生理心理学契合了19世纪盛行的实证主义科学观,而文化的民族心理学在研究方法上的人文取向使它的发展受到有意的忽视和压抑。不过,民族心理学作为研究特定文化语境下民族心理现象的发生、发展和变化规律的心理学分支学科,虽然在早期没能与主流心理学合流,但在民族学、文化人类学和心理人类学等相关文化学科中都得到了重视,并取得了一定的发展。如:马林诺夫斯基对米兰尼西亚的原始社会进行田野调查,并完成具有广泛影响的著作《野蛮社会的性与压抑》,在布里恩德群岛的田野调查研究中,对弗洛伊德的俄狄浦斯情结的假说进行了检验;玛格丽特·米德对萨摩亚原始社会开展的田野调查,检验了原始社会文化中的青春期问题,并反驳了青春期具有文化普适性的观点;本尼迪克特受美国政府所邀,开展的针对日本国民性的研究,完成了关于日本国民性的著作《菊花与刀》,精辟地概括出日本人的国民性格;美国传教士史密斯根据在中国的见闻完成《中国人的性格》,对受中国传统文化影响的漠视时间、随遇而安等27种人格特质进行了研究。美籍华人许良光对基于美国文化和中国文化下的中国人的生活方式进行了比较研究,并完成了《美国人与中国人:两种生活方式的比较》。这些早期对特定文化语境下心理现象的研究,都为民族心理学研究奠定了基础。

在中国心理学早期发展中,也有散落的民族心理学论说。例如:陈大齐在1919年发表了《民族心理学的意义》,李子光在1924年发表了《论民族的意识》,梁乙真在1924年发表了《从心理学现实论民族气节》,童润之在1929年发表了《中国民族的智力》,章益在1933年发表了《两个民族间伦理观念的比较研究》,蒋舜年在1936年发表了《中华民族的心理建设》,肖孝嵘在1937年发表了《中国民族的心理基础》,潘菽在1937年发表《把应用心理学应用于中国》,张耀翔在1940年发表了《中国心理学的发展史略》(张世富,2004)。这些早期论说虽然没有形成完整的体系,但为中国人反思中国心理学的民族化和本土化发展作出了突出贡献。在20世纪中后期,科学心理学文化危机的出现,也使西方科学心理学重新考量了民族心理学和本土心理学的重要研究价值,使具有文化敏感性的民族心理学研究进入了快速发展时期。

心理学具有的文化品性,决定心理学不能无视文化的存在,而应在承认心理学具有的文化品性,具有的文化多样性和文化差异性的前提下开展研究。张海钟(2004)在中国区域跨文化心理学理论建构中曾指出,我国不同区域的群体由于不同地理环境、经济发展水平、历史文化传统等存在差异,形成了特定地域群体适应环境的典型区域文化心理特征,这些区域文化心理特征集中表现在区域文化人格上。由此可见,一个民族之所以成为民族,最根本的就是形成本民族独特的文化人格,并以有形或无形的方式影响民族成员的心理生活。张积家在2012年受《心理科学进展》之邀为民族心理学专栏组稿,在前言中就指出:"民族心理学的研究者应该承认文化的多样性,主张每种文化都有存在的价值,能够以欣赏的心态和肯定的眼光看待不同民族的文化,既不要颐指气使地对其他民族的文化指手画脚和说三道四,也不要以'怜悯的心态'和'善良的心肠'企图让其他民族的文化尽快地同主流文化达到融合和统一。"

2015年7月,中国心理学会在内蒙古师范大学成立民族心理学专业委员会,以"感悟民族文化心理,建设民族心理学科"为会议主题,也充分显示了民族文化多样性对心理学研究的重要价值。正如美国著名人类学家赫瑞所说:"世界上不同民族的人类行为,只能根据他们自己的文化来解释。"(周悦,朱高磊,2010-07-22)民族文化的多样性,为心理学、民族心理学研究提供了广阔的自然场所和丰富的环境变量。

既然民族心理学要在不同文化视域下开展研究,那么,中国民族心理学研究是否应遵循西方科学心理学的发展模式,按照西方科学心理学的科学观开展民族心理学理论和实践研究呢?西方民族心理学的发展,是建立在反对科学心理学"种族(白人)中心主义"和"文化沙文主义"基础上的本土化运动(万明钢,李艳红,崔伟,2006)。每一种文化都有其独创性和充分价值,一切文化的价值都是相对的和平等的,研究者也清楚地意识到一种文化情境中的心理学研究结果在另一种文化中未必适用,可能会出现"水土不服"现象。西方民族心理学研究所秉承的仍是西方主流科学心理学的世界观和方法论,在研究对象、研究方法、学科体系上都与西方科学心理学的逻辑一脉相承,这使西方的民族心理学在哲学根基、科学观、世界观和方法论上仍根植于西方本土文化,仍属于西方本土的文化心理学研究。中国民族心理学研究如果仍秉承西方科学心理学的研究立场,那么中国民族心理学也仅是将研究对象换成了中国少数民族成员而已。我们强调的中国民族心理学研究应不仅仅是研究对象的转换,更应是科学观和方法论上的转换。在西方科学心理学抑或西方民族心理学研究中得到的一些具有普适性的结论,之所以在非西方文化中容易出现"水土不服"和文化适应问题,根本原因在于民族心理学本土化的根基出了问题。

中国民族心理学能否完全照搬西方模式的答案已经很明确,中国民族心理学的研究应体现中国民族文化特色,应反映中国各民族文化心理的差异性和普遍性。这也就意味着中国民族心理学研究应该根植于宏观的中华民族文化和微观的多民族传统文化开展相关研究。中国民族心理学研究也要在克服"西方本位"倾向的前提下,从民族心理研究的科学观、方法论上进行本土化改良。当然,在中国民族心理学本土化研究过程中,也应防止"汉民族主义中心"的倾向,即在具体研究实践中,要注重使用本民族传统文化中的观念对本民族心理现象进行分析,不在汉民族文化语境中对其他少数民族文化语境中的心理现象进行解释,避免犯西方科学心理学"种族中心主义"的错误。

民族心理学具有的天然文化品性和难以释怀的文化情结,都决定了中国民族心理学研究要根植于中国不同的民族文化,构建具有民族特色的中国民族心理学(阿拉坦巴根,姜永志,2012)。正如杨国枢、黄光国和杨中芳(2008)在谈及心理学本土化时强调:"只靠观念的分析和辩论是不够的,我们必须从坐而言进展到起而行,从实际进行中国化或本土化的心理学研究的实践过程中,亲身体验心理学研究中国化或本土化的具体问题与困难,从实际研究成果的获得发表及讨论中,展现心理学研究中国化或本土化的可行性或不可行性。"那么,这一观点仍适用于中国民族心理学的本土化研究,即要从中国各民族文化的实际出发,采用适合中国民族心理学研究的方法(既可以包括主位研究,也可包括客位研究,亦或是二者结合),在具体实践中探索并建构适应各民族成员且具有文化适应性的中国民族心理学研究理论体系。在 20 世纪末期,中国一些民族心理学研究者已经率先系统地对中国西南和西北少数民族地区开展了民族心理学研究。张进辅(2006)从民族心理导向系统、民族心理动力系统和民族心理功能系统三个相辅相成的系统,开展了西南少数民族心理研究。李静等人(2014)在西北少数民族地区开展了民族交往心理、少数民族妇女宗教心理以及社会文化变迁对民族心理影响等方面的民族心理学本土化探索研究。万明钢等人(2012)在西北少数民族地区开展民族认同与价值观研究、基督教信仰传播研究等研究。陈中永等人(2011)在内蒙古地区开展了蒙古族儿童认知方式研究和中国多民族认知活动方式的跨文化研究。上述研究都为中国民族心理学的本土化实践作出了突出贡献。因此,开展中国民族心理学的本土化研究是推动中国心理学本土化的需要,有助于充实和发展我国民族心理学的理论,建立和完善我国民族心理学的学科体系,有利于揭示我国各民族心理发展的特点和规律,促进民族地区和谐稳定发展。

三、中国民族心理学本土化的发展方向

(一)民族心理学本土化的动力：民族历史文化资源

心理学的发展总是源自特定文化语境和民族文化传统,这些具有文化标识的民族文化赋予心理学不同的民族个性,使他们在各自民族文化传统内,以不同的方式描述、解释和干预人的心理生活(孟维杰)。民族文化个性是民族心理学的根本特征,也是心理学之所以是这个心理学而不是其他心理学的标志。西方科学心理学以科学主义的划界标准,将心理学视为无地域性、无民族性和无文化性的立场与做法,不但使自身发展深陷分裂危机和文化危机,也使科学心理学的解释力难以满足不同民族文化群体的需要(纪国和,2005)。可见,民族心理学的本土化应根植于特有的历史文化资源,而不是仅对研究对象和方法上进行转换。葛鲁嘉(2008)认为,心理学的发展应根植于丰富的历史文化资源,心理学的本土化运动,就是要建立心理学与特定文化的关联,就是要将心理学研究置于本土的社会发展脉络和本土的文化土壤中。民族心理学本土化也应始于对本民族历史文化资源的挖掘,但又不仅限于对本民族历史文化资源进行挖掘和筛淘,不限于民族传统文化来解释传统文化,而是要突破传统文化,在本传统文化基础上进行基于传统文化的现代性心理学解释(汪新建,柴民权,2014)。如,作为民族喜庆会的蒙古族那达慕大会具有的丰富精神内涵,它承载着游牧民族团结、勇敢、朴实、忠诚、互助等民族精神,这种民族精神与中华民族的核心价值观一脉相承,可以充分挖掘和培育这种民族精神并赋予其丰富的当代精神和内涵,以促进蒙古族民众的心理与社会和谐发展(白红梅,2012)。可见,被科学心理学有意忽视的民族文化不但不是心理学发展的阻碍,反而提供了对不同民族文化成员心理的多种合理解释,作为一种内发性资源推动了心理学自身的发展。

(二)民族心理学本土化的实质：问题中心定向

根植于西方文化的科学心理学,在追求科学化的道路上,以自然科

学为样板,在研究取向上普遍采用方法中心取向,认为只有那些能够使用科学方法研究的内容才是真正的心理学研究,在这种科学划界标准下,人文取向的心理学都被划归为非科学心理学,如反映在弗洛伊德《图腾禁忌》《文明及其缺憾》《摩西与一神教》等著作中的早期民族心理学思想,都被科学心理学者排斥(李静,杨须爱,2006)。20世纪中后期,随着跨文化心理学、文化心理学和心理学本土化运动的发展,以方法中心的心理学研究取向才得到一定纠正。尤其是,西方科学心理学研究者逐渐认识到心理学研究的"文化荒漠"已经成为心理学发展的阻碍,科学心理学无法对其他文化心理现象进行普遍有效的解释,使其不得不回到特定文化语境中寻求答案。在这样的背景下,民族心理学具有的独特文化敏感性,应使其突破科学心理学小科学观的限制,在研究方法上采取更加包容的立场,在研究内容上凸显民族心理学研究的问题导向。尤其是,民族心理学研究对象的复杂性,既有对少数民族个体心理特点的研究,也有对少数民族群体社会心理规律的研究,既包括可以量化的心理现象,也包括难以量化的心理现象,这都决定单一研究范式无法从根本上对复杂的、具有文化涉入的民族心理开展深入研究。如,少数民族成员的价值观、宗教信仰等深层次心理现象,既需要民族心理研究者深入民族地区进行实地考察,还需要采用质化研究与量化研究相整合的方式,对各民族心理进行调查与剖析来揭示民族心理现象的本质(植凤英,张进辅,2007)。民族心理学研究中对以方法为中心的突破和问题中心定向的确立,是民族心理学本土化过程应有的研究立场。同时,以问题为中心的民族心理学也应与其他相关的学科进行广泛交流和沟通,如心理人类学淡化研究假设和问题定向的研究思路,主张事先不对问题作具体假设,而是在文化语境中不断形成、修正和验证假设的研究范式,对具有文化敏感性的民族心理学更为适用(孙东方,常永才,2005)。当然,问题中心定向并不是不注重研究方法的科学性,恰恰民族心理学研究十分注重方法的科学性,只是它反对西方科学心理学科学观的划界标准,而是对什么是科学和非科学持有文化相对主义立场。因此,民族心理学研究应以问题为中心,而不是根据研究方法的科学性来选择问题。

(三) 民族心理学本土化的原则："一种心智、多种心态"

西方科学心理学创始人冯特的历史功绩不仅在于他将心理学科学化，还在于他倾其最后二十年生命完成的十卷本《民族心理学》，人们也往往将《民族心理学》的出版看作是民族心理学诞生的标志。诚然，冯特的初衷是好的，但民族心理学人文取向的发展轨迹，很难与19世纪盛行的科学实证主义相契合，这也使实验的心理学得到长足的发展，而文化的民族心理学未得到充分重视。尽管实证心理学在一百三十多年的学术积累中取得了巨大成就，但它无力的文化解释力也使学科发展受到了限制（吕小康，汪新建，2015）。心理学本土化运动使各民族的文化资源再次进入研究者的视野，使其在心理学全球化和本土化运动中获得了充分的文化话语权。那么，如何在多元文化并存的全球化时代，谋求民族心理学本土化的发展，成为民族学本土化首先应该解决的问题。黄光国(2014)在谈及心理学本土化时曾提出，心理学的本土化应以"一种心智、多种心态"为基本原则，建构既能反映人类共同心智（由自然因素决定），又能说明特定文化中人们心态（由社会文化因素决定）的"含摄文化理论"。民族心理学的本土化完全可以按照黄光国先生关于心理学本土化的思路开展。在宏观上，一方面开展受自然生物因素决定的中华民族心理普遍性特点和规律研究，另一方面开展受各民族（也应包括汉民族）传统文化决定的民族文化心理比较研究；在微观上，一方面开展受自然生物因素决定的各民族心理普遍性特点和规律研究，另一方面开展由民族文化差异性决定的各民族特殊文化心理特点和规律研究。民族心理学本土化研究中的"一种心智"，强调对神经系统和感觉器官等心理现象产生的先天条件，以及相关的感知觉、注意、记忆、思维、气质、性格和能力的基础研究，如早期开展的民族共同心理素质研究。民族心理学本土化研究中的"多种心态"，强调对不同民族文化影响下的民族社会心理的研究，如对不同民族的社会认知、社会情感、社会动机、群体认同、人际互动、群体规范等的研究。基于"一种心智、多种心态"原则建立起来的民族心理学"含摄文化理论"，也应突破科学至上的观念束缚，致力于发展具有现实文化解释力和价值引导力的人文主义导向的心理学研究，构建具有民族特色的民族心理学理论,以切实解决中国不同民族社会文化的现实心理问题,并在世界心理学界发出真正属于中国民族心理学的声音,使中国民族心理学研究既能体现心理学研究的全球化,也能体现心理学研究的本土化。

(四)民族心理学本土化的发展道路:文化为根基、方法为工具、事实为导向

20世纪80年代后期,我国港台学者率先发出中国心理学本土化的声音,杨国枢(2004)提出了心理学本土化发展的四个层次和心理学本土化的本土契合性标准,认为心理学本土化前期仍要采取"西学为体,中学为用"的方式,利用西方科学心理学的研究范式和研究标准对特有的文化心理现象开展研究,在后期可以发展并创建本土化的心理学理论体系。但从我国港台学者近年的研究成果来看,他们所走的心理学本土化道路,并未在心理学的哲学根基和科学观上作出改变,即并未改变心理学的"科学形态"。葛鲁嘉(2015)主张心理学的本土化发展应根植于传统文化资源,构建具有内生性本土心理学的知识论、本体论和方法论体系,立足传统文化并进行现代化的描述、解释、干预和预测。可见,心理学本土化的发展既可以有西方科学心理学的科学发展模式,也可以根植本土文化构建内生性本土文化的文化发展模式。民族心理学研究的突出特征就是文化涉入性,那么民族心理学的本土化发展道路应该借鉴科学发展模式,还是文化发展模式,抑或将这两种发展模式综合为一体开展民族心理学研究?我们认为,无论采用哪种发展模式,民族心理学本土化发展道路都应把握这样四点:一是研究的心理现象要从本民族文化中产生;二是揭示的心理现象要在本民族文化参考框架下进行解释;三是研究结果要能反映本民族文化背景下成员真实的心理;四是心理干预方式要与本民族文化相契合。也就是说,民族心理学的本土化,并不一定要走与实证主义心理学相对立的发展道路,也并不一定要彻底改变实证主义心理学的科学观而走独立发展的道路,更不是将科学发展模式与文化发展模式进行"1+1=2"式的合流。综合以上分析,我们认为民族心理学本土化发展应以文化为根基、以方法为工具、以事实为导向,在民族历史文化的语境下追求对民族心理生活的真实解释和有效干预。

四、民族心理学本土化需澄清的问题

民族心理学研究同样也存在其他学科在发展中普遍存在的问题。有研究者（徐黎丽，2002）指出，民族心理学研究目前主要存在概念不清晰、研究对象不明确、学科定位不准确、研究方法不一致、研究人员不足等问题，这些问题都是民族心理学在发展中需要不断解决的问题。限于前人已对上述问题进行过较为系统的分析，这里不再赘述，仅对民族心理学本土化发展中存在的模糊不清问题进行简要分析。心理学本土化的落脚点是希望根植于特定文化资源，开展更具有文化解释力和有效干预的心理学研究，这既包括研究对象的本土化、研究内容的本土化、研究方法的本土化、研究解释的本土化、干预技术的本土化，也包括一些研究者提出的科学观本土化。通过分析，我们认为，中国民族心理学本土化需要在民族心理学本土化的具体内容、民族心理学本土化与科学化的关系、民族心理学本土化与全球化的关系等方面作进一步澄清。对这些问题的思索与解答有助于消除研究者头脑中的模糊或错误认识，理清研究思路，更好地利用心理学民族文化资源，明确民族心理学本土化的发展目标与路径。

（一）民族心理学本土化的具体内容是什么

从民族心理学本土化的基本理论出发，民族心理学的本土化应包括哪些方面，对这些方面的澄清有利于更清楚地把握民族心理学本土化研究的方向。一是民族心理学对象本土化问题，这涉及民族心理学的本土化是不是仅将心理学的研究对象转换成各民族成员（姜永志，张海钟，2012b）。事实上，民族心理学的本土化研究并不仅仅是将研究对象作了民族身份的转换。例如，有些具有民族身份的成员却并没有受到本民族文化的影响，也没有民族共同体具有的集体认知、共同情感、统一意志和集体行为，那么这样的民族成员就不应成为民族心理学研究的对象。民族心理学的研究对象既要具有民族身份，也要受到民族文化影响，也就是我们常说的要具备"双文化个体"的属性。同时我们也应清楚，在中国民族心理学本土化过程中，汉民族文化与其他少数民族文化应具有文化

等值性,那么民族心理学的研究对象也应该包括汉民族成员,如果民族心理学研究不涉及汉民族成员,那么中国民族心理学研究必定是不完整的民族心理学。二是民族心理学研究方法本土化,民族心理学的研究是采取实证主义心理学的研究范式,还是采取人文主义心理学的研究范式,是民族心理学研究早期争论的一个问题。从目前的研究来看,大多数研究者倾向于折中的研究范式,主张使用量化的研究范式与质化的研究范式结合的方式开展民族心理学的研究。我们认为,采用哪种研究范式研究并不是最重要的,重要的是民族心理学本土化研究无论使用哪种研究范式,都要立足民族文化进行心理的描述、心理的解释、心理的干预和心理的预测,无论哪一种研究方法,只要能够从民族文化的视域出发开展研究,都应是真正的民族心理学研究。三是民族心理学概念本土化,有研究者指出心理学的本土化研究也应在概念上进行转换,对反映本民族特有心理现象的本土概念进行深入挖掘,只有这样才能避免民族心理学研究可能出现的文化偏差(葛鲁嘉,2005b)。如,根植于西方文化的心理学概念使其在其他文化中出现内涵不一致,甚至无法理解的现象,导致心理学研究出现概念不等值性和文化偏差。那么,民族心理学本土化研究也应避免这种偏差的出现,采用本土契合性标准,尽可能使用本民族文化中的概念开展研究,但前提是本民族文化中的概念应与其他文化中的概念具有文化等值性(李静,2007)。四是民族心理学解释本土化,不同文化语境中的心理现象都有其形成的历史文化资源。正如赫瑞所说:"世界上不同民族的人类行为,只能根据他们自己的文化来解释。"民族心理学的本土化研究不能忽视文化的存在,要使用本民族文化中的语言、观念来解释本民族文化中存在的心理现象,使民族心理学研究更接地气,更易于被本民族文化中的成员理解(吕小康,2014)。民族心理学本土化研究需要明确根植于历史文化资源的研究对象、研究概念、研究方法和心理解释,是如何在民族心理学研究中发挥作用的,这有利于民族心理学本土化具体研究的开展。

(二)民族心理学本土化与科学化的关系

心理学的科学化将心理学视为一门跨越时间、地域和具有文化普适性的科学，其目的在于揭示人类心理的普遍规律，并利用这些规律对人的心理进行预测和控制，指导人的行为活动。民族心理学本土化是心理学本土化运动的重要组成部分，它将心理现象与行为视为不同民族文化的产物，认为人类的心理与文化密切相关，心理是文化中的心理，文化的多样性决定了心理的差异性。可见，心理学的科学化追求是心理学的统一性，民族心理学本土化追求的是心理学的多样性，心理学的统一性与心理学的多样性，看似是相互矛盾的命题，实则二者是心理学研究中统一的两个方面。心理学的科学化代表了实证主义心理学的立场，民族心理学的本土化在很大程度上可被看作是人文主义立场心理学的代表。美国学者布罗克曼(Brockman,1995)在《第三种文化：超越科学革命》中将"科学"与"人文"视为心理学的两种文化，并认为这两种文化最终将融为"第三种文化"。美国心理学家凯根(亦译卡根)在2009年出版的《三种文化》一书中，认为"第三种文化"并不是一种具体文化，而是一种文化语境，这种文化语境注重科学心理学与人文心理学的融合，倡导并践行整体性、包容性、开放性，既注重科学的尺度也注重人文的尺度，既相互理解、尊重也保持必要张力，使心理学能够在两种文化中寻求契合，试图通过一种对话、融合、沟通，来超越两种文化的狭隘视域(刘将,葛鲁嘉,2011)。如果将民族心理学对文化多样性的追求与心理学科学化对统一性的追求，放置在"第三种文化"语境中考察，民族心理学的本土化也同样是对科学化的追求，心理学的科学化同样需要对心理学多样化的关注(姜永志,白晓丽,张海钟,2013)。我们认为，科学化是民族心理学本土化研究的必经之路，科学化为民族心理学研究设立规范，推动民族心理学整体发展，使根植于民族历史文化资源的民族心理学成为一门真正意义上的心理科学。

（三）民族心理学本土化与全球化的关系

在20世纪90年代，一场致力于反对西方科学心理学文化霸权的心理学全球化运动在西方逐渐发酵，并很快激起西方和非西方心理学者对心理学全球化问题的讨论。心理学的全球化反对单一文化语境中心理学的优势和霸权地位(如，以美国为首的西方社会企图将根植于西方自由主义文化下的心理学推广到世界),倡导心理学研究的多样性,主张在多文化、多民族、多学科的基础上构建出"全球共同体心理学"(Marsella,1998)。在心理学的全球化运动中,马塞拉(Anthony J.Marsella)将心理学的全球化的特点概括为六个方面:一是承认个体生活的全球性维度和范围;二是限制已有理论和方法中的民族中心主义偏见;三是鼓励发展本土心理学;四是强调人类行为的文化决定性因素;五是以系统的、语境的和非线性的方式来解释人类行为;六是运用质化的、语境的及自然主义的研究方法开展心理学研究(郑荣双,2003)。从心理学全球化的特点来看,心理学的全球化承认文化的多样性对人心理的重要影响,倡导基于不同文化的心理学本土化研究,在研究方法和心理的解释上也强调突破传统的心理学研究方法,立足文化来寻求对心理生活的文化解释。民族心理学具有的天然文化属性,它追求的是不同民族文化语境下的心理差异性和普遍性,追求的是基于本民族文化的心理学解释,这与心理学全球化在研究对象、研究方法、解释原则等方面持有的立场高度吻合,这就意味着民族心理学的本土化是心理学全球化的重要组成部分,心理学的本土化与心理学的全球化一样强调文化间的对话和沟通。由此看来,对民族心理学将自己局限在本民族文化视域之内,拒绝与其他文化形态心理学开展对话和交流的顾虑是多余的。事实上,立足于"一种心智、多种心态"基本原则的民族心理学本土化研究与心理学的全球化研究持有的立场是一致的。民族性的心理学应该成为本土心理学的重要组成部分,而全球化的心理学也应该是本土心理学走向世界的必由之路。

综上所述,在世界范围内心理学本土化和心理学全球化运动的推动下,作为具有文化敏感性心理学分支学科之一的民族心理学获得了快速发展。民族心理学的本土化研究使不同民族文化语境下的心理现象得到了平等对待,也使不同民族的文化心理现象得到了深入研究,不但提升了民族心理学的学科地位,也促进了不同民族文化心理学研究间的对话和交流,既推动了中国本土心理学的发展,促进了中国心理学的全球化发展,也为中国民族心理学走向世界,在世界心理学舞台上发出中国声音作出了贡献。

参考文献

中文部分

阿迪拉.(2008).心理学的未来——世界上最著名的一些心理学家对各自领域的未来的看法.张航,等,译.北京：商务印书馆.

阿拉坦巴根,姜永志.(2012).我国民族心理学研究的文化魅惑：价值与使命.山西师大学报(社会科学版),39(3),134-137.

阿瑟·史密斯.(2010).中国人的性格.徐晓敏,译.北京：人民日报出版社.

白红梅.(2012).民族地区社会主义核心价值体系的大众化路径研究：以内蒙古那达慕大会为例.中央民族大学学报(哲学社会科学版),(6),21-25.

查普林,克拉威克.(1983).心理学的体系和理论.林方,译.北京：商务印书馆.

车文博.(2003a).客观实验范式与直观经验范式的整合——当代西方心理学理论范式发展的走向.自然辩证法研究,19(5),1-6.

车文博.(2003b).人本主义心理学.杭州：浙江教育出版社.

车文博.(2010).西方科学心理学史.见车文博文集(第五卷).北京：首都师范大学出版社.

陈灿锐,申荷永.(2011).荣格与后荣格学派自性观.心理学探新,31(5),391-396.

陈大柔.(1982).国际上心理学辩证理论探索的兴起.心理科学,4,15-19.

陈沛霖.(1989).论科学的人性观及其在教育实践中的意义.心理学探新,(3),14-17.

陈萍.(2009).通过语义分析探析"忍"的心理学意涵.长安大学学报(社会科学版),32(4),177-178.

陈少华.(2006).人性化还是去人性化——西方心理学的两难选择.西北师大学报(社会科学版),43(5),48-52.

陈巍,郭本禹.(2011).迈向整合脑与经验的意识科学——Varela的神经现象学述评.心理科学,34(4),1012-1016.

陈英敏,邹丕振.(2005).在全球化与本土化之间：建构一种多元文化的现代心理学观.山东师范大学学报(人文社会科学版),50(3),132-135.

陈中永,郑雪.(2001).中国多民族认知活动方式的跨文化研究进展.北京：中央民族大学出版社.

崔荣宝,霍涌泉.(2010).辩证法心理学发展的曲折道路与新机遇.心理学探新,
    30(5),24-28.
狄尔泰.(2010).精神科学中历史世界的建构.见狄尔泰文集(第3卷).安延明,译.
    北京:中国人民大学出版社.
丁道群.(2002).文化心理学的兴起.心理学探新,81(1),10.
丁峻.(2012).彪炳经典,前瞻新知——评《经验的描述:意动心理学》.心理研究,
    5(3),94-96.
段海军,霍涌泉.(2010).心理学的多元化之路:问题与前景.西北师大学报(社会
    科学版),47(4),105-109.
法尔玛格尼.(2009).理论心理学不关注实践问题是误解.光明日报,8-19(6).
方双虎.(2011).论威廉·詹姆斯的心理学科学观.心理科学,34(5),1242-1246.
费孝通.(2008).乡土中国.北京:人民出版社.
冯成志,贾凤芹.(2010).Q方法论及其在临床研究中的应用.中国心理卫生杂志,
    24(1),59-64.
高峰强.(2013).精神分析学的发展心理学转向:《精神分析发展心理学》评价.心
    理研究,6(1),93-94.
高峰强.(2002).科学主义心理学方法论基础的动摇.山东师范大学学报(人文社
    会科学版),47(2),82-85.
高觉敷.(1985).中国心理学史.北京:人民教育出版社.
高申春.(1998).机能心理学历史形态剖析.吉林大学社会科学学报,(5),53-57.
高申春.(2009).心灵的适应——机能主义心理学.济南:山东教育出版社.
高申春.(2011).詹姆斯心理学的现象学转向及其理论意蕴.心理科学,34(4),
    1006-1011.
葛鲁嘉.(1987).评美国辩证法心理学的代表性理论.吉林大学社会科学学报,
    (1),34-40.
葛鲁嘉.(1995).本土传统心理学的两种存在水平.长白学刊,(1),33-34.
葛鲁嘉.(1996).心理文化论要——中西心理学传统跨文化解析.大连:辽宁师范
    大学出版社.
葛鲁嘉.(2002).中国心理学的科学化与本土化——中国心理学发展的跨世纪主
    题.吉林大学社会科学学报,(2),5-15.
葛鲁嘉.(2004).心理学的五种历史形态及其考评.吉林师范大学学报(人文社会
    科学版),(2),20-23.
葛鲁嘉.(2005a).对心理学方法论的扩展性探索.南京师大学报(社会科学版),
    (1),84-90.
葛鲁嘉.(2005b).西方实证心理学与中国心性心理学概念范畴的比较研究.社会
    科学战线,(6),34-37.
葛鲁嘉.(2006).心理资源论——心理学的历史、现实和未来的形态.陕西师范大
    学学报(哲学社会科学版),(6),104-108.

葛鲁嘉.(2007).心理学中国化的学术演进与目标.陕西师范大学学报(哲学社会科学版),36(4),118-123.

葛鲁嘉.(2008).新心性心理学宣言——中国本土心理学原创性理论建构.北京:人民出版社.

葛鲁嘉.(2009).心理学与相关学科的关系探讨.吉林大学社会科学学报,49(5),24-29.

葛鲁嘉.(2010).心理资源论析:心理学的历史、现实和未来的形态.北京:中国社会科学出版社.

葛鲁嘉.(2011).理论心理学研究的理论内涵.吉林师范大学学报(人文社会科学版),(1),7-11.

葛鲁嘉.(2015).心理学的多元化思想根源.吉林师范大学学报(人文社会科学版),(1),74-79.

苟雅宏.(2004).论理论心理学的发展趋势.陕西师范大学学报(哲学社会科学版),33(5),37-39.

郭本禹.(1998).布伦塔诺意动心理学评述.心理学报,30(1),106-112.

郭本禹.(2007).百年历程:精神分析运动的整合逻辑.南京师大学报(社会科学版),(5),91-96.

郭本禹.(2009).精神分析发展心理学.福州:福建教育出版社.

郭本禹,崔光辉,陈巍.(2010).经验的描述:意动心理学.济南:山东教育出版社.

郭双.(2012).新精神分析学派的心理发展理论述评.社会心理科学,27(10),43-46.

郭斯萍.(2000).人性:西方心理学的误区与中国文化的解读.南京师大学报(社会科学版),(5),75-81.

郭斯萍,陈四光.(2008).试论心理过程的分类与心理学的科学体系——兼论中国传统心理学的地位.南京师大学报(社会科学版),(5),81-86.

郭斯萍,陈四光.(2011).试析中西方心理学体系结合的方法问题——兼论"中国心理学史"研究的困境与改革.南京师大学报(社会科学版),4,94-100.

郭永积.(2011).建立心理学学科门类及学科类别的分析语展望.心理科学,34(5),1222-1229.

哈瑞.(2006).认知科学哲学导论.上海:上海科技教育出版社.

韩世辉.(2011).文化神经科学:一个研究文化与大脑关系的新领域.见中国心理学会,编.增强心理学服务社会的意识和功能——中国心理学会成立90周年纪念大会暨第十四届全国心理学学术会议论文摘要集(p.745).北京:中国心理学会.

赫根汉.(2003).心理学史导论.郭本禹,等译.上海:华东师范大学出版社.

黄光国.(2014).迎接心理学发展的第三波.心理学探新,34(1),7-10.

霍妮.(1988).我们时代的神经症人格.贵阳:贵州人民出版社.

霍涌泉.(2009).心理学理论价值的再发现.北京:中国社会科学出版社.

霍涌泉,段海军.(2010).从立论之基、研究内涵到方法进路、发展契机——拷问理论心理学研究.南京师大学报(社会科学版),(5),86-91.

霍涌泉,梁三才.(2004).西方理论心理学研究的新特点.心理科学进展,12(1),152-158.

霍涌泉,刘华.(2007).心理学理论研究的范式转换及其意义.陕西师范大学学报(哲学社会科学版),(4),111-117.

霍涌泉,王传东.(2009).心理学能否从实证的标准中解放出来.青岛大学师范学院学报,26(2),34-42.

霍涌泉,魏萍.(2011).西方理论心理学的演进及方法论意义.陕西师范大学学报(哲学社会科学版),39(3),11-17.

纪国和.(2015).心理学研究需关注其民族性.社会科学战线,(6),38-40.

江光荣.(2000).人性的迷失与复归.武汉:湖北教育出版社.

姜永志.(2009).实证心理学发展的困境与中国本土心理学发展思路初探.陇东学院学报,(6),106-109.

姜永志.(2012).从西方理论心理学的崛起看中国理论心理学发展——兼论中国理论心理学建构.心理学探新,32(1),291-297.

姜永志.(2013a).近代心理学的逻辑演变与发展趋势.广州大学学报(社会科学版),12(3),46-51+96.

姜永志.(2013b).情境交互作用理论体系:辩证心理学与交互行为心理学.心理科学,36,496-500.

姜永志,阿拉坦巴根.(2012).多元特质自尊量表信度效度分析.西华大学学报(哲学社会科学版),31(1),109-113.

姜永志,白晓丽.(2016).心理学人性观的两难困境及其现代性解读——兼论心理学"追求幸福"的人性.广州大学学报(社会科学版),15(4),49-56.

姜永志,白晓丽,张海钟.(2013).论多元化的心理学发展趋势与心理学发展中的三种文化冲突与融合.西华大学学报(哲学社会科学版),32(3),101-104.

姜永志,刘额尔敦吐.(2012).近代哲学与心理学的逻辑演进——基于语言哲学的发展脉络.心理研究,5(1),8-12.

姜永志,张海钟.(2009a).社会认同的区域文化心理研究.长安大学学报(社会科学版),11(4),111-115.

姜永志,张海钟.(2009b).文化心理学视域下的城乡文化心理差异分析.社会心理科学,24(5),45-48.

姜永志,张海钟.(2010a).中国区域心理学与人文地理学的整合探索.心理学探新,30(2),3-6.

姜永志,张海钟.(2010b).中国人自我的本土化心理研究——忍的和谐思想.延边大学学报(社会科学版),43(2),113-116.

姜永志,张海钟.(2012a).社会表征理论视域下心理研究的人本主义回归.西华大学学报(哲学社会科学版),31(5),109-113.

姜永志,张海钟.(2012b).中国本土心理学研究的理论问题反思.*心理研究*,5(3),9-13.

姜永志,张海钟,张鹏英.(2012).中国老乡心理效应的理论探索与实证研究.*心理科学进展*,20(8),1237-1242.

况志华.(2007).社会建构论的人性观取向及其心理学意义.*南京师大学报(社会科学版)*,(2),112-116.

黎黑.(1998).*心理学史——心理学思想的主要趋势*.杭州：浙江教育出版社.

李炳全.(2005).论文化心理学在心理学方法论上的突破.*自然辩证法通讯*,(4),40-45.

李炳全.(2006a).文化心理学与本土心理学的辨析.*肇庆学院学报*,27(6),23-27.

李炳全.(2006b).文化心理学与跨文化心理学的比较与整合.*心理科学进展*,14(2),315-320.

李炳全.(2007).*文化心理学*.上海：上海教育出版社.

李炳全,叶浩生.(2004).文化心理学的基本内涵辨析.*心理科学*,27(1),62-65.

李静.(2007).民族心理学跨文化研究及其等值确定.*广西民族研究*,(3),24-29.

李静.(2010a).*民族交往心理的跨文化研究*.北京：中国社会科学出版社.

李静.(2010b).*民族心理学*.北京：民族出版社.

李静,杨须爱.(2006).弗洛伊德民族心理学思想述论.*广西民族研究*,(3),28-32.

李静,张智渊.(2014).民族心理研究的理论与实践.*甘肃社会科学*,(5),243-247.

李醒民.(2005).现代科学革命的认识论和方法论启示.*湖南社会科学*,(2),1-5.

李增芬,霍涌泉.(2010).科学实在主义对现代心理学的影响.*心理学探新*,30(6),3-7.

励骅,郭本禹.(2012).阿德勒心理治疗方法与当代心理治疗整合精神的契合.*心理科学*,35(5),1267-1271.

梁宁建.(2004).*当代认知心理学*.上海：上海教育出版社.

刘承华.(2002).*文化与人格*.合肥：中国科学技术大学出版社.

刘华.(2001).人性：构建心理学统一范式的逻辑起点.*南京师大学报(社会科学版)*,(5),88-93.

刘将,葛鲁嘉.(2011).第三种文化与当代心理学的变革.*西北师大学报(社会科学版)*,48(5),117-122.

鲁思·本尼迪克特.(2010).*菊花与刀*.晏榕,译.北京：光明日报出版社.

罗素.(1990).*我们关于外间世界的知识*.上海：上海译文出版社.

吕小康.(2014).中国心理学的本土化：源起、流变与展望.*南开学报(哲学社会科学版)*,(6),151-160.

吕小康,汪新建.(2015).知识划界、追赶焦虑与中国本土心理学的理论建构导向.*心理科学*,38(1),726-766.

吕晓峰,邵华.(2010).论心理学与文化关系.*心理科学*,33(1),157-158.

马林诺夫斯基.(2005).*野蛮社会的性与压抑*.高鹏,译.北京：团结出版社.

玛格丽特·米德.(2010).萨摩亚人的成年.周晓虹,译.北京:商务印书馆.
孟维杰.(2006).心理学的文化品性.长春:吉林大学博士学位论文.
孟维杰.(2011).心理学理论创新——心理学研究对象扩展性探索.心理学探新,31(1),3-8.
孟维杰,葛鲁嘉.(2005).文化品格:心理学概念重新考评.山东师范大学学报(人文社会科学版),50(5),105-110.
孟维杰,葛鲁嘉.(2008).论心理学文化品性.心理科学,31(1),253-255.
墨菲,科瓦奇.(2010).近代心理学历史导引.林方,王景和,译.北京:商务印书馆.
欧力同.(1987).孔德及其实证主义.上海:上海社会科学院出版社.
潘菽.(1980).论心理学基本理论问题的研究.心理学报,(1),1-8.
潘菽.(1987).加紧改造心理学,为全面开创社会主义现代化建设的新局面服务.见潘菽心理学文献.南京:江苏教育出版社.
潘菽.(2009).心理学简札.北京:人民教育出版社.
潘菽,高觉敷.(1983).中国古代心理学思想研究.南昌:江西人民出版社.
彭彦琴,江波,杨宪敏.(2011).无我:佛教中自我观的心理学分析.心理学报,43(2),213-220.
彭运石,林崇德,佟冬英.(2006).论主客同一的心理学研究范式.心理科学,29(1),143-145.
秦金亮.(2001).论心理学两种研究范式的整合趋向.心理科学,23(1),20-23.
秦金亮.(2002).论质化研究的人文精神.自然辩证法研究,18(7),25-28.
秦金亮.(2010).质化研究心理学.上海:上海教育出版社.
秦素琼,吕志革,邹平.(2007).中国少数民族心理研究的25年回顾与反思.广西师范大学学报(哲学社会科学版),43(4),95-98.
史密斯.(2005).当代心理学体系——历史、理论、研究和应用.郭本禹,译.西安:陕西师范大学出版社.
舒跃育.(2011).心理学三大势力与动机研究的关系.西北师大学报(社会科学版),48(3),87-91.
司群英.(2013).精神分析的诠释学体现.南京师大学报(社会科学版),(1),99-104.
宋六锁.(2005).论心理学的理论研究和实证研究.学术交流,(8),25-27.
宋晓东,叶浩生.(2008).本土心理学与多元文化论.天中学刊,23(1),132-133.
孙东方,常永才.(2005).民族心理研究中文化偏差的克服:向文化人类学借鉴.内蒙古民族大学学报(社会科学版),31(2),8-12.
田浩.(2006).文化心理学的双重内涵.心理科学进展,14(5),795-800.
佟冬英.(2005).心理学的分裂与统一研究评述.杭州师范大学学报(哲学社会科学版),31(5),124-128.
童俊杰.(2011).再论构造主义心理学与机能主义心理学之争.社会心理科学,(6),23-24.

万明钢.(1996).文化视野中的人类行为——跨文化心理学导论.兰州:甘肃文化出版社.

万明钢,李艳红,崔伟.(2006).美国民族心理学研究的发展历史.民族教育研究,17(6),55-61.

万明钢,杨宝琰.(2012).西北民族地区青少年文化认同研究.北京:民族出版社.

汪凤炎.(2001a).尚和:中国人的集体潜意识.江西师范大学学报(哲学社会科学版),34(1),105-111.

汪凤炎.(2001b).中国传统心理卫生之道对今人的启示.见杨鑫辉.心理学探新论丛.南京:南京师范大学出版社.

汪凤炎.(2004a).古代中国人心中的我及其启示.心理科学,27(2),374-375.

汪凤炎.(2004b).中国文化心理学.广州:暨南大学出版社.

汪凤炎,郑红.(2015).品德与才智一体:智慧的本质与范畴.南京社会科学,(3),127-133.

汪新建,柴民权.(2014).中国本土心理学:理论导向、核心框架与主要挑战.南开学报(哲学社会科学版),(6),144-150.

王国芳.(2007).克莱因与客体关系学派的创立与发展.南京师大学报(社会科学版),(5),105-111.

王国芳.(2013).现代诠释学对弗洛伊德精神分析学的解读.南京师大学报(社会科学版),(1),92-98.

王国芳,吕英军.(2011).客体关系理论的创建与发展:克莱因和拜昂研究.福州:福建教育出版社.

王海英.(2009).论科学主义心理学研究中的还原论倾向.社会科学战线,(9),252-254.

王华平.(2011).心灵哲学中的意识与意向性.学术月刊,(3),49-58.

王姝彦.(2012).分析传统中的意向性理论及其发展.科学技术哲学研究,29(2),26-32.

王晓丽,姜永志.(2011).文化的框架:心理学研究文化取向的辨析.内蒙古师范大学学报(教育科学版),24(7),54-58.

韦恩·瓦伊尼,布雷特·金.(2009).心理学史:观念与背景.郭本禹,译.北京:世界图书出版社.

维特根斯坦.(1945/2000).哲学研究.陈嘉映,译.上海:上海世纪出版集团.

维特根斯坦.(1996).哲学研究.北京:商务印书馆.

吴荣先,Walter J.Lonner.(2005).论跨文化心理学的创立.苏州科技学院学报(社会科学版),22(3),110-112.

伍麟.(2001).斯金纳激进行为主义的一个理论特色及其反思.心理学探新,21(4),12-15.

郗浩丽.(2008).客体关系理论的转向:温尼科特研究.福州:福建教育出版社.

夏基松.(2010).现代西方哲学教程新编(上册).北京:高等教育出版社.

肖群忠.(2000).人性善恶与中西社会文化之异合.西北师大学报(社会科学版)，47(5),13-17.

谢立平.(2007).理论心理学研究及其应处理好的几大关系.吉首大学学报(社会科学版),28(4),163-166.

徐黎丽.(2002).关于民族心理学研究的几个问题.民族研究,(6),95-104.

徐萍萍.(2008).费尔贝恩的精神病理学观述评.南京师大学报(社会科学版),(5),113-118.

许良光.(1986).*美国人与中国人：两种生活方式的比较*.彭凯平,译.北京：华夏出版社.

燕国材.(2004).*心理学思想史*(中国卷).长沙：湖南教育出版社.

燕国材.(2006).*理论心理学*.广州：暨南大学出版社.

燕国材.(2008).我国古代人性论的心理学诠释.*上海师范大学学报*(哲学社会科学版),37(1),133-125.

燕国材.(2012).*中国心理学史*.北京：开明出版社.

燕良轼,曾练平.(2011).中国理论心理学的原创性反思.*心理科学*,34(5),1216-1221.

阳小华.(2005).西方哲学中语言学转向的哲学渊源演变.*外语学刊*,(3),108-111.

杨国荣.(2013).中国哲学中的人性问题.*哲学分析*,4(1),13-19.

杨国枢.(1993).*本土心理学*.台北：桂冠图书公司.

杨国枢.(2004).*中国人的心理与行为：本土化研究*.北京：中国人民大学出版社.

杨国枢.(2012).*中国人的心理*.北京：中国人民大学出版社.

杨国枢,黄光国,杨中芳.(2008).*华人本土心理学*.重庆：重庆大学出版社.

杨国枢,陆洛.(2009).*中国人的自我：心理学的分析*.重庆：重庆大学出版社.

杨莉萍.(2001).范式论对心理学研究的双重意义.*南京师大学报*(社会科学版),(3),90-96.

杨莉萍.(2003a).从跨文化心理学到文化建构主义心理学.*心理科学进展*,11(2),220-266.

杨莉萍.(2003b).社会建构主义心理学对主客关系的超越.*教育研究与实验*,(3),40-43.

杨莉萍.(2004).社会建构主义心理学：反实在论还是实在论.*心理科学进展*,12(2),312-319.

杨鑫辉.(2002).诠释与转换：中国传统心理学思想的积极价值.*南昌大学学报*(人文社会科学版),33(2),136-140.

杨鑫辉.(2007).*西方心理学名著提要*.南昌：江西人民出版社.

叶浩生.(2003a).论理论心理学的概念,性质与作用.*湖南师范大学教育科学学报*,2(3),58-61.

叶浩生.(2003b).*西方心理学研究新进展*.北京：人民教育出版社.

叶浩生.(2004a).多元文化论与跨文化心理学的发展.心理科学进展,12(1), 144-151.

叶浩生.(2004b).社会建构论与西方心理学的后现代取向.华东师范大学学报(教育科学版),22(1),43-48.

叶浩生.(2004c).西方心理学中的现代主义、后现代主义及其超越.心理学报,36(2),112-118.

叶浩生.(2007a).后经验主义时代的理论心理学.心理学报,39(1),184-190.

叶浩生.(2007b).社会建构论视野中的心理科学.华东师范大学学报(教育科学版),25(1),62-67.

叶浩生.(2008a).量化研究与质化研究:对立及其超越.自然辩证法研究,24(9),7-11.

叶浩生.(2008b).社会建构论及其心理学的方法论蕴含.社会科学,(12),111-117.

叶浩生.(2008c).质化研究:心理学研究方法的范式革命.心理科学,31(4),794-799.

叶浩生.(2009a).社会建构论与心理学理论的未来发展.心理学报,41(6),557-564.

叶浩生.(2009b).西方心理学中的质化研究思潮.社会科学,(11),113-119.

易芳,俞宏辉.(2008).生态心理学:心理学研究模式的转向.心理学探新,28,16-20.

于曦颖,陈云林.(2010).Q方法论探析.自然辩证法通讯,(5),17-22.

俞国良.(1996).心理学研究的中国化:过程和道路.心理科学,19(4),193-198.

乐国安,纪海英.(2007).文化与心理关系的三种研究模式及其发展趋势.西南大学学报(社会科学版),33(3),1-5.

张海钟.(2005).中国城乡跨文化心理学刍议.心理科学,28(5),1235-1236.

张海钟.(2006).中国城乡跨文化心理学和区域心理学与心理学本土化.内蒙古师范大学学报(哲学社会科学版),35(1),50-54.

张海钟.(2008).中国区域心理学与和谐社会建设.甘肃理论学刊,135(1),98-100.

张海钟,蔡丹丰,刘芳.(2009).中国当代心理学者的本土理论心理学思想述评.心理研究,2(5),3-12.

张海钟,姜永志.(2010a).方言与老乡认同的区域跨文化心理学解析.中北大学学报,26(4),25-28.

张海钟,姜永志.(2010b).中国心理学城乡分野的文化心理学批判与反思.山西大学学报(社会科学版),33(4),65-68.

张海钟,姜永志.(2011).当代理论心理学概论.北京:线装书局.

张海钟,姜永志.(2013).社会建构论视角的心理学方法论探索.甘肃理论学刊,(1),90-95.

张海钟,槽艳丽,陈小萍.(2007).心理健康与心理素质——中国本土的概念、标准、测评.兰州:敦煌文艺出版社.
张积家.(2012).加强民族心理学研究,促进中国心理科学繁荣——民族心理学专栏前言.心理科学进展,20(8),141-145.
张进辅.(2006).关于西南民族心理研究的构想.西南师范大学学报(人文社会科学版),32(5),74-78.
张世富.(2004).冯特的《民族心理学》:体系、理念及本土意义.西北师大学报(社会科学版),41(1),108-113.
张世富.(2005).民族心理学的研究内容、任务及方法.安阳师范学院学报,(1),57-62.
张世富,阳少敏.(2003).云南4个民族20年跨文化心理研究——议青少年品格的发展.心理学报,(5),690-700.
张秀琴,叶浩生.(2008).本土心理学评析.心理学探新,28(1),3-6.
赵德雷,乐国安.(2003).Q方法论述评.自然辩证法通讯,25(4),34-43.
赵忠宇.(2013).论我国心理学的本土化进程及其理论难题.东南学术,(2),167-172.
郑荣双.(2002).国外本土心理学研究进展.心理科学进展,10(4),472-478.
郑荣双.(2003).心理学全球化的趋势.心理科学进展,11(4),469-474.
郑雪.(2004).人格心理学.广州:广东高等教育出版社.
植凤英,张进辅.(2007).论民族心理学研究中质与量的整合.民族研究,(6),33-40.
植凤英,张进辅.(2008).我国民族心理学研究的困境及出路.心理学探新,28(1),7-11.
周昌乐.(2006).禅悟的实证:禅宗思想的科学发凡.北京:东方出版社.
周明洁,张建新.(2008).心理学研究方法中"质"与"量"的整合.心理科学进展,(1),163-168.
周宁.(2004).哲学的语言学转向给心理学的启示.光明日报,01-06(B3).
周宁.(2005).独白的心理学与对话的心理学.昆明:云南大学出版社.
周悦,朱高磊.(2010).访美国著名人类学家郝瑞——在比较中才能真正了解本民族文化.中国社会科学报,07-22.

外文部分

Alasuutari, P. (1995). Beyond the qualitative quantitative distinction: Cross tabulation in qualitative research. *International Journal of Contemorary Sociology*, 32(2), 251-268.

Allen, G. W. (1967). *William James: A biography*. New York: Viking.

Anchin, J. C. (2008). The critical role of the dialectic in viable metatheory: A commentary on Henriques' tree of knowledge system for integrating human knowledge. *Theory and Psychology*, 18, 801-816.

Anderson, M. (2003). Embodied cognition: A field guide. *Artificial Intelligence*, *149*, 91–130.

Arnett, J. (2009). The neglected 95%, a challenge to psychology's philosophy of science. *American Psychologist*, *68*, 44–55.

Bertram, J. C., & Daniel, H. F. (2004). Psychoanalysis and the early beginnings of residential treatment for troubled youth. *Child and Adolescent Psychiatric Clinics of North America*, *13*(2), 237–254.

Brentano, F. (1874/1973). *Psychology from an empirical standpoint*. London: Routledge & Kegan Paul. (Original work published in 1874.)

Brown, S. R. (1980). *Political Subjectivity: Applications of Q Methodology in Political Science*. New Haven & London: Yale University Press.

Brown, S. R. (1993). A prime on Q methodology. *Operant Subjectivity*, *16*, 91–138.

Brown, S. R. (1994). The structure and form of subjectivity in political theory and behavioral. *Operant Subjectivity*, *17*, 30–47.

Brockman, J. (1995). *The Third Culture: Beyond the Scientific Revolution*. New York: Simon & Schuster.

Buss, A. R. (1977). In defense of a critical-presentist historiography: The fact-theory relationship and Marx's epistemology. *Journal of the History of the Behavioral Science*, *13*, 252–260.

Cabaniss, D. L., & Roose, S. P. (2005). Psychoanalysis and psychopharmacology: New research, new paradigms. *Clinical Neuroscience Research*, *4*, 399–403.

Capaldi, E. J., & Robert, W. P. (2005). Is the world view of qualitative inquiry a proper guide for psychological research. *The American Journal of Psychology*, *118*(2), 251–270.

Carrus, G., Bonaiuto, M., & Bonnes, M. (2005). Environmental concern, regional identity, and support for protected areas in Italy. *Environment and Behavior*, *37*, 237–257.

Chu, C. H. (1962). Critique on modern bourgeois social psychology. *Acta Psychological Sinica*, *2*, 106–113.

Chusid, H., & Cochran, L. (1989). Meaning of career change from the perspective of family roles and dramas. *Journal of Counseling Psychology*, *36*, 34–41.

Dewsbury, D. A. (2000). Comparative cognition in the 1930s. *Psychonomic Bulletin and Review*, *7*, 267–283.

Denzin, N. K., & Lincoln, Y. S. (1994). *Handbook of qualitative research*. CA: Sage Publications.

Droseltis, O., & Vignoles, V. L. (2010). Towards an integrative model of place identification: Dimensionality and predictors of intrapersonal-level place preferences. *Journal of Environmental Psychology*, 30, 23–34.

Etchegoyen, R. H. (1993). Psychoanalysis today and tomorrow. *International Journal of Psycho-Analysis*, 74(2), 1110–1111.

Febbraro, A. (1995). On the epistemology, meta-theory, and ideology of Q methodology: A critical analysis. In I. Lubek, R. Hezewijk, G. Peterson, & C. W. Tolman (Eds.), *Trend and Issues in Theoretical Psychology* (pp. 145–146). New York: Springer.

Gao, J. F. (1979). The historical teaching of psychology. *Acta Psychological Sinica*, 2, 148–153.

Gallivan, J. (1995). *Humor appreciation: A Q methodology study*. Paper read at the Canadian Psychological Association Annual Meeting.

Gergen, K. (1985). The social constructionist movement psychology. *American Psychologist*, 40(3), 267–270.

Gergen, K. (2001). Psychological science in a postmodern context. *American Psychologist*, 56(10), 803–813.

Gergen, K. (2006). Theory in action. *Theory and Psychology*, (3), 299–309.

Georgoudi, M. (1983). Modern dialectics in social psychology. *European Journal of Social Psychology*, 13, 77–93.

Goldman, A., & Vignemount, F. (2009). Is social cognition embodied? *Trends in Cognitive Sciences*, 13(4), 154–159.

Goertzen, J. R. (2010). On the possibility of unification: The reality and nature of the crisis in psychology. *Theory and Psychology*, 18, 829–852.

Harré, R. (2004). Staking our claim for qualitative psychology as science. *Qualitative Research in Psychology*, 1(1), 3–14.

Helson, H. (1972). What can we learn from the history of psychology? *Journal of the History of the Behavioral Science*, 8, 115–119.

Hergenhahn, B. R. (1997). *An introduction to the history of psychology*. Belmont, CA: Wadsworth.

Hoyt, W., & Bhati, K. (2007). Principles and practices: An empirical examination of qualitative research in the Journal of counseling psychology. *Journal of Counseling Psychology*, 54, 201–202.

James, W. (1907). *Psychology: A briefer course*. Now York, NY: Henry Holt and Company.

Johnson, D. E. (2000). Cultivating the filed of psychology, psychological journals at the turn of the century. *American Psychologist*, 55, 1144–1147.

Kantor, J. R. (1963). *The scientific evolution of psychology*. Chicago: Principia

Press.

Kantor, J. R. (1976). Behaviorism, behavior, analysis, and the career of psychology. *Psychological Record*, *26*, 305–312.

Koch, S. (1969). Psychology cannot be a coherent science. *Psychology Today*, *3*(4), 64–68.

Koch, S. (1985). *The nature and limits of psychological knowledge: Lessons of century qua science*. New York: McGraw-Hill.

Kohut, H. (1986). *Forms and transformations of narcissism*. New York: New York University Press.

Krathwohl, D. R. (2009). *Methods of educational science research: An integrated approach* (3nd Ed). Waveland: Waveland Press.

Kvale, S. (1997). *Dialectics and research on remembering*. New York: Academic Press.

Marsella, A. J. (1998). Toward a "Global-Community Psychology": Meeting the Needs of a Changing Word. *American Psychologist*, *53*(12), 1284–1286.

Miller, C. L., Druss, B. G., & Rohrbaugh, R. M. (2003). Using qualitative methods to distill the active ingredients of a multifaceted intervention. *Psychiatry Service*, *54*, 568–571.

Michell, J. (2004). The place of qualitative research in psychology. *Qualitative Research in Psychology*, *1*(3), 307–319.

Mogan, D. L. (1998). Selectionist thought and methodological orthodoxy in psychological science. *Psychological Record*, *48*, 439–456.

Morrow, S. L. (2007). Qualitative Research in Counseling Psychology: Conceptual Foundations. *Counseling Psychologist*, *35*, 209–235

Morris, E., & Bryan, D. (2000). *Modern perspectives on Kantor and interbehaviorism*. Westoort, CT: Greenwood.

Nemirovsky, R., & Ferrara, F. (2009). Mathematical imagination and embodied cognition. *Educational Study of Mathematics*, *70*, 159–174.

Nightingale, D. J., & Cromby, J. (2002). Social Constructionism as Ontology. *Theory and Psychology*, *12*(5), 702.

Onwuegbuzie, A. J. (2003). Effect Sizes in Qualitative Research: A Prolegomenon. *Quality and Quantity*, *37*, 393–409.

Patton, M. (1990). *Qualitative evaluation and research methods* (2nd Ed). Newbury Park: Sage.

Paolo, F. P., Matthew, B., & Giovanni, S. (2010). From Brentano to mirror neurons: Bridging phenomenology and clinical neuroscience. *Psychiatry Research: Neuroimaging*, *18*(3), 245–246.

Reason, M., & Reynolds, D. (2010). Kinesthesia, empathy and related pleasures: An inquiry into audience experiences of watching dance. *Dance Research Journal*, 42(2), 49 - 75.

Rennie, D. L., Watson, K. D., & Monteiro, A. M. (2002). The rise of qualitative research in psychology. *Canadian Psychology*, 43, 179 - 189.

Riegel, K. F. (1976). The dialectics of human development. *American Psychologist*, 31, 689 - 700.

Rowlands, M. (2009). Extended cognition and the mark of the cognitive. *Philosophical Psychology*, 22, 1 - 19.

Sawyer, T. F. (2000). Francic Cecil Sumner: His view and influence on African American higher education. *History of Psychology*, 3, 122 - 141.

Schafer, R. (1970). An overview of Heinz Hartmann's contributions to psychoanalysis. *International Journal of Psycho-Analysis*, 51, 425 - 446.

Shames, C. (1984). Dialectics and the theory of individuality. *Psychology and Social Theory*, 4, 51 - 65.

Sharpe, T. (1996). Using technology to study daily teaching practices. *Teacher Education and Practice*, 12, 47 - 61.

Slife, D., & Williams, N. (1997). Toward a theoretical psychology: Should a sub-discipline be formally recognized. *American Psychologist*, (2), 117 - 129.

Snow, C. P. (1964). *The two culture and second look*. London: Cambridge University Press.

Spence, J. T. (1987). Centrifugal and centripetal forces in psychology: Will the center hold? *American Psychologist*, 42 - 43.

Staats, A. W. (1996). *Behavior and personality: Psychological behaviorism*. New York: Springer Publishing Company, Inc.

Staats, A. W. (2003). A psychological behaviorism theory of personality. *Handbook of psychology, Volume 5, personality and social psychology*. New York: John Wiley & Sons Inc.

Stam, H. (2000). Ten years after, decade to come: The contributions of theory to psychology. *Theory and Psychology*, 10(1), 5 - 21

Steele, R. S. (1979). Psychoanalysis and hermeneutics. *International Review of Psycho-Analysis*, 6, 395 - 396.

Stephen, T. D. (1985). Q methodology in communication science: An introduction. *Communication Quarterly*, 33, 193 - 208.

Stephenson, W. (1968). Consciousness out: Subjectivity in. *Psychological Record*, 18, 499 - 501.

Stephenson, W. (1980). Conscring: A general theory for subjective communicability. Communication Year book 4. Edited by Dan Nimmo. New

Brunswick, NJ: Transaction.

Stephenson, W. (1982). Q-methodology, interbehavioral psychology, and quantum theory. *Psychology Record*, *32*, 235–248.

Stephenson, W. (1953). *The study of behavior: Q-technique and its methodology*. Chicago: University of Chicago Press.

Stocking, G. W. (1965). On the limits of "presentism" and "historicism" in the historiography of the behavioral sciences. *Journal of the History of the Behavioral Science*, *1*, 211–218.

Taylor, P., Delprato, D. J., & Knapp, J. R. (1994). Q methodology in the study of children phenomenology. *Psychology Record*, *44*, 171–183.

Washburn, M. F. (1997). The Mackey-Skinner debate: A case for nothing buttery. *Philosophical Psychology*, *10*, 473–479.

Van Ijzendoorn, M. H., Goossens, F. A., & Vander, V. R. (1984). Riegel and the dialectical psychology: In search for the changing individual in a changing society. *Storiae Critica Della Psicologia*, *5*, 5–28.

Viney, W., & King, B. (2016). *A History of psychology: Ideas and context* (6th Edition). London: Routledge.

Wetterstein, J. R. (1975). The historiography of scientific psychology: A critical study. *Journal of the History of the Behavioral Sciences*, (11), 157–171.

Winston, A. S. (1990). Robert Sessions Woodworth and the "Columbia Bible", How the psychological experiment was redefined. *American Journal of Psychology*, *104*, 391–401.

Wiersma, W., & Jurs, S. G. (2008). *Research methods in education* (3rd Ed). Allyn Bacon.

Yue, G. A. (1994). Theoretical psychology in China today. *Theory and Psychology*, *4*, 261–275.

后　记

　　理论心理学研究始终是我国心理学发展史上的一块软肋,中国的心理学其实并不缺乏理论传统,只是我们在借鉴西方心理学的过程中使本土的理论创新受到了压抑,唯西方为尊的时代其实尚未过去,尤其是在心理学的认知神经科学等前沿领域,西方心理学对我们的影响仍十分巨大,如何改变这种现状并非一人之力,也并非短时间能够完成的。中国心理学目前迫切需要理论自信,也迫切需要更多的心理学研究者参与到理论研究中来。

　　笔者始终认为,心理学的实证研究与理论研究这两条腿缺一不可,实证心理学研究需要依靠理论的指导,试问有哪一个优秀的实证研究没有理论借鉴呢?同样,实证研究也要在不断积累实证材料的基础上进行理论凝练和理论升华,也就是说,任何实证研究最后都将以理论的形式或理论的身份来指导现实生活,理论与实证是心理学研究相辅相成的一体两面。但遗憾的是,目前我国心理学研究中常听到不同的声音,以实证研究标榜为科学心理学,而将心理学理论研究边缘化,这不是一个很好的现象,这也说明我们的一些心理学研究者并未真正理解心理学研究。笔者在近年的心理学研究中,一方面继续开展心理学理论研究,另一方面持续关注青少年问题性移动网络使用行为问题,并通过相关的理论、测量和实验研究全面揭示这一社会心理问题,并逐步形成了一套系统化理论来解释这一行为,并寻求心理干预的对策。笔者认为,这较好地体现了实证研究与理论研究的交融。

　　笔者是一个"不知不觉"走进理论心理学的研究者,本书也是笔者在

"不知不觉"的学术研究中形成的。2008年,笔者跟随张海钟教授攻读心理学硕士学位,我们经常讨论学术问题到深夜,而每次讨论后我便快速将讨论内容形成文字,主要的创新点就这样逐渐形成,事后经过查阅资料和阅读文献,加上与老师的讨论及自己的思考,形成了每一篇理论心理学论文。若说我的理论心理学研究完全是在"不知不觉"中完成的也不完全准确,笔者在攻读硕士研究生期间完成32篇学术论文的写作,这就包括28篇理论文章。在参加工作之后,为了进一步明确自己在心理学理论研究这条道路上的规划,笔者特意花费一年时间研习心理学史,几乎看遍了国内外所有经典心理学史著作,也使我进一步明确了学术方向。在这之后的心理学理论研究中,笔者主要沿着心理学学科体系、心理学方法论、心理学理论与历史、心理学本土化与民族化等方向开展研究工作。这期间,笔者的科研取得了较多重要成果,完成心理学理论相关研究论文70多篇,陆续发表在国内专业期刊上,并得到学界同仁一定认可。因此,本书的写作完成应该是笔者在"不知不觉"和"后知后觉"中完成的。本书虽然主要由笔者曾经发表或尚未发表的论文修改而成,但各个主题之间以及各主题内部的内容都是相互衔接和彼此照应的,而且大多数章节的内容都进行了较大修改,增加和删减了一些内容,以使本书的结构、体系和框架更合理。

本书凝聚了笔者多年对心理学理论问题的思考,当然有一些思考也比较粗陋。作为笔者多年心理学理论研究过程的一个阶段性总结,笔者希望本书的出版,能带动更多的青年心理学研究者加入到心理学理论研究中,增强中国心理学理论研究的自信心。

在本书的出版过程中,要感谢笔者的硕士生导师张海钟教授和博士生导师陈中永教授,他们在百忙之中能够抽出时间阅读笔者的初稿,为本书的修改提出了诸多宝贵意见,而且两位老师阅读完初稿后为本书作了序,能够得到两位授业恩师为本书作序,笔者深感欣慰,这表明笔者这几年的研究工作得到了师长的认可。

本书的出版还要感谢上海教育出版社谢冬华老师,谢老师看到本书稿后第一时间向出版社进行了推荐和选题申报,在谢老师的积极协调和沟通下，本书才得以顺利出版，在此表示感谢。同时要感谢上海教育出版社的其他编辑老师，他们为本书的出版也付出了辛勤劳动，在此一并表示感谢。

受到学术视野和学术能力的限制，本书中的很多理论思考还存在缺陷和不足，希望本书的出版能够得到学界同仁的指正，笔者也会继续在心理学理论研究这条路上一直走下去。

姜永志
2018 年 3 月

图书在版编目(CIP)数据

理论心理学：历史与反思/姜永志著.—上海：
上海教育出版社,2018.9
(心理学新视野丛书/郭本禹主编)
ISBN 978-7-5444-8498-5

Ⅰ.①理… Ⅱ.①姜… Ⅲ.①心理学理论 Ⅳ.
①B84-0

中国版本图书馆 CIP 数据核字(2018)第 206340 号

责任编辑　谢冬华
封面设计　郑　艺

心理学新视野丛书
郭本禹　主编
理论心理学：历史与反思
姜永志　著

出版发行	上海教育出版社有限公司
官　　网	www.seph.com.cn
地　　址	上海市永福路 123 号
邮　　编	200031
印　　刷	上海展强印刷有限公司
开　　本	965×635　1/16　印张 21　插页 1
字　　数	290 千字
版　　次	2018 年 11 月第 1 版
印　　次	2018 年 11 月第 1 次印刷
印　　数	1—4,000 本
书　　号	ISBN 978-7-5444-8498-5/B.0147
定　　价	49.80 元

如发现质量问题，读者可向本社调换　　电话：021-64377165